"十四五"国家重点出版物出版规划项目

河南出版基金
HENAN PUBLICATION FOUNDATION

农作物育种研究及转化应用丛书

玉米抗病虫遗传育种及应用

YUMI KANGBINGCHONG YICHUAN
YUZHONG JI YINGYONG

吴建宇　陈甲法 ◎ 主　编

郑州大学出版社

图书在版编目(CIP)数据

玉米抗病虫遗传育种及应用／吴建宇，陈甲法主编.
郑州：郑州大学出版社，2025.4. -- (农作物育种研究
及转化应用). -- ISBN 978-7-5773-1063-3

Ⅰ. S435.13；S513.032

中国国家版本馆 CIP 数据核字第 2025GC2920 号

玉米抗病虫遗传育种及应用

YUMI KANGBINGCHONG YICHUAN YUZHONG JI YINGYONG

策划编辑	凌 青 袁翠红	封面设计	王 微
责任编辑	李 香 凌 青	版式设计	苏永生
责任校对	王莲霞 杨飞飞	责任监制	朱亚君

出版发行	郑州大学出版社	地 址	河南省郑州市高新技术开发区
出版人	卢纪富		长椿路 11 号(450001)
经 销	全国新华书店	网 址	http://www.zzup.cn
印 刷	辉县市伟业印务有限公司	发行电话	0371-66966070
开 本	787 mm×1 092 mm 1／16		
印 张	15	字 数	360 千字
版 次	2025 年 4 月第 1 版	印 次	2025 年 4 月第 1 次印刷

| 书 号 | ISBN 978-7-5773-1063-3 | 定 价 | 69.00 元 |

茎腐病大田发病　　　　　　　　　　茎腐病发病茎秆症状

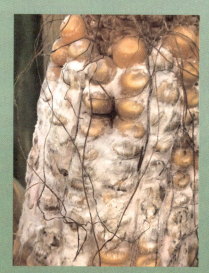

拟轮枝镰孢菌穗腐病　　　　禾谷镰孢菌穗腐病　　　　青霉菌穗腐病

南方锈病大田自然发病　　　　　　南方锈病抗感品种对比

南方锈病发病叶片

大斑病典型症状

灰斑病自然发病　　　　　　　　　　灰斑病典型病斑

丝黑穗病发病株　　　　　　　　　　丝黑穗病发病雄花

小斑病大田发病　　　　　　　　　　　小斑病典型病斑

弯孢菌叶斑病

粗缩病高感种质　　　　　　　　　粗缩病发病典型株

顶腐病 　　　　　　　　　　　　　　　矮花叶病

矮花叶病典型发病株

褐斑病发病症状

瘤黑粉病 苗枯病

蚜虫

玉米螟

草地贪夜蛾

双斑荧叶甲

编委会名单

前　言

　　玉米抗病虫遗传育种是一门涉及植物病理学、遗传学、分子生物学和育种学的交叉学科。其主要目标是挖掘和利用玉米的抗病、抗虫基因,通过遗传改良和品种选育,提高玉米的产量、品质和抗病虫能力,保障粮食安全。

　　本书概述玉米产业的现状与发展,以及作物抗病虫育种的基本原理,并针对生产过程中常见的病害和虫害,详细探讨病虫害发生规律与分布特点、传播途径、防治技术与方法,以及抗性鉴定方法与抗源筛选,最终导向抗病品种选育。玉米抗病虫生物育种,涵盖高通量表型鉴定技术、分子标记辅助育种、转基因育种、基因编辑育种和全基因组选择等前沿技术。书前彩插直观展示常见病虫害的症状,书末彩插则呈现病虫害抗性的鉴定技术和最新进展。

　　本书的编著依托于河南农业大学"小麦玉米两熟高效生产全国重点实验室"、农业农村部"黄淮海南部玉米生物学与遗传育种重点实验室"以及"国家玉米改良郑州分中心"。"国家玉米改良郑州分中心"长期致力于玉米重要农艺性状的遗传研究、种质创新和新品种选育工作,在玉米抗性研究方面,较早开展了针对玉米矮花叶病和穗腐病的抗性研究以及分子育种工作,取得了一些阶段性成果。

　　本书旨在全面介绍玉米抗病虫遗传育种的研究进展、方法和技术,为相关领域的研究人员和育种家提供有益的参考。期望本书的出版,能够促进学术交流和技术创新,推动玉米抗病虫遗传育种研究的深入发展和学科进步。

　　由于时间仓促、编者水平有限,书中难免存在不足之处,敬请批评指正。

编　者

2024 年 8 月

目　录

第一章 绪 论

玉米是我国第一大粮食作物,玉米种业的健康发展对保障我国粮食安全和农产品有效供给具有重要意义。全球气候和耕作制度的变化导致病虫的危害越来越重,抗病虫育种提高玉米抗性是实施病虫害绿色防控的重要策略,也是保障我国农作物高产稳产育种目标的必经之路。

第一节 玉米产业发展概况

一、玉米产需关系

目前,全球粮食安全依然面临严峻挑战。预计到 2050 年,全球人口将达到 97 亿,这就使得粮食产量必须大幅增加才能满足日益增长的需求。在玉米、水稻和小麦三大粮食作物中,2007 年玉米的播种面积超过水稻成为我国第一大粮食作物,并呈现逐年增长的趋势。2023 年,我国玉米总播种面积约为 $4.42×10^7$ hm^2,占三大粮食作物总播种面积的 45.6%,总产量为 28884.2 万 t,占三大粮食作物总产量的 45.03%(数据来自国家统计局)。由此可见,保障玉米的产量对确保我国粮食安全具有重要意义。

玉米不仅是主要的粮食和饲料作物,同时也是重要的工业原料,在全球农业生产中占有重要地位。从产量上看,玉米是目前世界上唯一产量超过 10 亿 t 的农作物,但是从供需关系来看,全球玉米市场处于紧平衡状态,而我国玉米供应则存在一定缺口。我国玉米需求的快速上涨,一方面是由于饲料需求的增长,另一方面是国内玉米深加工需求的增长。自 2017 年以来,我国玉米的进口需求持续上升,2018 年玉米进口量为 352 万 t,2019 年为 479 万 t,2020 年达到 1130 万 t,2021 年达到 2835 万 t,创下历史新高。因此,在玉米种植面积保持不变甚至调减非优势产区面积的大背景下,提高玉米单产是增加玉米总产量的关键举措。然而,病虫害是制约玉米单产提高的主要因素,每年因病虫害造成的产量损失高达 10%~20%。

二、病虫害影响

近年来,随着农业种植结构调整、耕作栽培方式转变及气候变化,我国玉米主产区的病虫害也发生了明显变化。其中,东华北春玉米区的病虫害主要有大斑病、穗腐病、茎腐病、玉米螟、黏虫等,而黄淮海夏玉米区的病虫害主要有小斑病、茎腐病、穗腐病、南方锈病、玉米螟、棉铃虫、桃蛀螟等。据报道,2012 年 7—8 月东北地区玉米黏虫大面积暴发,危害面积近 5000 万亩,部分地方玉米甚至绝收,给玉米生产造成巨大损失。2012—2013 年,玉米大斑病在东华北春玉米区的局部地区大范围流行,一些主栽品种发病程度极重,对玉米生产造成了严重的影响。2015 年、2021 年和 2023 年在黄淮海地区发生了大面积的南方锈病疫情。其中,2015 年玉米南方锈病在河南省的发生面积达到了 2828 万亩,占玉米种植面积的 56.1%,是该病在河南省发生面积最大、危害程度最重的一年。2019 年,草地贪夜蛾入侵我国云南,之后迅速扩散至 27 个省(区、市),发生面积近 1800 万亩,迅速成为我国玉米上的重大害虫。2019—2020 年对河南主要玉米种植区的虫害调查表明,草地贪夜蛾已成为部分地区玉米上的优势害虫。2020—2022 年连续 3 年的中央一号文件均明确提出做好草地贪夜蛾等重大病虫害防控要求。

三、国家政策导向

在国家政策导向层面,2015 年 11 月 4 日修订的《中华人民共和国种子法》(简称《种子法》)中增加了品种审定标准导向,强调品种审定办法应有利于产量、品质、抗性等的提高与协调,有利于适应市场和生活消费需要的品种的推广。同时,将植物新品种保护从行政法规上升到法律层次,为保护育种者合法权益、促进种业创新发展提供了法治保障。2015 年 11 月 9 日《农业部办公厅关于进一步改进完善品种试验审定工作的通知》印发,要求建立综合协调的品种评价指标体系,以满足市场对品种多元化的需求。品种审定应以满足农业生产和市场需求为导向,综合产量、品质、抗逆、生育期、节水节肥、机械作业、轻简栽培等要求,建立多元化品种审定指标体系,根据需求设置试验区组,为农业生产"转方式、调结构"提供强有力的品种支撑。2021 年 12 月 24 日第十三届全国人民代表大会常务委员会第三十二次会议审议通过了《关于修改〈中华人民共和国种子法〉的决定》,自 2022 年 3 月 1 日起施行。这次修正以强化种业知识产权保护为重点,建立了实质性派生品种制度,激励种业原始创新,对于提升种业核心竞争力、筑牢粮食安全和现代农业发展基础具有重要意义。

近年来,根据《中华人民共和国种子法》的要求,国家和省级品种审定委员会也陆续修改了主要农作物品种审定标准,细化了优质、绿色和专用等类型品种指标,适当放宽了产量指标。2021 年 9 月,国家农作物品种审定委员会印发《国家级玉米品种审定标准(2021 年修订)》,于 2021 年 10 月 1 日起实施。此次修订重点针对三个方面的内容进行:一是提高了品种的 DNA 指纹差异要求,将玉米审定品种与已审定品种的 DNA 指纹检测差异位点数由 2 个提高至 4 个。二是明确分类品种产量要求。对于高产稳产品种,产量要比对照品种增产 5% 以上。对于绿色优质品种(包含抗病品种和适宜机收籽粒品种)和特殊类型品种,产量比同类型对照品种增产 3% 以上。三是提高了品种的抗病性要求,增加了主要生态区一票否决病害类型和病虫害鉴定内容,提高已有病害抗性要求。

另外,针对转基因品种,国家也专门发布了审定标准,迈出了转基因玉米产业化的关键一步。2022 年 6 月 8 日,国家农作物品种审定委员会发布通知,印发《国家级转基因大豆品种审定标准(试行)》和《国家级转基因玉米品种审定标准(试行)》,要求国家农作物品种审定委员会各专业委员会于印发之日起实施。审定标准指出,转基因目标性状有效性需具备耐除草剂或至少达到玉米螟抗性、黏虫抗性、棉铃虫抗性及草地贪夜蛾抗性中的一种抗虫性。此次转基因品种审定标准的明确出台,意味着转基因大豆、转基因玉米的产业化指日可待。随着行业政策的不断完善,生物育种技术的应用将越来越近,我国种业将迎来新的快速发展期。

四、玉米产业发展

对比北美、欧洲等发达国家玉米产业的发展历程,我国玉米产业未来发展将会以提高玉米生产潜力为目标,同时进一步提高生产效率,降低生产成本,最终增强我国玉米产业的竞争力,为保障国家粮食安全和农业可持续发展作出应有的贡献。

首先,选育适宜机械化收获籽粒品种是提高玉米生产潜力和生产效率、降低生产成本的必然途径。当前,我国机械化收获籽粒正处于推广起步阶段,主要分布在内蒙古、黑龙江、新疆等省(自治区),且仅占全国玉米种植面积的 5%～6%,而美国玉米生产已基本实现籽粒直收,成为降低其种植成本的关键原因之一。适宜机收籽粒的品种具有早熟、耐密植、抗倒伏、籽粒脱水快等特点。当前,美国主栽玉米品种已经具备上述特征,而我国适宜耐密植和籽粒机收的品种,尤其是同时满足以上两项要求的品种相对较少。因此,下一步玉米的种质改良和品种选育要朝着早熟、耐密、适宜机收籽粒的方向努力。

其次,在选育适宜机收籽粒的品种时,也要注重品种抗病和耐逆性的提升。长期的生产实践证明,培育具有抗病虫特性的品种是预防病虫害流行、提高玉米产量和品质的最有效途径。因此,要扭转过去对品种产量的过分重视,转为对产量、品质、抗性等并重考虑。随着玉米抗病基因定位及克隆研究的深入,利用分子标记辅助选择技术进行品种抗病性状的改良已逐渐在玉米育种实践中应用。

再次,玉米品种类型的多样化满足了不同领域和人群的需求。除了常见的普通玉米外,针对特定经济、营养和工业需求,科研人员已经培育出了一系列具有特殊性质的玉米品种。在鲜食玉米方面,为了满足不同人群对健康的需求,高叶酸、富含维生素 E、富类胡萝卜素等营养强化型的糯玉米、甜糯玉米和甜玉米品种被培育出来。在工业用途上,根据深加工的需要,科研人员培育出了高淀粉、高支链淀粉和高直链淀粉等特用玉米品种,这些特用玉米品种为食品、化工、医药等行业提供了优质的原料,推动了相关产业的发展。此外,针对特定市场需求的玉米品种也不断涌现。例如,爆裂玉米因其制作爆米花的便利性和口感受到消费者的喜爱;青贮玉米则因其营养丰富、适口性好等特点成为养殖业的重要饲料来源。这些创新不仅丰富了玉米的品种类型,也提高了玉米的附加值和市场竞争力。未来,随着科技的不断进步和市场需求的变化,相信还会有更多具有特殊性质和功能的玉米品种被培育出来,为农业生产和人类生活带来更多的可能性。

最后,推广转基因品种是进一步提高产量潜力和品质的关键举措,是确保农业高质量发展的现实需要。美国转基因玉米种植面积约占全国玉米种植面积的93%,主要以抗虫和抗除草剂叠加性状为主,且由于转基因玉米品种的推广,大幅减少了虫害(玉米螟、黏虫、根虫等)对产量的影响,相当于增产10%~15%。而我国玉米基本都是常规玉米,生产上虫害频发(玉米螟、黏虫、棉铃虫、桃蛀螟、草地贪夜蛾等),给玉米的产量造成了很大损失,同时也严重影响了玉米的品质。我国在玉米转基因研究方面已取得丰硕成果,目前已有11个转基因抗虫耐除草剂玉米获得生产应用安全证书。在对已获得生产应用安全证书的抗虫耐除草剂转基因玉米开展的产业化应用试验中,转基因玉米增产增效显著,产量增幅在6.7%~10.7%。同时,种植转基因玉米能够减少杀虫剂的使用,不仅可促进生态安全,同时也可降低生产成本。另外,转基因玉米由于虫害轻,可进一步降低果穗的发霉率,籽粒中的霉菌毒素含量低,可极大提升商品品质。

第二节　玉米生产概况

一、我国玉米生产的概况

玉米自16世纪从美洲引入我国,经过多年发展,18世纪后期在我国开始大面积种植,至1936年种植面积已达693万 hm^2 ,总产量1010万t。随着育种、栽培、植保等技术的引进、改良及创新发展,玉米的产量得到大幅度提升。20世纪50年代,玉米已经发展为仅次于稻、麦的第三大粮食作物,1956年播种面积增至1766万 hm^2 ,至1980年已达2035万 hm^2 。2007年,我国玉米种植面积4.42亿亩,首次超过水稻成为我国种植面积最大的粮食作物;2011年,玉米种植面积首次突破5亿亩,达到5.01亿亩;2012年,玉米总产量突破2亿t,首次超过水稻,成为我国种植面积和总产量双第一的粮食作物;2013年,玉米种植面积进一步增加,达到5.42亿亩,总产量达到2.18亿t,平均亩产首次突破400 kg,达到401.80 kg;2015年,我国玉米生产又迎来一个丰收年,种植面积和总产量均再创历史新高,分别达到5.72亿亩、2.25亿t,平均亩产量达到392.79 kg,接近历史最高值。2015年,我国玉米总产量占全国粮食总产量的36.14%,2004—2015年我国玉米增产对粮食增产的贡献率近60%,居粮食作物之首,玉米已成为我国2004年后粮食生产"十二连增"的主力军。

根据国家统计局数据,2019年我国玉米总产量在全球仅次于美国,位居第二(世界上种植面积最大、总产量最多的国家依次是美国、中国、巴西、阿根廷、乌克兰),产量超过2.6亿t,占全球总产量的23%左右。

二、我国玉米种植区划

玉米在我国种植广泛,主要分布在东北、华北、黄淮海和西南地区,形成一个从东北到西南的狭长玉米种植带。我国玉米种植具体可分为以下6个种植区。

（1）北方春玉米区。包含东华北中晚熟春玉米类型区、东华北中熟春玉米类型区、东华北中早熟春玉米类型区、北方早熟春玉米类型区、北方极早熟春玉米类型区，以东北三省、内蒙古和宁夏为主，种植面积稳定在 650 多万 hm^2，占全国的 36% 左右；总产 2700 多万 t，占全国的 40% 左右。

（2）黄淮海夏玉米区。包括黄淮海夏玉米类型区和京津冀早熟夏玉米类型区，以山东、河南和河北为主，种植面积 600 多万 hm^2，约占全国的 32%，总产约 2200 万 t，占全国的 34% 左右。

（3）西南春玉米区。包含西南春玉米（中低海拔、中高海拔）类型区、热带亚热带玉米类型区，种植面积约占全国的 22%，总产占全国的 18% 左右。

（4）南方春玉米区。以广东、福建、台湾、浙江和江西为主，种植面积约占全国的 6%，总产不足全国的 5%。

（5）西北春玉米区。新疆维吾尔自治区和甘肃省一部分地区，种植面积约占全国的 3.5%，总产约占全国的 3%。

（6）青藏高原玉米区。青海省和西藏自治区海拔高，种植面积及总产都不足全国的 1%。

从具体省份来看，河北、吉林、山东、河南、黑龙江、内蒙古和辽宁是我国玉米播种面积最大的七个省份，总共占我国播种面积的 60% 多；从单产来看，辽宁和吉林的单产较高。综合来看，东北是我国玉米的主产区，其次是山东、河南和河北为代表的黄淮海平原区。

第三节　玉米病虫害的种类与危害

玉米既是重要的粮饲兼用作物，又是重要的工业原料，已成为我国第一大粮食作物，对国家粮食安全和畜牧业发展以及人们生活水平的提高具有重要的作用。近年来，随着全球气候的变化，农业气象灾害频发，黄淮海及南方玉米区气温及年降雨量和空气湿度在逐年增加，中国西部及北部主产区的年降雨量也呈现逐年增加的趋势。由于气候变化和空气湿度的提高，玉米病虫害也在呈现逐年加重的趋势，导致部分地区的玉米产量下降、品质变差，严重影响了玉米生产。

种子是农业的"芯片"，而遗传改良在提高籽粒产量中的贡献可达 50%～60%。因此，进行玉米种质资源创新和选育稳产优质多抗的玉米新品种，才能适应当前的玉米生产和产业链的延伸。

玉米病虫害种类多、分布广且危害重，我国玉米上发生的主要病虫害有 30 余种，在不同时期发生且危害严重的主要病害有大斑病、小斑病、丝黑穗病、茎腐病（青枯病）、穗腐病、纹枯病、矮花叶病、粗缩病、瘤黑粉病、弯孢菌叶斑病、南方锈病和苗枯病，主要虫害有蚜虫、玉米螟、草地贪夜蛾与双斑萤叶甲等。

病虫害是玉米农业生产中的主要问题，其发生因素涉及病原菌与害虫、寄主植物和环境,三个因素之间相互作用,进而导致病虫害的发生、传播和大面积流行。

玉米病害的病原菌主要包括真菌(真核微生物,直接侵入、自然孔口及伤口侵入为主)、细菌(原核单细胞微生物,自然孔口或伤口侵入寄主)、病毒(非细胞型分子微生物,微伤口侵入植物)、害虫(动物,直接侵入及伤口侵入寄主);传播途径主要是气传、土传、种传、虫传、农事操作等。

玉米细菌性病害的主要症状是坏死、萎蔫、腐烂等,有胶黏状物。一般可以从新鲜病斑的边缘看菌溢现象,可以分离培养(柯氏法则)、生理生化诊断和分子诊断。

真菌性病害的主要症状是坏死、萎蔫、畸形、腐烂等,往往有霉状物、粉状物、霜霉状物、颗粒状物等。可以通过新鲜病斑的边缘挑片或切片进行镜检,也可进行分离培养、生理生化诊断和分子诊断。

我国玉米生态区的多样性导致了病虫害的复杂性,根据不同玉米区域的气候特点,发生的主要病害也有一定的差异。其中:东北早熟春玉米区域(黑龙江、吉林、内蒙古东北部),主要病害是玉米的丝黑穗病、大斑病、弯孢菌叶斑病、灰斑病、茎腐病;东华北春玉米区域(辽宁、华北北部、内蒙古东南部),主要病害是丝黑穗病、大斑病、灰斑病、弯孢菌叶斑病、纹枯病;西南春玉米区(四川、重庆、贵州、云南),主要病害是大斑病、灰斑病、普通锈病、丝黑穗病、小斑病;西北春玉米区(新疆、甘肃、宁夏、内蒙古西部),主要是丝黑穗病、大斑病、小斑病、矮花叶病、顶腐病;黄淮海夏玉米区(河南、河北、山东、江苏、安徽北部、江苏北部、湖北襄阳地区)严重病害有茎腐病、穗腐病、粗缩病、小斑病、弯孢菌叶斑病、南方锈病,一般病害有苗枯病、翘腐病、矮花叶病、褐斑病、瘤黑粉病等。近几年,茎腐病、叶斑病、南方锈病发病较为严重,粗缩病、褐斑病略微少一点,小麦玉米轮作的耕作模式、跨区机收,也可能导致一些病害的传播。

大斑病发病的环境条件是低温高湿,是春玉米区最重要的叶斑病,夏玉米区少数品种发病严重。大斑病主要侵染玉米叶片、苞叶和叶鞘,病斑特征为长梭形,中央灰褐色的大型病斑,田间湿度大时,病斑表面产生灰黑色霉状物。在抗性品种上,病斑呈褪绿、浅灰色、较少霉层。由于生理小种比较多,不同的生理小种之间又相互杂交,对环境适应性强。

小斑病发病的环境条件是高温高湿,是黄淮海玉米主产区的主要病害,主要侵染玉米叶片、苞叶和叶鞘。在中国主要有O型、T型、C型三种生理小种,由于生理小种相对比较少,较容易选育出抗性好的品种,加上小斑病在黄淮海是高感一票否决性病害,育种家选育时一般会选育抗性较好的材料。

灰斑病的发病环境条件是低温高湿。灰斑病通过气流传播,是近几年从国外传播过来的一种病害,主要发病在冷凉地区,在西南和东北区域频发,在黄淮海、豫西山区、陕西渭南区域偶有发生。灰斑病传播速度比较快,风力传播时,年推进100~200 km,多雨低温区域发病比较重。目前,灰斑病是我国西南山区的第一大病害。

南方锈病发病的环境条件是高温高湿,主要危害叶片、叶鞘和苞叶。近几年在黄淮海夏玉米区域严重发生,尤其对安徽北部、河南南部、山东大部分的夏玉米区有严重影响。该病害主要靠台风传播,品种以感病和高感为主。该病害的生理小种多样,三亚冬季发生的南方锈病不是中国其他地区病害的初侵染源,中国大陆地区的玉米南方锈病的初侵染源可能来自中国大陆以外的其他地区。

弯孢菌叶斑病主要危害叶片、叶鞘和苞叶,病斑小,圆形、椭圆形。病斑分为抗病型、中间型、感病型,抗病性品种病斑小,圆形、椭圆形或不规则形,中间灰白色至浅褐色,边缘外围具有狭细透明晕圈,湿度大时,病斑正背面均可见分生孢子梗和分生孢子。

褐斑病在黄淮海夏玉米区逐年加重,发生部位主要是叶鞘、叶片和茎秆,病斑特征是叶鞘上有病斑褐色小点,近圆形,发病原因是在大喇叭的 V10-V13 期,空气中的孢子和露水进入叶鞘,侵染玉米。

瘤黑粉病主要是田间操作时或者虫咬使玉米产生伤口,玉米伤口感染导致瘤黑粉病,西北制种时,病株率较高。

穗腐病是我国所有主产区的主要病害。国内外已经鉴定出 40 余种病原菌能够引起穗腐病,最常见的病原菌为拟轮枝镰孢菌和禾谷镰孢菌,且生态区的优势病原菌不尽相同。这些病原菌单独或者复合侵染后,引起玉米穗子腐烂,严重影响玉米的产量和品质。生产上一般年份穗腐病会引起产量损失 10%~30%,且病原菌产生的毒素可引起人或动物的多种疾病,严重影响着玉米的品质。

玉米茎腐病也叫青枯病,是一类病害的总称,特指成株期茎基部腐烂,植株干枯,果穗下垂。引起该病的病原菌有 40 余种,以镰孢和腐霉为主,多种病原菌共存。茎腐病在全国各地均有发生,主要原因是连续多年秸秆还田,病原菌的积累,品种之间抗性差别比较大,影响产量也比较大,生产上首选抗病品种,综合防治为主。

玉米粗缩病是由玉米粗缩病毒引起的一种病害,由带毒灰飞虱传播病毒,是危害我国玉米产区的主要病害之一。主要危害叶片、叶鞘、苞叶、根和茎部等,玉米生长的整个阶段都可能发生玉米粗缩病,其中苗期感染的概率最高,染病后的玉米植株在 5~6 叶表现出明显的症状。该病害一旦发生具有毁灭性,一般田块产量损失 40%~50%,发病较重的田块产量损失在 80% 以上,严重的田块几乎毁种绝收。

玉米螟是鳞翅目螟蛾科害虫,俗称玉米钻心虫,每年发生三代,一、二代危害春玉米,二、三代危害夏玉米。近年来夏玉米孕穗期发生偏重,除造成直接产量损失外,也加重了穗腐病的发生,导致籽粒中霉菌毒素(如伏马毒素、黄曲霉毒素)的含量增加,影响籽粒品质和人畜健康。

玉米蚜是缢管蚜属的一种昆虫,可危害玉米、水稻及多种禾本科杂草。玉米苗期群集在心叶中危害,抽穗后危害穗部,吸收汁液,妨碍生长,还能传播多种病毒。在玉米上是抽雄前后遇适宜气候条件下暴发,目前生产上的品种对蚜虫的抗性差,气候干旱的地区和年份,局部暴发的可能性比较大。

草地贪夜蛾是我国重大农业预警迁飞性虫害,具有发生范围广、扩展速度快、为害程度重的特点,一般可造成玉米减产 20%,为害严重的地块甚至绝收。自 2019 年 1 月在云南省普洱市发现入侵我国,其后便迅速扩散至其他主要玉米产区,对我国农业生产造成了极大威胁。现阶段,我国在草地贪夜蛾的监测、预警与化学防治等方面成效显著,一定程度遏制了草地贪夜蛾的蔓延态势。但鉴于该虫具有迁飞能力强、繁殖速度快、食性杂等生物学特性,其潜在威胁依然严峻。

双斑萤叶甲是一种近年来在我国农业生态系统中逐渐凸显的害虫,危害玉米、水稻及小麦等多种作物。该虫以作物叶片为食,导致叶片受损、黄化甚至枯萎,通常造成作物减产 10%~15%。由于其成虫迁飞能力强、繁殖速度快,寄主范围广,防控难度较大。目前,我国已建立初步监测预警体系,并通过生物防治、化学防治和农业措施相结合的综合防控手段,取得了一定成效。然而,双斑萤叶甲的潜在威胁依然较高,需进一步加强科研和技术创新,以应对其长期挑战。

第四节　玉米抗病虫育种的现状

在长期农业生产实践中,人们逐步认识到植物病虫害对人类生存和生活质量产生深远影响。迄今为止,全球已发现超过 8000 种植物病原真菌、200 种植物病原细菌和 700 种植物病毒,鉴定出的害虫种类超过 5000 种,其中玉米作为重要粮食作物,其病害系统已记载超百种,虫害类型亦逾百类。仅在我国发生的病虫害就分别超过 30 种,其中发生普遍且危害严重的玉米真菌、细菌和病毒病害有大斑病、小斑病、茎腐病、穗腐病、丝黑穗病、灰斑病、南方锈病和矮花叶病等。常年由于玉米病害造成的产量损失约占 10%~20%。而虫害主要包括玉米螟、蚜虫、黏虫、草地贪夜蛾、蓟马等,可导致玉米减产 10%~50%,严重时甚至绝收。值得关注的是,在全球气候变化、种植模式集约化及品种布局调整等多重因素驱动下,玉米病虫害呈现出发生区域扩展、流行频率增加、危害程度加重、复合侵染普遍等新特征。例如,玉米螟、棉铃虫、桃蛀螟和甜菜夜蛾在黄淮、华北地区穗期混合发生;草地贪夜蛾自 2019 年入侵我国云南省以来,迅速扩散至其他主要玉米产区;双斑长跗萤叶甲在华北、东北、西北等地局部偏重发生;玉米南方锈病原本只在长江以南发生,而近年在黄淮海地区重发态势明显,甚至一度扩散至黄河以北;玉米穗腐病持续加重,目前已成为从西南到东北所有主产区面对的重大威胁。2024 年,我国玉米病虫害发生面积已约 9.8 亿亩次。

在寄主、病虫环境以及人类影响和农业生态系统认识作物病虫害的基础上,探讨了产生病虫害的原因以及综合防治体系,并认识到作物抗病虫性在综合防治体系中发挥主导作用。病原菌及虫害与作物的协同进化产生了丰富多样的作物遗传变异类型,这是深入挖掘抗病基因资源并进行抗病遗传研究以及开展抗病育种工作的基础。在拓宽玉米种质基础的前提下,要有重点地加强抗病虫育种工作,把长远的种质基础拓宽与近期的防治病虫害为目的的抗病育种工作结合起来,才能有效地防止玉米病虫害的发生和流行。我国在玉米抗源鉴定与种质创新、抗性遗传解析、功能基因鉴定及其调控机制、分子标记开发以及生物育种等领域取得了一系列令人瞩目的成就。有代表性的是戴景瑞等运用群体改良等技术手段,成功育成农大 60、农大 65、农大 3138 等多个多抗玉米杂交种,这些品种在全国超过 20 个省市推广,具有良好的抗病性和抗旱性等综合抗性,有力推动了玉米抗病品种的应用和推广。徐明良等在玉米抗病 QTL(quantitatire trait locus)的克隆和抗病机理的研究基础上,通过分子标记辅助的方法将 *ZmWAK* 基因成功导入到吉单系列杂交种中,显著提高了玉米对丝黑穗病的抗性,并且经多年精细定位与转基因功能验证确定 *ZmWAK* 基因抗玉米灰斑病的作用机制。李新海等通过开发功能分子标记、多代回交和标记辅助选择等方法将 *ZmGLK36* 基因导入我国广泛种植的多个玉米自交系,显著增强了玉米对粗缩病的抗性,实现了现有玉米品种的直接改良,进一步研究确定 *ZmGLK36* 基因在不同作物中对水稻黑条矮缩病毒(RBSDV)抗性调控具有保守性功能,为水稻、小麦等禾本科作物的抗病改良提供了新的基因资源。丁俊强等通过图位克隆从 CML496 中分离出抗玉米南方锈病的新基因 *RppC*,该基因能够触发对南方锈病的免疫反应,此外,他还与严建兵等合作,利用多个遗传群体开展全基因组关联分析,鉴定出两个抗玉米小斑病的新基因 *ZmFUT1* 和 *MYBR92*,显著提高了玉米对小斑病的抗性。赖锦盛等培育的抗虫玉米 ND207 对玉米螟、黏虫、棉铃虫和桃蛀螟等玉米主要鳞翅目害虫具有高抗性,并能有效控制草地贪夜蛾危害,已获得北方春玉米区和黄淮海夏玉米区的安全证书(生产应用),且于 2024 年 12 月 31 日有效区域扩展到全国,不仅助力我国种业科技自立自强、种源自主可控和生物育种产业化,也极大地促进了玉米抗虫品种的产业化应用和推广。

目前,虽然玉米抗病虫育种取得了一系列的成果,但仍然存在许多问题,迫切需要有针对性地开展相关研究。

(1)种质资源需要进一步拓展。国际、国内玉米育种工作者的经验与材料交流并不畅通,育种单位与个人拥有的抗源有限,野生资源与热带、亚热带种质利用上存在困难,加上商业化育种多集中于少数骨干自交系,抗源的遗传基础并不宽广,致使其中蕴含的丰富抗性资源尚未有效开发利用。现有抗病虫品种多针对单一病虫害的少数小种或生物型,能够针对生产上出现的多种小种或生物型,多种病原菌或害虫的复合抗性品种缺乏。

(2)病虫害抗性协同改良存在挑战。病原菌和害虫的快速进化导致抗性从获得到丧失的周期明显缩短。例如,玉米螟对 Cry1Ab 蛋白的抗性已在巴西等地被发现,锈病生理小种变异速度加快(如 Ug99 新小种)。病虫害的复合发生频次加大,导致危害叠加。例如,2023 年吉林公主岭市先玉系列品种同时感染大斑病和玉米螟蛀茎,茎秆强度下降引发倒伏,机收损失率高达 18%。因此,在兼顾其他综合农艺性状改良的同时,需要加强病虫害抗性协同改良。

(3)需要加强抗性的遗传机制研究。病虫害抗性遗传机制的研究已取得很大进展,但由于抗性的复杂性,如多基因控制、表型与基因型关联困难,以及环境互作的影响,致使玉米抗性遗传机制的解析需要深入。此外,功能标记的开发需要更多基因克隆和功能验证以及调控机制的研究成果,并且研究方法也需要完善。例如 QTL 定位、GWAS、转录组学等研究方法,具有自身的局限性:QTL 定位分辨率低,GWAS 需要大样本量,转录组学只能提供相关基因而非因果基因等。因而,用于抗病虫育种的抗性基因资源匮乏,育种方法需要理论指导。

(4)需要建立高效的现代育种方法。回交法等传统育种方法改良自交系的周期长,从选择育种材料到选系,实现优良抗病虫基因的重组和聚合,到自交系的配合力测定和国家审定,持续时间长、选择率低,难以满足快速变化的市场需求和应对新出现的病虫害挑战,要兼顾抗性性状与农艺性状改良存在困难。现代生物育种以精准鉴定、快速选择、拓宽基因资源等特点为改良提升传统育种方法带来了机遇与挑战,2018 年美国康奈尔大学玉米遗传育种学家、美国科学院院士 Edwards Buckler 教授提出了"育种 4.0"的理念,即玉米育种正由采用分子标记辅助选择及转基因技术的第三代逐渐步入依托多层面生物技术与信息技术、生物信息学与机器学习技术、基因编辑与合成生物学技术、作物组学大数据与人工智能技术的生命科学、信息科学与育种科学深度融合推动育种向着智能化的方向发展的第四代。尽管我国在前沿关键育种技术领域不断取得重要突破,但受多种因素制约,与国外相比,我国在技术创新深度与广度、新型育种工具开发等方面仍存在差距,距离全面迈入育种 4.0 阶段,尚需持续、深入的技术攻关和系统性的工具研发体系建设。

(5)多学科协作需要加强。在抗病育种方面,遗传学家主导基因挖掘,但对病原菌生理小种变异规律掌握不足;在抗虫育种方面,巴西昆虫学家发现草地贪夜蛾对 Cry1F 蛋白产生抗性(LC50 提升 12 倍),但抗虫基因改造滞后了 3~5 年。此外,还出现了交叉领域的盲区,例如抗虫基因 *ZmCBP* 过量表达导致蚜虫蜜露分泌增加,间接加重煤污病。另外,评价体系分离、数据标准差异、知识产权纠纷等也造成了各学科的协作困难。例如,植保专家以 SCI 论文为导向,育种家以品种审定为考核指标,合作成果难以量化;抗性鉴定中,病理学家采用病情指数(DI),昆虫学家使用虫口减退率,导致数据难以整合;跨国公司专利壁垒限制公共机构合作。

尽管我国玉米抗病虫育种工作取得了显著的成果,但也面临着诸多问题。为了进一步提升玉米抗病虫育种水平,保障玉米产业的可持续发展,未来需要加强以下三个方面的工作:一是加大对国内外优异玉米种质资源的收集引进和精准鉴定,拓宽种质资源的遗传基础,挖掘具有优异抗病虫特性的新种质、新基因;二是加强基础与应用基础研究,持续创新育种技术,攻克基因编辑、全基因组选择、智能设计育种等关键技术瓶颈,结合单倍体育种等方法构建高效的现代育种技术体系,提高育种效率和精准性;三是注重培育具有综合抗性、广谱抗性的玉米新品种,平衡对多种病虫害的抗性,同时关注抗性的稳定性和持久性,注重抗性与其他农艺性状的协调改良,以应对复杂多变的病虫害威胁。这些措施的实施,有望在玉米抗病虫育种领域取得更大的突破,为我国玉米产业的健康发展提供坚实的保障。

参考文献

[1]吴建宇,席章营,盖钧镒.玉米抗病遗传育种的研究进展[J].玉米科学,1999,(2):7-12,33.

[2]何胜凤,徐明良,刘远亮.玉米抗病基因的克隆、抗性机制及育种应用[J].宁夏农林科技,2024,65(11):20-32,109.

[3]戴景瑞,鄂立柱.百年玉米,再铸辉煌——中国玉米产业百年回顾与展望[J].农学学

报,2018,8(1):74-79.

[4]王振华,刘文国,高世斌,等.玉米种业的昨天、今天和明天[J].中国畜牧业,2021,(19):26-32.

[5]李新海,徐尚忠,李建生,等.CIMMYT群体与中国骨干玉米自交系杂种优势关系的研究[J].作物学报,2001,27(5):575-581.

[6]教育部办公厅等四部门关于加快新农科建设推进高等农林教育创新发展的意见(教育厅〔2022〕1号)[J].中华人民共和国教育部公报,2022(12):30-32.

[7]焦仁海,仲义,刘俊,等.玉米种质资源研究发展现状及创新途径[J].农业与技术,2022,42(11):87-90.

[8]番兴明,姚文华,黄云霄.提高玉米育种效率的技术途径[J].作物杂志,2007(2):1-4.

[9]JAKKA S R K, GONG L, HASLER J, et al. Field-evolved mode 1 resistance of the fall armyworm to transgenic Cry1Fa-expressing maize[J]. Pest Management Science,2020,76(4):1279-1290.

第二章 作物抗病虫育种

现代作物育种要求品种在产量、品质和适应性等传统目标性状符合生产发展需求的同时，兼顾在生产上对可能大面积暴发病虫害有一定的抗性。因此，抗病虫育种在现代农业生产中起着重要的作用。培育具有良好抗病虫特性的高产、优质品种是现代作物育种的需求之一，具有重要的推广应用价值。

第一节 概 述

一、作物抗病虫育种的概念与意义

历史上，最初的作物育种主要就是抗病虫育种。在古代，生产条件低下，科技落后，农业生产的首要目标是保产。因此，在植物病害流行时，人们选留无病或轻病植株上的种子，就是最原始的抗病虫育种。

自从人类开始驯化栽培作物以来，病虫害就一直发生，对农业生产造成重大威胁。1942 年孟加拉国水稻胡麻斑病大流行，造成 200 多万人饿死。1950 年我国小麦条锈病大暴发，小麦产量减少 15% ~ 20%。1970 年美国玉米小斑病流行，导致玉米减产约 15%。21 世纪以来，随着经济全球化的不断深入，病虫害也随着人口的流动及进出口作物一起传播到世界各地，对全球粮食生产构成了严重的威胁。据统计，因病虫害导致的农作物减产每年可达 33% ~ 42%。严重的病虫害不仅会造成农业的巨大损失，而且会导致社会动荡。在 19 世纪 40 年代，爱尔兰因马铃薯晚疫病的发生，导致减产过半，大饥荒肆虐，其间多达 100 万爱尔兰人饿死，另有上百万人不得不移居海外。

为了控制病虫害的蔓延，20 世纪 40 年代以后，人们在生产上广泛使用各种有机、无机杀虫（菌）剂，如著名的 DDT（双对氯苯基三氯乙烷），杀虫种类多且效果好。稻、麦矮秆基因在育种上的应用和化学杀虫（菌）药剂与化肥的广泛使用引发了全世界农业生产的第一次绿色革命。一直到 20 世纪 60 年代后期，科学家们开始注意到长期使用化学药剂对动物、人类和整个生态系统都有很强的副作用，甚至还有长期的滞留毒害作用。由于长期大剂量使用化学农药，多种害虫对化学杀虫剂产生了一定的抗性。为了达到控制害虫的效果，就需要使用更高浓度的杀虫剂，这不仅增加了生产成本，也造成了更大的环境污染。更为严重的是，化学杀虫剂的杀虫特异性不高，同时会杀死有益的昆虫等，使得害虫的天敌遭到灭顶之灾,病虫害泛滥,从而导致生态系统破坏,甚至陷入恶性循环。因此,发展有害生物综合防治体系(integrated pest management,IPM),以综合应用抗性品种为主,结合农业栽培防治、生物防治和化学防治等方法,将病虫害压低到允许的阈值以下,达到高产、优质、生态、高效、安全的效果是现代作物生产的客观需求。

抗病虫育种是以选育对某些病虫害具有抵抗能力的品种为主要目标的育种工作,是建立综合防治体系的重要基础。它既可抑制菌源数量和虫口密度,降低病虫危害,提高防治效果,又可减少因化学药剂的滥用而造成的环境污染和人、畜中毒,保持生态平衡,对于农业的可持续发展和农产品安全有极其重要的作用。

事实证明,在病虫害诸多防治措施中,最有效的手段就是培育抗病虫的农作物新品种。历史上因严重病虫害造成的危害通常都是通过抗病虫品种的培育和推广得以解决的,包括马铃薯晚疫病、棉花棉铃虫、水稻稻瘟病、小麦条锈病和玉米纹枯病等。

与其他防治方法相比,抗病虫品种的利用经济有效、简单易行、效果稳定。生物和化学制剂虽然可以在不同程度上防治病虫害,但它们都要求在田间进行操作,防治效果常受到外界环境的影响,且需要花费大量人力和物力。采用抗病虫品种,其抗性能力不受外界条件的影响,不需要额外的田间操作,是唯一不需要增加农业生产投入的防治保产措施,而且不会造成食物中农药残留、环境污染和生态的破坏。另外,目前全球每年用于病虫害防治的费用高达数百亿美元。从经济效益上看,培育抗病虫品种并推广的投入少,收益却很高。虽然培育抗病品种时也要花费一定的人力、物力,但抗病虫品种培育出来后,其效益将大大超过投入的成本。如东南亚国家在推广国际水稻研究所选育的抗虫品种IR20后,每年节省的化学防治费用就达上千万美元,既大大降低了生产成本,又减少了因化学农药使用而造成的环境污染。

二、作物抗病虫育种的特点

现代农业对作物优良品种的要求包括高产、优质、多抗、广适以及适应农业型现代化等多方面,品种的抗病虫特性越来越受到重视。相比于高产、优质育种,作物抗病虫育种有着鲜明的特点,它不仅要考虑作物本身的遗传特性,还需要考虑到寄生物(病原菌或害虫)的遗传特性、作物与寄生物之间的相互作用以及两者对环境的敏感性等。作物的抗病虫性,与作物的其他性状不同,其表现类型不只决定于作物本身的基因型,还会受到相应寄生物基因型的影响,是寄主和寄生物双方基因型在一定环境条件下相互作用的结果。

因此,作物抗病虫育种工作不但要熟悉作物的生育特性、生长习性和性状遗传规律等,还需要掌握病虫害的相关知识。病虫害的种类具有多样性,并且因环境的差异造成其发生还具有时空特异性,即不同的时间和区域会流行不同的病虫害。在人们不仅要求品种的抗病虫性持久,又要求能够多抗或兼抗的情况下,抗病虫育种工作在某种程度上比高产、优质育种工作更具艰巨性和复杂性。因此,作物抗病虫育种涉及多学科的知识和研究方法,包括植物学、植物生理学、生态学、生物化学、分子生物学、遗传学、植物病理学、农业昆虫学、生物技术与生物统计、农业气象学等。开展作物抗病虫现代育种工作不但需要广泛而全面的专业知识,还需要育种者学会运用基因工程和蛋白质组学的新理论新技术,开展抗病虫基因的克隆、转基因育种、分子标记辅助育种的新任务。

在自然生态系统中,寄主作物和寄生物都有其各自独立的遗传系统,它们大多是遗传上具有多样性的异质群体,双方通过相互适应和选择而协同进化。就群体而言,寄主作物具有一定程度的群体抗病虫性,以适应寄生物这一不利的外界条件;而寄生物也会产生一定程度的致病虫害性,以繁衍其种族,从而形成大体上势均力敌的动态平衡关系。

作物抗病虫育种工作通常考虑定向选择和稳定化选择两个方向。定向选择是指当对病原菌的不同小种具有专化反应(对某些生理小种是免疫的或高抗的,而对其他生理小种则是高感的)的品种大面积推广后,相应的毒性小种便会大量繁殖增多,最终导致该品种丧失抗性。相反,稳定化选择是指当生产上一个抗强毒性小种品种的种植面积减少,感病品种的面积扩大时,会因强毒性小种适应性差,竞争不过无毒性或弱毒性小种,导致自身频率下降,而不能形成优势小种,其结果会使寄主的抗性相对地得到保持。

人们从生态学和经济学的角度考虑,在作物品种选育工作中对病虫害的抗性并不要求绝对的抗,而只要求相对的抗。也就是说,作物品种虽然受到病虫的危害,但其产量和品质受到的影响较小。因此,对于病虫害的防治要求,也仅仅是将由病虫害所造成的损失限制在人类可以接受(或忍耐)的范围内,这样也更易于达到有效、经济、安全、稳定的总体效果。

第二节　作物病虫害病源及抗病虫遗传机制

在田间,植物对病害的抗病表型主要受寄主植物、病原菌和环境因素影响。它们之间相互影响,共同决定病害的发生和流行,只有在三者都适合病害发展的情况下,病害才会大面积发生。因此,这三者之间的关系被称为"病害三角关系"。这三者之间关系又以"植物-病原菌互作关系"最为关键。因此,了解病原菌的致病性及其变异、昆虫的致害性及其变异、作物的抗病虫性及其遗传机制是十分有必要的。

一、病原菌的致病性

(一)病原菌的致病性

病原菌通过侵染—潜伏—发病—繁殖—再侵染的循环途径,甚至还可在寄主成熟收获后形成休眠体或在其他寄主寄生、土壤腐生、越冬越夏,达到其致病效果。风、水、种子、土壤、人类、动物都可作为其媒介进行传播。能引起作物产生侵染性病害的病原菌,包括真菌、细菌、病毒、线虫、菌原体等,玉米病害以真菌性病害和病毒病为主。

在抗病育种中,病原菌的致病性是指病原菌侵染寄主并引起病变的能力,包括毒性和侵袭力两个方面。毒性指的是病原菌能克服某一专化抗病基因而侵染该品种的能力,是一种质量性状;因某种毒性只能克服其相应的抗病性,所以又称为专化性致病性。而侵袭力是指在能够侵染寄主的前提下,病原菌在寄生生活中的生长繁殖速率和强度(如潜育期和产孢能力等),是一种数量性状,不因品种而异,故又称非专化性致病性。

各种病原菌均有其固有的寄主范围,在同一个病原菌种或变种内,通过有性杂交、无性杂交、基因突变等过程,会不断地分化出致病力不同的生理类型,这种根据病原菌致病性差别划分出的类型,就是生理小种,也称毒性小种。一般病原菌的寄生水平(专化性)越高,寄主的抗病特异性越强,则病原菌分化的生理小种种类也越多。即某种小种可使某些品种感染,而不能使另一些品种感染。如玉米病害中,小斑病的 T、O、C 三个生理小种。因此,同一种病害可能有多种症状。当然,不同病害也可能会出现相近的症状,如玉米穗腐病成因复杂,自然环境下病害的发生往往是由拟轮枝镰孢菌、禾谷镰刀菌等多种病原菌经多种途径复合侵染导致的。

生理小种分化明显的病原菌群体,由多个毒性小种组成,其中比例较大的小种为优势小种,其余的为次要小种。优势小种和次要小种是相对的,会随着时间和空间的变化而改变。如 20 世纪 50 年代,随着碧蚂 1 号小麦的大面积推广,条中 1 号小种上升为优势小种;60 年代随着碧玉麦、甘肃 96、陕农 9 号的推广,条中 8 号、条中 10 号上升为优势小种,而条中 1 号降为次要小种。

同一病原菌的不同生理小种的生理分化、形态等都十分相似,难以区分,只能用一套抗病力不同的品种来区别,这一套品种叫鉴别寄主。鉴别寄主通常选择含有不同抗性基因、鉴别力强、病害症状反应稳定、在当地生产上或育种工作中具有代表性的品种。例如,我国常用的小麦条锈病的鉴别寄主有南大 2419、阿勃、早洋、洛夫林 13 号等品种;水稻白叶枯病的鉴别寄主有金刚 30、Tetep、南粳 15、Java14 等品种。选用一套各含一个不同主效基因(或垂直抗病基因)的近等基因系作为鉴别寄主最为理想,既可以根据病原菌在鉴别寄主上的病害反应差异来推断生理小种的类别、异同和致病基因,也可以根据病原菌的致病基因来推断某一特定寄主材料所含有的抗病基因。

对一些真菌病害(如多种锈菌、白粉菌、黑粉菌等)的遗传研究结果认为,真菌病害的毒性为单基因隐性遗传,侵袭力可能为多基因遗传。根据基因对基因学说,寄主群体中发现并大量使用过某个专化性抗病基因时,病原菌群体中早晚会出现相应的毒性基因。病原菌毒性基因的位点一般不只一个,因而不同小种所含的毒性基因也不同。在全部毒性基因位点上都不含任何毒性基因的小种,称为无毒性小种;仅含少数几个毒性基因的小种,称为少(寡)毒性小种;含有多个毒性基因的小种,称为多(复杂)毒性小种。从生化角度出发,寄主的抗病基因能编码出相应的受体蛋白,而病原菌的无毒基因产物可能直接或在修饰后作为效应因子与寄主的受体相互作用,通过信号传导引发寄主的相关防御反应基因启动从而抵御病原菌的侵染。

病原菌的致病性会发生变异,小种毒性和侵袭力的变化以及不同小种的消长,都是病原菌群体致病性变异的表现。其变异的原因可能有以下几个:

(1)突变真菌和病毒中已发现不少来自突变的新毒性基因。自发突变率为 10^{-7} ~ 10^{-5},而人工诱发突变率相比则更高。

(2)有性杂交病原真菌可以通过小种间、变种间和种间杂交后,基因发生重组形成新的毒性基因型。对于经常发生有性生殖的病原菌(如锈菌、白粉菌、黑粉菌等),这是产生新毒性基因型的重要途径。

(3)体细胞重组(异核现象和拟性重组)不同生理小种的菌丝或芽管联结,进行核交换,使单个菌丝的细胞或孢子中含有遗传性质不同的核,这种现象称为异核现象,具有异核的个体叫异核体。异核体中的两个异质核发生融合,形成杂合二倍体,然后在有丝分裂过程中进行单倍体化和有丝分裂交换,产生遗传性不同于亲本的单倍体后代,这种基因重组叫拟性重组。

(4)适应性。如用不同浓度抗枯萎病豌豆品种的根系分泌液,处理枯萎病原菌的无毒性小种的分生孢子,从而获得能侵染该品种的新菌系。同时,高浓度处理所得到的新菌系比低浓度处理所得的菌系的侵袭力强。

另外,对作物与害虫的相互关系研究发现,同一害虫不同类型对不同作物品种的致害能力不同。这种根据害虫致害性不同划分的类型称为生物型,如水稻褐飞虱至少有3个生物型:生物型Ⅰ只侵害不带抗虫基因的台中本地1号;生物型Ⅱ除侵染台中本地1号外,还可侵害带抗虫基因 *Bph1* 的品种;而生物型Ⅲ侵害台中本地1号和带抗虫基因 *Bph2* 的品种,不侵害带抗虫基因 *Bph1* 的品种。在田间,害虫的不同群体分为优势生物型和次要生物型。但有关害虫致害基因的遗传和变异机制的报道仍然不多。

(二)作物病虫害发生的症状

作物在生长发育过程中,常常受到各种病原菌的侵染或昆虫取食危害。作物受到病害和虫害的症状各不相同,主要分为以下几方面:

(1)变色。叶绿素不能正常形成或其他色素过多或被破坏黄化,叶片上或花瓣上表现为淡绿色、黄色,甚至白色,整个植株或整个叶片出现均匀退绿的现象。如蚜虫引起的多种病毒病常表现为花叶变色。

(2)坏死和腐烂。叶片组织的坏死常表现为叶斑和叶枯两种,甚至有些叶斑还可能脱落形成穿孔。多肉幼嫩组织坏死容易表现为腐烂,如花器官和果实坏死形成花腐和果腐等。

(3)畸形。作物在感病后,因细胞或组织过度生长或发育不良形成的矮化、器官畸形等,如叶片皱缩,根、茎或枝条局部组织膨大形成肿瘤等症状。

(4)萎蔫。作物的根、茎或叶的维管束组织受到侵染后,水分疏导受阻,引起植物急剧失水,细胞膨压下降,从而导致作物出现的凋萎现象。

病原菌在作物发病部位表现的特征称为病征,如发霉、菌脓,产生粉状物、锈状物、颗粒物等。发霉是指由灰霉病等真菌引起的,常在发病部位产生的各种颜色的霉层。菌脓是指由细菌病害引起的,在发病部位溢出的白色或淡黄色菌脓,干燥后形成胶粒或胶膜,如水稻白叶枯病等。病部产生粉状物、锈状物或颗粒物则是由真菌病害造成发病部位出现白色或黑色粉层(如玉米白粉病等)、锈黄色粉状物(如小麦条锈病等)或针粒状的颗粒(病原菌的子实体,如辣椒炭疽病等)。

作物的病虫害症状都具有一定的特征,通常表现在发病部位病斑的性状、大小、颜色、花纹,以及害虫的虫体、排泄物等方面。因此,根据病虫害的症状可以作出初步的诊断。先确定是病害还是虫害。病害有病理变化的程序和过程,而虫害则能发现虫体、为害症状及排泄物。

若为病害,可根据症状及其在田间分布判断是否为侵染性病害。侵染性病害主要从以下几个方面判断:一是真菌性病害。真菌性病害是最常见、最普遍的病害类型,通常在寄主受害部位的表面或迟或早出现病征(霉、粉、锈等)。可根据病原菌的形态特征判断病原菌种类。二是细菌性病害。病征不如真菌病害明显,主要表现为斑点、腐烂、枯萎等。大多数病部在发病初期呈水渍状,然后慢慢扩散,在边缘处出现半透明的黄色晕圈,后期逐渐溢出菌脓。三是病毒性病害。作物会出现变色、畸形、黄绿斑驳状花叶等症状,但不会出现病征,易与干旱、冻害等非生物胁迫相混淆。判断的关键是看病株在田间的分布状况,若是比较分散,周围有健康的植株,则可判断是病毒病。四是线虫等病害。在感病组织上可以检查到病原线虫,比较容易区分。

若为虫害,需明确虫害种类。可根据作物的被害症状判断害虫的口器类型,也可根据排泄物或虫粪判断害虫类型。

二、作物的抗病虫性

作物的抗病虫性可按抗病表现的时期、形式、抗性程度、抗性机能、遗传方式、寄主与病原菌或害虫之间的相互关系分成不同的类型。根据不同的研究目的,不同病虫害种类及不同鉴定方法而采用不同的分类方法。按寄主的抗性在不同生育时期的表现可分为苗期抗性、成株期抗性或者全生育期抗性;按抗性形式可分为避病、抗病、耐病和感病;按抗性机能可将抗病虫性分为生物学抗病性、形态和组织结构抗病性、生理生化抗病性等;按抗性的遗传方式可分为主效基因(或单基因、寡基因)抗性和微效基因(或多基因)抗性。而在抗病虫遗传育种研究工作中,主要是根据寄主抗病虫性的程度和寄主与病原菌(害虫)专化性有无来进行分类。

在适合某种病原菌侵染或害虫取食危害的条件下,按抗病虫性的程度分类,可分为以下几种类型:①高抗(highly resistant,HR),寄主作物群体不受某种特定病原菌侵染危害(或某种特定害虫取食危害),或者受该种病原菌(害虫)危害程度很小,基本上可忽略。②抗(resistant,R),寄主作物群体受该种病原菌(害虫)危害程度小,远低于该种作物受害平均值,但不能忽略。③中抗(moderately resistant,MR),寄主作物群体受该种病原菌(害虫)的危害程度低于该种作物受害平均值的特性。④感(susceptible,S),寄主作物群体受该种病原菌(害虫)的危害程度等于或大于该种作物受害平均值的特性。⑤高感(highly susceptible,HS),寄主作物群体对某一种病原菌(害虫)表现出高度敏感性,其受害程度远远高于该病原菌(害虫)对该种作物的受害平均值的特性。

在植物病理学研究中,根据寄主和病原菌之间是否有特异的相互作用,即按寄主—病原菌的专化性有无分类,可将植物的抗病性分为垂直抗病性和水平抗病性两类。垂直抗病性(vertical resistance)又称小种特异性抗病性,是指寄主品种对病原菌的不同生理小种具有专化反应,对某些生理小种是免疫或高抗的,而对其他生理小种则是高感的。水平抗病性(horizontal resistance)又称非小种特异性抗病性,是指寄主的某个品种对寄生物不同生理小种的抗性相当,没有特异或专化反应。

寄主作物对害虫的抗性研究中也存在垂直抗虫性和水平抗虫性两种类型。垂直抗虫性指寄主品种对某一害虫的不同生物型存在专化性反应,抗性水平较高,但难以稳定持久。水平抗虫性指寄主品种对某一害虫的各种生物型具有相似的抗性,抗性程度并不高,但对该害虫有相对稳定持久的抗性。但许多作物品种对某种病原菌或害虫的抗性为综合抗性(comprehensive resistance),即既有水平抗性,又有垂直抗性。其抗性遗传机理比较复杂,可能涉及多个抗病虫基因以及不同抗性基因之间的互作。

三、作物抗病性的遗传机制

垂直抗病性是指植物对某一种病原菌的特定生理小种表现高抗甚至免疫表型而对其他生理小种的抗病性很弱甚至没有。例如,带有抗病基因 *RppC* 的玉米仅仅对含有 *AvrRppC* 的玉米南方锈病原菌(*Puccinia polysora*)生理小种表现高抗表型,而对其他不含有 *AvrRppC* 的玉米南方锈病原菌生理小种都表现感病表型。垂直抗病性由质量抗性基因调控,在遗传上通常表现为单一位点的显性效应,少数表现为单一位点的隐性效应。由于其抗病效应大且单一质量抗性基因的可操作性强,长期以来育种家们对垂直抗病性青睐有加。但是垂直抗病性品种的持续种植引起田间病原菌生理小种的改变,即能成功入侵的生理小种经过多年积累成为新的优势小种,从而导致抗病品种的"抗性丧失"。例如,带有抗大斑病 *Ht1* 抗性基因的玉米材料在多年广泛种植后,会导致中国大部分玉米产区均表现不同程度的感大斑病表型。由此,垂直抗病性的"不广谱"的缺点引起的抗性不持久的问题,一直是作物抗病遗传育种急需重点解决的问题。

水平抗病性是指植物对某一种病原菌的所有生理小种都有效(即广谱抗病性),但是其抗病效应较小。水平抗病性是由多个数量抗性基因调控的,在遗传上通常表现为加性效应。由于单个基因的效应比较小而多基因聚合太烦琐,所以水平抗病性在育种中没有得到应有的重视。近年来,由于 QTL 图位克隆技术的成熟使得微效基因的克隆不再困难;同时,基因编辑技术的成熟使得在 DNA 水平上改造微效基因提高其抗病效应成为可能。因此,水平抗病基因的广谱抗病性在未来遗传育种中将有更广阔的应用空间。

1. 垂直抗病性的遗传机制

垂直抗病性的遗传机制最初由 H. H. Flor 提出的"基因对基因假说"进行了初步阐述。该学说指出:只有当具有抗病基因(*R* 基因)的植物与具有相对应的无毒基因(*Avr* 基因)的病原菌相遇时,才会激发植物的抗病反应;而当植物不含有抗病基因或者病原菌不含有相对应的无毒基因的情况下,植物都表现感病反应。最近三十年的研究工作已克隆的大量 *R* 基因和相对应的 *Avr* 基因充分证实了基因对基因假说的正确性,并将垂直抗病性的遗传机制归结为:植物的抗性蛋白(R 蛋白)通过直接或者间接方式识别病原菌分泌的效应蛋白(effector protein,即 Avr 蛋白),从而激发植物强烈的抗病反应;最终植物表现为过敏性细胞坏死或者高抗(HR)表型。因此,垂直抗病性又被称为效应蛋白激发的抗病反应(effector-triggered immunity,ETI)。植物的抗性蛋白与病原菌的效应蛋白之间的识别多数情况下表现为——对应的关系,即一个抗性蛋白识别一个效应蛋白。例如,小麦抗性蛋白 Sr35 只识别小麦秆锈病原菌(*Puccinia graminis* f. sp. *tritici*)效应蛋白 AvrSr35;水稻抗性蛋白 OsPi9 只识别效应蛋白 AvrPi9。此外,也发现一个抗性蛋白能识别多个不同效应蛋白的例子,如水稻抗性蛋白 Pita 能够识别两个效应蛋白 AvrPita1 和 AvrPita2,番茄抗性蛋白 Pto 能够识别丁香假单胞菌的两个效应蛋白 AvrPto 和 AvrPtoB。一个效应蛋白能够被多个不同抗性蛋白识别的例子也存在,如效应蛋白 Avrblb1 能够被三个不同的抗病蛋白 Rpi-blb1、Rpi-pta1 和 Rpi-sto1 识别。近十年的研究还发现,病原菌中还存在核心效应蛋白。核心效应蛋白是指在一种病原菌的大多数生理小种中广谱存在、序列高度保守且在致病过程中起重要作用的致病因子,如南方锈病原菌的 AvrRppK 和丝黑穗病原菌的 Cce1。核心效应蛋白的发现为实现植物广谱抗病遗传改良提供了一个新的契机,鉴定能够识别病原菌核心效应蛋白的植物抗性蛋白,并利用它们进行抗病遗传育种,必然能够赋予植物对大多数生理小种的广谱抗病性。

2. 水平抗病性的遗传机制

水平抗病性的遗传机制比较多样,其中最主要的七个方面如下:

(1)病原菌相关分子模式激发的植物免疫反应(PAMP-triggered immunity,PTI)。植物细胞膜上的受体蛋白通过识别植物细胞外的分子(即 patterns)从而激发植物的抗病性。在植物中,这类受体蛋白主要包括 PRRs(pattern recognition receptors)和 WAKs(Wall-associated kinase),它们通过直接结合病原菌分泌的小肽或者其细胞壁降解的小分子(如几丁质等)从而激活下游抗病基因的表达;此外,植物受到病原菌攻击后也会分泌一些小肽分子(如 Pep 小肽)到胞外与植物细胞膜上的受体蛋白(PEPRs,PEP receptors)直接结合,从而进一步增强下游抗病基因的表达强度,提高植物抗病性。由此,这些膜上的受体蛋白构成了植物对抗病原菌的最基础的监测和防御体系,例如,水稻细胞膜上的受体蛋白 OsCEBiP 通过识别真菌细胞壁的降解产物几丁质,激发下游 MAPK 激酶信号途径从而促进抗病基因表达和活性氧(reactive oxygen species,ROS)积累,提高植物的抗病性。在病原菌入侵后,玉米 Pep 蛋白(ZmPep)会被大量分泌到胞外;ZmPep 与细胞膜上受体结合激活植物的 PTI 反应,增强玉米对多种病害的抗病性。

(2)激素介导的抗病信号途径。植物激素在植物抗病过程中发挥的作用比较复杂;而且对于不同的病原菌甚至相同病原菌的不同侵染时期,激素所表现的作用也千差万别。例如,在丁香假单胞菌入侵前,植物利用脱落酸诱导气孔关闭阻止病原菌从气孔入侵,增强植物的抗病性;然而在丁香假单胞菌成功侵入植物体后,丁香假单胞菌的效应蛋白 HopM1 和 AvrE1 通过诱导脱落酸的合成和信号途径关闭气孔促进水渍形成,促进发病,即植物激素脱落酸在丁香假单胞菌入侵前期正向调控抗病性,而在病原菌入侵后期抑制植物的抗病性。此外,有些激素的作用是通过调控植物生长发育从而间接调控抗病反应,例如,赤霉素主要通过促进植物生长发育,抑制抗病信号途径的激活或者强度,导致植物抵御病原菌的能力下降。直接调控植物抗病反应的激素主要有水杨酸、茉莉酸和乙烯。在双子叶植物中,水杨酸介导的抗病信号途径主要增强植物对活体和半活体营养型病原菌的抗病性,茉莉酸和乙烯主要介导对死体营养型病原菌的抗病性;而且水杨酸介导的信号途径与茉莉酸和乙烯介导的信号途径相互抑制。但是在单子叶植物水稻中，这三者协同对抗不同营养型病原菌。激素介导的抗病反应的强度与活性态激素的量和信号途径的关键蛋白功能密切相关。在没有病原菌入侵的条件下，活性态激素的量比较低，信号途径中关键蛋白的表达量也比较低；病原菌的入侵能诱导抗病相关激素的合成途径及其信号途径关键基因的高表达，从而加速下游抗病基因的表达，提高植物对病原菌的抗病性。

（3）调控植物活性氧（reactive oxygen species，ROS）水平的抗病途径。活性氧包括过氧化氢（H_2O_2）、单氧分子（$^1O_2$）、过氧化物（O_2^-）和羟基自由基（·OH），其中又以过氧化氢最为重要。活性氧具有非常强的化学活性能通过氧化反应破坏生物大分子，从而对病原菌具有很强的毒性作用；此外，过氧化氢分子还可以作为第二信使在植物细胞内和细胞外激活下游反应。在水稻和玉米的突变体筛选中鉴定到很多表现模拟病斑表型的突变体，即在没有病原菌入侵的情况下，这些材料由于大量 ROS 累积导致植物细胞坏死。其中很多模拟病斑表型材料对多种不同病害都表现抗病表型。而且基于模拟病斑表型材料也克隆了大量的调控 ROS 积累的抗病相关基因并鉴定出这些基因的抗病单倍型。例如，来自大刍草的 $ZmMM1^{Cl17}$ 单倍型在玉米十叶期之后能组成型诱导 ROS 的过量积累，从而诱发模拟病斑表型，同时赋予玉米对大斑病、灰斑病和南方锈病的多病害抗病性。

（4）抵御毒素的抗病途径。毒素是很多病原菌攻击植物的重要致病因子。相应地，植物进化出了降解毒素或者使毒素失活的酶；含有编码这类酶的基因就赋予了植物对毒素和病原菌的抗性。例如，毒素 HC-toxin 是玉米病原菌（*Cochliobolus carbonum* race 1，CCR1）的主要致病因子；玉米对 CCR1 的高抗表型依赖于抗病基因 *Hm1*。*Hm1* 编码一个依赖 NADPH 的 HC-toxin 还原酶；该酶通过对 HC-toxin 进行修饰使得 HC-toxin 的活性丧失。此外，有些死体营养型病原菌的毒素蛋白需要通过与植物受体蛋白（感病蛋白）结合诱导植物细胞坏死，从而促进病原菌入侵和病斑发展。因此，植物受体蛋白的缺失能有效阻断毒素对植物的攻击并使得植物对这些死体营养型病原菌表现抗病反应。例如，玉米小斑病原菌 T 小种仅仅对 T 型细胞质玉米有强致病力，而其他类型玉米对该小种有较强抗病性，其原因是小斑病原菌 T 小种的主要致病因子 T-toxin 毒素能与 T 型细胞质玉米的线粒体内膜蛋白 URF13 结合，引起玉米细胞线粒体的功能丧失和细胞死亡。小麦病原真菌 *Stagonospora nodorum* 的毒素 SnTox1 与小麦细胞膜上受体蛋白 Snn1 直接结合引起植物细胞坏死，促进小麦发病；而 *snn1* 突变体对 *S. nodorum* 表现高抗表型。

（5）次级代谢产物介导的抗病性。在病原菌入侵条件下，植物体内大量的次级代谢产物被诱导，并参与调控植物抗病性。已知至少五类植物次生代谢物（硫代葡萄糖苷、苯并噁嗪类、萜烯类、芳香族化合物和绿叶挥发性物）具有调节抗病性的功能；而且硫代葡萄糖苷和苯并噁嗪类对其他次生代谢产物的积累有一定的调控作用。这些次级代谢产物在抗病过程中大体在四个方面发挥作用：①用于加强植物的物理防御。例如植物通过吲哚硫代葡萄糖苷合成途径在入侵点处的植物细胞壁上积累胼胝质，加强植物细胞壁的物理防御能力，阻碍病原菌入侵。此外，病原菌入侵还会诱导维管束中木质素的积累从而增强对维管束病害的抗病能力。②调控植物抗病反应。一些次生代谢产物有类似激素的功能,能通过某种未知的机制调控下游抗病基因的表达从而增强植物抗病性。例如,挥发性物质 α-蒎烯和 β-蒎烯通过激活水杨酸信号途径增强植物对丁香假单胞菌的抗病性。虽然有很多这类次生代谢产物被鉴定到,但是它们的抗病分子机制还不清楚,尤其是它们的受体蛋白还没有得到鉴定。此外,具有挥发性的次生代谢产物还起抗病信号的作用;它们被附件植物感知后,能提前启动抗病信号和抗病基因表达增强对病害的抗病性。③对病原菌具有抑菌作用。有些植物的次级代谢产物在体外对细菌、真菌或者卵菌表现明显的抑菌作用,例如燕麦根皂苷(avenacins)和 α-番茄碱(α-tomatine)在体外能有效抑制真菌和卵菌的生长。进一步的遗传分析也证实,参与这类次生代谢产物合成的酶发生突变后,直接导致对病原菌的抗病性显著下降。④招募其他微生物共同抵御病原菌。植物根系受病原菌入侵后会诱导植物根系产生大量次级代谢产物,这些次生代谢产物能招募附近的微生物聚集到根际共同对抗病原菌,甚至能提高植物地上部组织对病害的抗病性。例如拟南芥受丁香假单胞菌入侵后,植物的根系通过分泌苹果酸吸引根际细菌 *Bacillus subtillis* 聚集到植物根系,从而增强植物叶片对丁香假单胞菌的抗病性。

(6)寄主植物的 RNA 沉默途径。寄主植物的 miRNAs(micro RNAs)和 siRNAs(small RNAs)被 Argonaute 蛋白招募形成 RNA 诱导的基因沉默复合体,该复合体利用 miRNAs 或者 siRNAs 对靶 RNA 进行切割降解,从而抑制靶基因的表达量。在植物中,很多 *R* 基因都受 miRNA 或者 siRNA 的调控,以防止 *R* 基因过表达导致细胞坏死,从而影响生长发育。此外,最近的研究发现寄主植物的 miRNAs 或者 siRNAs 能够被跨界传送到病原真菌体内抑制致病相关基因的转录水平。例如棉花的 miRNA166 和 miRNA159 能够进入病原真菌 *Verticillium dahlia*,抑制真菌致病基因 *Clp-1* 和 *HiC-15* 的转录水平,以此达到抗病的目的。

(7)细胞自噬途径。细胞自噬是进化上高度保守的降解途径,该途径通过形成双层膜的自噬体将有害的物质、氧化的物质和功能丧失的物质(包括细胞器、生物大分子、外来病原菌等)包裹起来,并运送到液泡中进行降解,以此维持细胞内正常的生理活动。尤其是在病原菌入侵过程中活性氧的积累导致大量蛋白被氧化而丧失功能;这些蛋白的清除主要是由细胞自噬途径完成的。细胞自噬的激活能有效增强植物对病毒和死体营养型真菌的抗病性,但是其能被活体或者半活体营养型病原菌劫持用于增强植物的感病性。其分子机制与水杨酸信号途径相关,在细胞自噬突变体中,水杨酸信号途径通常表现为组成型激活状态;组成型的水杨酸信号途径能增强植物对活体营养型病原菌(如白粉病原菌)或者半活体营养型病原菌的抗病性,同时水杨酸信号途径的增强会削弱植物的茉莉酸/乙烯信号途径,从而抑制植物对死体营养型病原菌(如灰霉病原菌)的抗病性。

四、作物抗虫性的遗传机制

与植物抗病遗传机制相比,植物抗虫遗传机制的研究还没有形成完整的体系,而且咀嚼式和刺吸式害虫的取食方式不同,分别引起的抗虫反应和敏感反应也不同。因此,植物对咀嚼式和刺吸式害虫的抗虫机制上有很多不同甚至完全相反的情况。根据已有的研究,植物对咀嚼式害虫的抗性与植物抗死体营养型病原菌很类似;而对刺吸式害虫的抗性与植物抗活体营养型病原菌很相似。植物抗虫遗传机制可以大体包括以下几个方面:

1. 效应蛋白激发的免疫反应

与植物病原菌相似,害虫在咀嚼或者刺吸植物时也会分泌一些毒性效应蛋白,这些蛋白能抑制植物的抗虫反应,包括抗虫次生代谢产物的合成、抗虫蛋白的分泌等。例如咀嚼式害虫棉铃虫分泌的效应蛋白 HARP1 能与茉莉酸信号途径中的 JAZ 蛋白互作,通过抑制 JAZ 蛋白的降解抑制茉莉酸信号途径的激活,抑制棉花的抗虫反应,从而增强棉花对棉铃虫的敏感性。此外,刺吸式害虫粉虱在吸食植物韧皮部时,分泌低相对分子质量唾液蛋白 Bt56;该蛋白能通过与植物蛋白 NTH202 互作激活水杨酸信号途径,以此抑制植物抗虫的茉莉酸信号途径。而植物也进化出了一系列的 NLR 蛋白,这些 NLR 蛋白通过识别害虫效应蛋白激活抗虫反应途径和抗虫蛋白的表达和积累,使得植物对含有该效应蛋白的害虫表现高抗表型。如带有抗虫基因 *H13* 的小麦特异性对分泌效应蛋白 vH13 的黑森苍蝇幼虫表现高抗表型。而且植物与害虫之间 *R* 基因–*Avr* 基因互作的下游抗性反应具有多样性。例如甜瓜抗虫基因 *VAT* 介导的抗性反应包括过敏性坏死反应、过氧化物暴发和胼胝质积累;而番茄抗虫基因 *Mi-1.2* 介导的抗虫反应主要涉及水杨酸和 MAPK 信号途径,而与过敏性反应无关。

对于刺吸式害虫,目前已经克隆 8 个抗褐飞虱基因和 2 个抗蚜虫基因。其中 *Bph9*、*Bph14*、*Bp18* 和 *Bph26* 基因编码 NLR 受体蛋白。这表明植物也通过典型的 NLR 蛋白行使对刺吸式害虫的抗性反应。虽然大多数 NLR 蛋白所识别的害虫效应蛋白还没有得到鉴定,但是这并不妨碍抗虫育种中对这些 NLR 蛋白的利用。

2. 茉莉酸信号途径

茉莉酸的合成首先在叶绿体中完成,由 α–亚麻酸经过 3 步酶促反应合成 OPDA[cis–(+)–oxo–phytodienoic acid],然后 OPDA 进入过氧化物酶体,通过三轮的 β–氧化反应形成茉莉酸。之后,茉莉酸进入细胞质,通过不同的修饰反应形成众多茉莉酸的衍生物。其中,由 JAR 蛋白作用合成的(+)–7–iso–JA–Ile 是高等植物中活性最强的茉莉酸衍生物。JA 衍生物可以进入细胞核调控茉莉酸响应基因的表达或者被转运蛋白 JAT1 和 GTR1 转运到细胞外进行细胞间运输或者长距离转运。此外,JA–Ile 也会被 CYP94 家族蛋白羟基化或者羧基化从而转变为失活或者部分失活状态的茉莉酸衍生物,或者被 JOXs(Jasmonate–induced oxygenases)或 JAOs(Jasmonic acid oxidases)羟基化形成 12–OH–JA。通常情况下,活性态茉莉酸的含量较低;但是,当植物受咀嚼式害虫撕咬时,活性态茉莉酸会大量积累。活性态的 JA 与受体蛋白 COI1(Coronatine insensitive1)结合;COI1 蛋白招募其他蛋白形成 E3 泛素连接酶复合体 SCF^{COI1};该复合体对 JAZ(Jazmonate ZIM domain)蛋白进行泛素化修饰,导致 JAZ 蛋白被 26S 蛋白酶系统降解。在没有茉莉酸的情况下,JAZ 蛋白与一系列转录因子(MYC2/3/4/5、bHLH3/13/14/17 和 WD–repeat/bHLH/MYB 符合体)结合,抑制这些转录因子的活性;当茉莉酸信号被激活,JAZ 蛋白被降解后,原本被 JAZ 蛋白束缚的转录因子得到释放,并结合到下游 JA 响应基因的启动子驱动基因表达。除 JAZ 蛋白之外,茉莉酸信号途径还在转录水平、蛋白水平和表观水平上受很多蛋白的调控。大量研究结果表明,茉莉酸途径正向调控植物对咀嚼式害虫的抗性。茉莉酸合成途径的缺失、茉莉酸降解代谢增强和信号途径的削弱都会导致植物对咀嚼式害虫的抗性减弱。例如 RANi 沉默茉莉酸合成途径关键基因 *OsLOX9* 的表达水平,会显著抑制植物对咀嚼式害虫的抗性。茉莉酸信号途径的抗虫功能与其调控的下游次生代谢产物的合成密切相关。转录因子 MYC2/3/4 直接结合到 PIs 和芥子油苷(glucosinolates,GSs)生物合成相关基因的启动子上,正向调控 PIs 和 GSs 的生物合成和积累;转录因子 MYC2 蛋白直接调控 *TPS10*、*TPS21* 和 *TPS11* 基因的转录水平,而这些基因是萜类物质生物合成的关键酶;WD-repeat/bHLH/MYB 转录复合体直接调控花青素合成和毛状体形成的基因的表达水平。这些次生代谢产物被害虫吞食后,PIs 直接破坏害虫的消化系统,芥子油苷在害虫体内会分解产生毒性物质直接杀死害虫,萜类对害虫具有直接的毒性。而花青素对害虫具有驱除作用,叶片上的毛状体对害虫则构成了物理障碍。虽然茉莉酸信号途径能有效增强植物对咀嚼式害虫的抗性,但是却抑制植物对刺吸式害虫的抗性。喷施 MeJA 抑制植物对刺吸式害虫 BPH 的抗性;RANi 沉默茉莉酸合成途径关键基因 *OsLOX9* 的表达水平增强植物对刺吸式害虫的抗性。其具体的分子机制还不清楚。此外,乙烯信号途径在抗虫方面与茉莉酸信号途径的功能相似,正向调控植物对咀嚼式害虫的抗虫反应,而反应调控植物对刺吸式害虫的抗虫性。其抗虫分子机制是通过调控茉莉酸信号途径来实现的。例如水稻 OsEIL1 直接结合到 *OsLOX9* 的启动子区域正向调控该基因的转录水平,增强茉莉酸的合成,从而提高植物对咀嚼式害虫的抗性。

3. 水杨酸信号途径

转录组分析发现刺吸式害虫褐飞虱(brown planthopper,BPH)取食水稻时,水稻的水杨酸(Salicylic acid,SA)合成相关基因(*OsEDS1*、*OsPAD4*、*OsPAL* 和 *OsICS1*)和水杨酸信号调控基因(*OsNPR1*)在抗病材料中的表达量要远高于这些基因在感病材料中的表达量;而且在受刺吸式害虫褐飞虱取食后,抗病材料中的 SA 含量也会快速积累。而喷施油菜素内酯(Brassino steroids,BRs)导致水杨酸信号受到抑制从而增强植物对褐飞虱的敏感性。这些都表明水杨酸信号途径在抗刺吸式害虫中发挥重要的作用。但是目前还缺少水杨酸信号途径的突变体对其在抗刺吸式害虫中的功能进行验证。

4. 次生代谢产物介导的抗虫

植物能够合成至少 200000 种分子,其中很多分子对害虫有直接或者间接毒害作用,但是我们仅仅对其中很少部分代谢产物的合成途径有较清晰认识。目前合成途径比较清楚的抗虫相关的次生代谢产物有三种:硫代葡萄糖苷(glucosinolate)、苯并噁唑嗪酮(benzoxazinoids)和甾体生物碱(leptines,steroidal glycoalkaloids)(图 2-1)。

(1)硫代葡萄糖苷(又名 β-thioglucoside-N-hydroxysulfates)。硫代葡萄糖苷包含至少 120 种不同的衍生物,广泛存在于包括十字花科在内的 16 个科(3000 个十字花科的种和 500 个双子叶植物非十字花科的种)的植物中。通常情况下,硫代葡萄糖苷的化学活性和生物活性比较稳定,当其被芥子酶水解后产生异硫氰酸酯(isothiocyanates,ITCs)、腈、噁唑烷-2-硫酮和吲哚-3-甲醇,其中异硫氰酸酯对害虫、真菌和细菌都具有很强的毒性作用。硫代葡萄糖苷的生物合成起始于氨基酸,经过侧链延长、葡萄糖酸合成和侧链修饰三个步骤完成。

(2)苯并噁唑嗪酮。玉米和小麦中积累大量的 DIMBOA-Glc(2.4-dihydroxy-7-methoxy-1,4-benzoxazin-3-one glucoside)、HDMBOA-Glc(2-hydroxy-4,7-dimethoxy-1,4-benzoxazin-3-one glucoside)和其他类型的苯并噁唑嗪酮。这类次生代谢产物的合成起始于吲哚,合成的 DIMBOA-Glc 和 HDMBOA-Glc 对害虫有抑制生长的作用。在燕麦中,合成途径终止于 DIBOA-Glc,而该物质对害虫没有抑虫效果。

因此,通过生物工程的方法把玉米的 *BX6*、*BX7* 和 *BX10* 基因导入燕麦后导致 DIMBOA-Glc 和 HDMBOA-Glc 的积累,从而增强燕麦的抗虫性。

(3)甾体生物碱。Leptine 存在于野生马铃薯(*Solanum chacoense*)中,对科罗拉多马铃薯象甲虫有抗性作用,但是在马铃薯栽培种(*Solanum tuberosum*)中并不存在。虽然合成 leptine 的关键酶2-氧戊二酸依赖性双加氧酶(2-oxoglutarate-dependent dioxygenase)基因被克隆,但是另外一个关键酶基因还没有被克隆。因此,当前还无法通过基因工程方法改良马铃薯栽培种的 leptine 的合成。

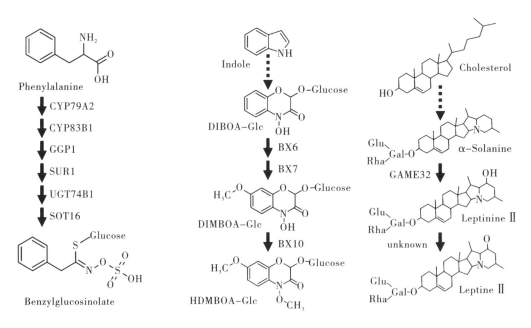

(a) 十字花科植物中用于合成
硫代葡萄糖苷的六个基因

(b) 玉米中合成 HDMBOA-Glc 的
三个基因(*BX6*,*BX7* 和 *BX10*)

(c) 马铃薯中合成 leptine II 的
关键基因

图2-1 三种代谢产物的合成途径

5. dsRNA 介导的 RNAi 途径

RNAi(RNA interference)技术是有望代替化学杀虫剂的未来害虫防控技术。对害虫进行外源喂食含有与害虫重要基因相匹配的 dsRNA(double-stranded RNA, >60 bp)会引起害虫致死。其分子机制是在害虫体内喂食的 dsRNA 会被 Dicer 蛋白切割成 siRNA,这些 siRNA 通过 RNAi 系统对害虫靶基因 mRNA 进行降解抑制靶基因 mRNA 的表达,从而影响害虫的生长发育。然而利用核表达系统表达 dsRNA 防治虫害的效果很低,其原因是核系统表达的 dsRNA 会快速被植物 RNAi 系统加工形成 siRNA,使得 dsRNA 无法在植物体内积累;而且 siRNA 喂食实验也证实这些 siRNA 对害虫的防治效果很低甚至没有效果。为了解决这个问题,叶绿体表达系统被应用到 dsRNA 的表达。由于叶绿体中缺少 Dicer 蛋白,叶绿体中表达的 dsRNA 能够稳定积累;在害虫取食植物的过程中,这些进入害虫体内的 dsRNA 通过 RNAi 途径抑制害虫基因表达,影响害虫生长发育甚至导致害虫死亡。实验结果也证实了叶绿体表达 dsRNA 的转基因植物对害虫的防治效果很好。例如在马铃薯的叶绿体中过表达靶向科罗拉多马铃薯甲虫的 $\beta-actin$ 基因的 dsRNA 能成功防治该虫害并对该害虫的幼虫有致死效应。除了咀嚼式害虫外,最近的研究还发现利用叶绿体表达 dsRNA 也能有效防治某些刺吸式害虫。因此,利用叶绿体表达靶向害虫重要基因的 dsRNA 在未来将有可能代替化学杀虫剂,成为更加安全、高效和环保的防治虫害的新技术。

6. Bt 毒素的利用

当前最成功的作物转基因莫过于将土壤中苏云金杆菌(*Bacillus thuringiensis*, Bt)的 *Bt* 基因遗传转化到作物中提高作物的抗虫性。*Bt* 基因并非是由一些同源基因组成的基因,而是一系列没有同源性、不相关的基因的总称。Bt 毒素包括晶体蛋白(Crystal, Cry)、细胞溶解毒素(Cytolytic, Cyt)、营养期杀虫蛋白(vegetative insecticidal proteins, VIPs)、分泌杀虫蛋白(secreted insecticidal protein, Sip)、Bin-like 蛋白、ETX_MTX2 家族蛋白(Pfam PF03318)以及一些土壤或者叶表面的苏云金杆菌产生的未知生物活性的晶体蛋白。不同的 Bt 毒素有各自特异的寄主范围,例如 Cry1 蛋白对鳞翅目害虫有专一性,Cry2 蛋白对鳞翅目和双翅目害虫有专一性。它们的作用机制也不相同,例如杀虫晶体蛋白 Cry 在害虫碱性中肠液中被胰蛋白酶切割加工成有活性的蛋白,该蛋白与中肠上皮细胞刷状缘膜囊泡的受体蛋白结合形成孔洞导致害虫死亡;VIP3A 蛋白是通过直接与害虫中肠上皮受体蛋白结合诱发细胞核溶解和细胞凋亡从而导致害虫死亡。虽然 *Bt* 转基因抗虫棉花已经得到大面积商业化推广,但是害虫对 Bt 蛋白的抗性也伴随着出现。为了对抗害虫对 Bt 毒素的抗性,多基因策略和庇护所策略被广泛应用以阻止或延缓害虫对毒蛋白产生抗性。多基因策略主要是将多个具有不同机制的 Bt 杀虫蛋白基因遗传导入到同一种作物中。而庇护所策略是指在 *Bt* 转基因作物周围种植 20% 的非转基因作物或者其他寄主植物,并且不对这些寄主植物进行害虫防治;这样可以促进抗性虫与非抗性虫交配,有效降低抗 Bt 虫在种群中的积累速度。

第三节 作物抗病虫种质资源

种质资源又称为遗传资源,是选育作物新品种的基础材料。遗传育种领域内一切具有一定种质或基因的生物类型统称为种质资源。种质资源是经过长期自然演化和人工创造而形成的一种重要资源,在整个生物进化过程中积累了极其丰富的遗传变异,蕴含着各种控制相关性状的基因,形成了各种优良的遗传性状和生物类型,其表现形态包括基因、DNA、染色体、细胞、器官、组织、种子、植株个体等。作物育种工作的实质就是对大量的种质资源进行各种形式的重组、改造和利用,例如将某种病害的抗性基因和其他优良性状基因有效地加以组合,培育成新品种。

一、抗病虫种质资源在育种上的重要性

随着经济的发展和高产品种的广泛推广种植,作物遗传资源多样性遭遇严重的破坏和丧失。目前种植的玉米、甜菜、水稻等作物杂交种的遗传基础日益狭隘,存在着遗传上的脆弱性和突发性病虫害的胁迫。而病虫害是引起农作物产量和品质突然大幅度损失的主要因素之一。人类农作物的生产历史可以称为抗病虫史,作物常常遭受各种病虫害的威胁,历史上更是多次暴发触目惊心的病虫害。如 1993 年全球不同农作物遭受病虫害的损失高达作物产值的 24%,其中病害占 11.8%,虫害占 12.2%。联合国粮农组织(FAO)数据表明,2018 年草地贪夜蛾在 12 个非洲国家造成危害,导致玉米产量损失达1770 万 t,相当于损失了数千万人一年的口粮。到了 2020 年,草地贪夜蛾首次侵入中国,遍布 20 多个省份,实际危害面积为 240 万亩以上。此外,近几年中国小麦条锈病和赤霉病流行风险高,水稻稻瘟病形势也不容乐观。

常年的生产实践证明,选育抗病虫品种是防治病虫害最有效和最经济的措施。只有在整个育种进程中,注意对育种材料抗病虫特性的选择,才能保证在育成高产、优质、广适性品种的同时兼具抗病虫特性,从而保证人类的生产生活。因此,作物抗病虫品种选育工作都是与高产、优质品种选育工作结合在一起同时进行的。抗病虫作物育种成效很大程度上取决于所掌握的抗病虫种质资源数量与质量和对相关性状表现及遗传规律的研究程度,相关的重大突破往往是依赖于种质资源中关键性基因的发现和利用。如果没有符合育种目标所要求的抗病虫种质资源,即使采用先进的育种技术和方法,要想实现特异的抗性育种目标,育成优良的品种也不过是无本之木。因此,抗病虫种质资源对作物新品种的选育起到了不可替代的作用。如 20 世纪 50 年代中期,美国南部大豆产区因孢囊线虫病(cyst nematode)的严重危害,大豆生产濒于停滞。后来,以"北京小黑豆"作为抗源,培育出新的抗线虫病品种,美国大豆生产才得以恢复。2020—2021 年,玉米南方锈病在黄淮海地区呈暴发态势。截至 2023 年,已在河南、安徽、江苏、山东、山西等 6 省50 余市发生 2000 万亩以上。其中新玉 158 由具有抗锈病基因的种质资源选育而来,表现出高抗锈病,保持青枝绿叶的特点。

今后抗病虫作物育种上的重大突破,仍将取决于关键性优异抗虫种质资源的发现和利用。拥有的抗病虫种质资源的数量和质量,以及对所拥有种质资源的研究程度,将决定其育种工作的成败及在遗传育种领域的地位。同时,抗病虫种质资源也是生物学研究必不可少的重要材料,尤其是研究相关作物及病原生物。

二、抗病虫种质资源的分类与收集保存

(一)抗病虫种质资源的分类

抗病虫种质资源一般可按其来源、亲缘关系和育种实用价值进行分类。

按来源分类,包括本地抗病虫种质资源、外地抗病虫种质资源、野生抗病虫种质资源及人工创造的抗病虫种质资源。

按亲缘关系分类,根据彼此间的可交配性与转移基因的难易程度,种质资源划分为三级基因库,分别是初级基因库、次级基因库、三级基因库。基因库级别越高,彼此亲缘关系越远,有效组合或基因转移越困难。

按育种实用价值分类,包括地方品种、主栽品种、原始栽培类型、野生近缘种和人工创造的育种中间材料。

(二)抗病虫种质资源的搜集和保存

合适的抗病虫种质资源即抗病虫基因供体,既可以直接用于生产,又可作为抗病虫亲本纳入到育种计划中。为了使抗病虫育种更有成效,抗病虫种质资源的收集、鉴定、研究、利用与创新工作是前提。

抗病虫种质资源的收集一般先从植物与其病原菌和害虫的共同原产地(即作物起源中心)或病虫害常发地区去搜集,也可以到抗病虫育种工作基础较好的国家或地区去搜集,还可以从近源种属植物中去搜集。比如,一般认为南亚和东南亚的水稻品种是叶蝉的主要抗源,褐飞虱的抗源多分布于印度和斯里兰卡,大多数抗白叶枯病的水稻品种来自印度东北部、孟加拉国和印度尼西亚,抗麦茎蜂的材料主要来自西班牙。原产于我国的大豆地方品种"北京小黑豆"是美国培育抗孢囊线虫病大豆品种最好的抗源。此外,美国还从豌豆起源中心的埃塞俄比亚找到了抗根腐病的豌豆材料;在原始小麦最大自然库之一的土耳其找到了抗条锈病的小麦;在花生的南美初级中心和印度、非洲次级中心找到了抗矮缩病的花生抗病虫种质资源;在玉米的起源中心墨西哥等中美洲地区找到了抗叶斑病的玉米。

当然,由于抗性机制的高度复杂性,良好的抗性也可在完全没有该种病虫害的情况下,通过变异或适应等其他方面的进化演变而来。如在非洲,虽然没有黑尾叶蝉危害,但该地的300多个栽培稻种高抗这一害虫。另外,在非洲肯尼亚的一些小麦中,发现了抗秆锈病美洲小种的基因。

随着农业生产的不断发展和科技的不断进步,人们通过雄性不育系、聚合杂交、不去雄的综合杂交等各种杂交、理化诱变、转基因等多种技术不断拓展基因库,创新了不少抗

病虫品种,这部分种质资源也是被收集的重点。如利用组织培养技术结合人工化学诱变措施获得的抗玉米小斑病新种质以及利用转基因技术包括农杆菌感染法和基因枪法等获得的抗蚜虫玉米新种质,都是根据作物种类和病虫害特点,采用人工诱变和转基因等技术创造出自然界没有发现的抗病虫种质。

搜集的抗病虫种质资源的保存方式主要有种植保存、贮藏保存、离体保存、基因文库技术保存和相关资料的保存。

(1)种植保存是指种质资源材料必须每隔一定时间播种一次以保持种子或无性繁殖器官的生活力,并不断补充其数量,一般可分为就地种植保存和迁地种植保存。在种植保存时,种植条件应尽可能与原产地相似,以减少由于生态条件的改变而引起的变异和自然选择的影响;种植过程应尽可能避免或减少天然杂交和人为混杂的机会,以保持原品种或类型的遗传特点和群体结构。因此,像玉米等异花授粉的作物,在种植保存时,应采取自交、典型株姊妹交或隔离种植等方式,以控制授粉,从而防止生物学混杂。

(2)贮藏保存是用控制贮藏时的温度、湿度条件的方法,来保持种质资源种子的活力。许多种质资源如果年年种植保存,不但会在土地、人力、物力上有很大负担,而且往往会由于人为错误、种质天然杂交、生态环境改变等因素,导致遗传变异或某些基因丢失。采用先进的技术与装备,建立现代化的种质库,创造低温、干燥、缺氧的适合种质资源长期贮藏的环境条件,提高自动化管理,可有效保存众多的种质资源。

(3)离体保存是利用试管保存组织或细胞培养物的方法来有效地保存种质资源材料。因为植物体的每个细胞在遗传上都是全能的,含有个体生长发育所需要的全部遗传信息。用这种方法不但可以解决某些具有高度杂合性、不能产生种子的多倍体或无性繁殖植物等使用常规贮藏不易保存的问题,还可以减小种质资源保存的空间,节省土地和劳力,保证种质资源材料的遗传稳定性,快速繁殖,避免病虫的侵害。

(4)基因文库技术保存种质的程序是从生物体提取 DNA,然后将 DNA 切成许多片段,分别连接到克隆载体上,再把载体转移到繁殖速度很快的大肠杆菌中,通过大肠杆菌的无性繁殖,获得大量生物体中的基因。因此,建立玉米等物种的基因文库,不仅可以长期保存遗传资源,还可以通过反复培养繁殖,获得各种基因。

(5)相关资料的保存是根据档案记录整理出系统的资料和报告。档案中记录编号、名称、来源、研究鉴定年度和结果,按永久编号顺序存放,并随时将各种有关的实验结果和文献资料登记在档案中。档案资料输入计算机储存,建立数据库,可便于资料检索、相关分类、遗传研究、抗性育种等。

第四节　作物抗病虫性鉴定与抗源筛选

对搜集的抗源材料或者种质资源进行抗病虫性鉴定,初步确定其抗性类型,进一步通过抗性遗传规律的研究明确其抗性基因性质,结合病原菌小种(害虫生物型)的分布规律,可以明确其在抗病虫育种中的价值以及利用方式和途径,保证在育成优良品种的同时具有抗病虫特性。因此,对作物抗病虫性鉴定是抗病虫遗传育种工作的重要内容。

一、作物抗病虫性鉴定

在对作物或育种中间材料的抗病虫性鉴定或遗传规律进行研究时,都要对植株的群体或个体水平进行抗病虫性鉴定。为了使鉴定结果更具客观性和准确性,采用科学合理的鉴定方法是先决条件。可利用天然病圃建立人工病圃后,人工接种诱发,以控制发病条件和程度。同时,根据寄主和病虫害的种类以及抗性和致害性变异程度,选择适当规模的寄主群体、合适的寄主生长条件以及合适的菌(虫)源,保持接种后环境条件的稳定和合适的抗性鉴定指标。

抗病虫性鉴定的方法主要有田间鉴定和室内鉴定两种,室内鉴定又可分为温室鉴定和离体鉴定。

(一)田间鉴定

田间鉴定是鉴定自然发病条件下的作物抗病虫性的最基本方法,进行多年、多点的联合鉴定是十分有效的方法。

1.抗病性的田间鉴定

抗病性的田间鉴定步骤大致包括以下几步:

(1)病圃的设置。在专设的病圃中均匀地种植感病材料作诱发行,若病原菌的生理分化程度较高,最好用对各生理小种易感的材料混合种植作为诱发行。

(2)人工接种。接种方法因病原菌而异。比如对于棉花枯、黄萎病等土传病害,除了良好的自然发病环境外,在非病圃地设立人工病圃时,必须在播种或施肥时一起施入事先培养的菌种,以诱发病害。对于小麦锈病、玉米大(小)斑病、稻瘟病等气传病害,可分别用涂抹、喷粉(液)、注射孢子悬浮液等方法人工接种,以使具有抗接触、抗侵入等抗病机制的品种也得以发病。对于腥黑穗病、线虫病等由种苗侵入的病害,可用孢子或虫瘿接种。对于水稻白叶枯病等由伤口侵入的病害,可用剪叶、针刺等方法接种。对于由昆虫传播的病毒病,可用带毒昆虫接种。对有生理小种分化的寄生菌,要用混合菌种接种,如要了解对某一个或几个小种的抗性时,可分菌系接种鉴定。

(3)环境调节和田间管理。有时需采用一些调控措施,如喷水、遮阴、多施某种肥料、调节播种期等,以促进病虫害的自然发生。如接种前后先进行田间浇灌或在雨后进行接种,接种后若遇持续干旱,应及时进行田间浇灌,保证病害发生所需条件的满足。

(4)抗感对照的设置及鉴定。鉴定材料根据种植需要,随机或顺序排列。在病圃中,要等距离种植感病品种作为对照,以检查全田发病是否均匀,并作为衡量鉴定材料抗性的参考,当设置的感病或高感对照材料达到其相应感病程度(7或9级)时,该批次鉴定才能视为有效。

(5)病情调查及抗病性分级。在适宜的调查时间进行调查,如对叶部、茎部和穗部病害,一般在植株发育中后期时调查;对根部病害,在苗期或植株生长中前期调查;对全株性病毒病害,在植株生长中前期调查。记录材料群体的发病状况,并根据病害症状记录病情级别。

田间抗病性鉴定依据的指标有很多,既有定性的也有定量的。如根据病原菌侵染点及其周围枯死反应的有无或强弱、病斑大小、色泽、产孢量等分为高抗(HR)、抗(R)、中抗(MR)、感(S)和高感(HS)等级别。多应用于病斑型、过敏性坏死反应型及植物局部危害的病害,如玉米病害发病程度指标可按1、3、5、7、9等级划分,分别对应高抗、抗、中抗、感和高感5类抗性标准。或根据普遍率,即群体发病情况的指标(病害侵染植株或叶片的百分率),如病株率、病叶率、病穗率;或根据严重度,即个体发病情况的指标(平均每一病株、病叶或病穗上的病斑面积占体表总面积的百分率);或根据病情指数,即群体的发病严重度(将病害的普遍率和严重度综合成一个数值,称为加权平均的严重度)区分抗病等级。但需注意的是,定量鉴定时,每个鉴定材料必须有足够多的株数、叶数或穗数样本,并参照抗感病的病情程度进行判断。在实际工作中,鉴定指标的选择常灵活应用病害的种类、接种方法和研究的目的,既可采用单一指标,也可采用复合指标。

2. 抗虫性的田间鉴定

抗虫性的田间鉴定方法:一是大面积种植感虫的品种,在其中进行抗虫性试验,即通过套种测试作物和感虫品种来试验抗性;二是种植诱虫田,利用诱虫的作物或诱虫剂把目标害虫引进试验田;三是可以用特殊的杀虫剂控制其他害虫或天敌的规模,而不杀害目标害虫,达到扩大害虫数量的目的。比如鉴定对棉花蚜虫和螨类的抗性表现时,可适当地喷用对蚜虫和螨类毒性较低的西维因和果苯对硫磷,用以控制其天敌数量。一般先在苗期进行初筛,对于叶部、茎部和穗部的虫害,一般是在植株发育中后期时调查。

田间抗虫性鉴定指标主要包括寄主作物受害的表型、害虫个体或群体增长的速度等,如寄主死苗率、减产率等,以及害虫的产卵量、虫密度、死亡率、平均个体重、生长速度等作指标。其中鉴定害虫群体密度是最常用的方法,包括估计害虫群体的绝对密度,或条件大体一致情况下捕获的害虫群体数量,或利用害虫的产物和对作物的危害效应来估计群体密度。同样,在鉴定时可采用单一指标,也可采用复合指标。

(二)室内鉴定

室内鉴定具有田间鉴定无可比拟的优势,如不受季节及环境条件的限制,有利于控制特定小种和防止危险性病原菌在田间的扩散,能加快遗传育种研究工作进程等。在以田间鉴定为主的前提下,也可利用温室进行人工接种、活体鉴定或实验室离体鉴定。

温室鉴定需要人工接种,以保证寄主的生长发育正常,并且有最适于发病的环境条件(包括光照、温度、湿度等)供病原菌孢子萌芽侵入,而病原菌的接种量既要保证充分发病,又要不丧失其真实抗病性。以上情况都满足时,才能获得准确的鉴定结果。但温室鉴定一般只能侵染一代,不能充分表现出群体(抗流行)的抗病性。

离体鉴定也是室内鉴定的一种,在选择离体鉴定前,首先必须验证寄主对该病害在离体和活体抗性间抗性程度的相关性,只有显著相关的病害才适合采用离体鉴定。通过离体培养并人工接种植株的枝条、叶片、分蘖和幼穗等组织,可鉴定出品种在组织和细胞水平上有抗性的病害,如马铃薯晚疫病、小麦赤霉病和烟草黑胫病等。离体鉴定的优势在于鉴定速度快,可同时鉴定不同病原菌或同一病原菌不同小种的抗性,而不影响其正常的生长发育。以病原菌毒素为主要致病因素的病害,如烟草野火病、玉米小斑病 T 小种、油菜菌核病等,还可利用组织培养和原生质体培养等方法进行鉴定。

除上述各种鉴定方法以外,还可以针对植物的苗期或成株进行鉴定。苗期和成株的抗性表现一致的,在苗期和成株期均可进行鉴定。但苗期和成株的抗性表现不一致的,如小麦条锈病,则苗期和成株期都要进行鉴定。

抗虫性鉴定很多时候在田间不能一直保持害虫最适的密度,而且同种害虫的不同生物型在田间分布通常是没有规律的,难以使其种类和密度保持一致。因此,为了使鉴定工作更准确,除进行田间鉴定外,必须进行室内鉴定。

抗虫性的室内鉴定工作主要在温室和培养箱中进行,依植物和害虫种类及研究的具体要求而定。相对于田间鉴定方法,室内鉴定的优点在于:①环境易于人为控制,因此精确度高;②易于定量表示,尤其是某些在田间鉴定时很难掌握的指标,如利用害虫的虫粪等作为抗虫性鉴定指标时;③特别适用于研究苗期为害的害虫以及作物抗虫性机理和遗传规律。室内鉴定时,通常根据寄主和害虫双方的特点,选用能准确反应实际情况的表征,如以寄主受害后的表现,或昆虫个体或群体增长的速度等作为鉴定指标。

室内鉴定的虫源可以通过田间种植感虫植物引诱捕捉获得,也可以通过人工养育获得。需要注意的是,长期的人工养育会使害虫致害力逐渐降低,养育一定世代后,应在田间繁殖复壮。

当然,抗病虫鉴定还可以分为直接鉴定和间接鉴定,自然鉴定和控制条件(诱发)鉴定,当地鉴定和异地鉴定。直接鉴定是根据目标性状的直接表现进行鉴定,而间接鉴定是根据与目标性状高度相关性状的表现来评定此目标性状。对抗病虫害能力的鉴定,不但要进行自然鉴定与诱发鉴定,而且要在不同地区进行鉴定,以评价其对不同病虫生物型、不同生态环境的反应。对重点材料广泛布点,检验其在不同环境下的抗病虫的适应性和稳定性已经成为通用做法,如国际小麦玉米改良中心(Centro Internacional de Mejoramiento de Maiz y Trigo,CIMMYT)组织的联合鉴定。

二、抗源筛选与抗病虫育种

农业生产的不断发展,人民生活水平的不断提高,不少宝贵的抗病虫种质资源的流失,人类流动性的频繁以及全球气候极端化的加剧,增加了玉米对病虫害抵抗能力的脆弱性,因此,迫切需要对抗源进行筛选和创新。

在生产上可以见到不少抗病虫的种质资源,尤其是由微效多基因控制的抗性品种推广后能在较长的时期内保持其抗性。但是,也有不少由主基因或寡基因控制的抗性品种在生产上推广数年后,由于病虫害的生理小种或生物型的变异而造成抗性丧失。同样地,也有抗性品种在生产上推广后却因自然环境改变而导致抗性不适宜。一旦新的病害或寄生物产生新的适应性,使作物失去响应抵抗力,最终将导致病虫害严重发生进而危及国计民生。因此,抗源的创新和筛选工作是现代育种工作的重要组成部分。筛选合适的抗源可以直接用于生产,也可作为抗病虫亲本用于育种工作。

在作物与病原菌(害虫)的共同进化过程中,作物的抗性是通过自然选择来积累的,当进行抗源筛选时,开始时绝对禁用任何类型的农药和试剂,否则会造成筛选上的混淆,使得作物群体中固有的抗病虫基因频率逐渐降低。最好是进行人工接种病、虫,加大自然选择的作用,使遗传上可塑性高的作物群体在加大病虫害的条件下,受到严格筛选,向高抗性方向发展。这种培育方法如果运用得当,会在较短时间达到筛选出特异性抗源的目的。

抗源筛选通常需要考虑三个方面:一是选出抗病虫性强的,并可作为抗病虫育种抗源的材料;二是选出抗病虫且产量和品质不亚于现有推广品种的种质,能尽快应用于生产;三是明确当时生产上种植品种抗病虫性的强弱,为品种推广和选用提供参考。当进行有关基础理论的研究时,如研究玉米抗性机制、抗性遗传、病原菌的致病性或害虫的致害力及其遗传性、环境因素对抗性的影响等等,都必须用经过准确鉴定的抗性材料作为研究对象,并力求收集较多的种质资源,根据准确、简便、快速的要求,不断地改进筛选技术。

选育抗病虫品种的方法有很多,包括引种、选择育种法、杂交选育法、回交转育法、远缘杂交、诱变育种、生物技术、多系品种、轮回选择法等。引种是一种简易有效的选育方法。从外地或外国引进若干优良品种,在本地多点试验,确认其产量、品质与当前推广品种相当,而抗性特征明显优于当地品种,可以在生产上直接利用。选择育种法是在病虫害常发地块中,由于自然突变、生态型变异等原因产生的变异品种表现更优,可推广应用。杂交选育法是将抗病虫材料与综合农艺性状优良而抗病虫性差的品种杂交,通过后代重组分离,选育出抗病虫性好、综合农艺性状优良的新品种在生产上推广。回交育种法是用回交法将抗病虫品种中由单基因或寡基因控制的抗性转育到农艺性状优良但不抗病虫的本地品种中,选育出既抗病虫且农艺性状又好的新品种。尤其是简单遗传、遗传力高的垂直抗性,通过回交育种法更为有效。远缘杂交则可以扩大抗源利用范围,将野生种或近缘种抗性基因导入培育作物中。诱变育种是感病虫品种经理化因素诱变后,可获得抗病虫的突变体,进而育成抗性新品种。生物技术是通过组织和细胞培养技术、染色体工程、基因工程和外源 DNA 导入等技术转育抗性,在抗病虫育种中有着广阔的前景。多系品种是用一个优良的推广品种作轮回亲本,分别与含有不同垂直抗性基因的品种杂交,然后分别多次与轮回亲本回交并结合抗性鉴定和系谱选择,以选育出既具有轮回亲本的优良农艺性状又各具一个不同抗性基因的一套近等基因系,然后根据病原菌生理小种和害虫生物型的变化,随时将各近等基因系按一定比例混合而成的品种,对病原菌生理小种分化频繁的病害特别有效。轮回选择法可用于选育由多基因控制的、抗多种病虫害的玉米等异花授粉作物品种,它可以有效地积累多种抗性基因。

实践工作中,通常根据不同病虫种类、抗源品种的有无、抗性遗传规律和已有的抗性育种工作基础,综合运用各种方法以快速高效地培育优良的抗病虫品种,在生产上推广应用。如早年间,刘大钧等采用远缘杂交技术结合染色体工程和诱变育种技术,将簇毛麦抗小麦粉病基因 *Pm21* 导入到普通小麦中,育成了高抗白粉病的南农9918,在长江流域白粉病高发区推广,取得了良好的社会效益和经济效益。

第五节　作物抗病虫育种目标与策略

根据近期的研究,全球由于病虫害造成小麦 10.1%~28.1%、水稻 24.6%~40.9%、玉米 19.5%~41.1%、马铃薯 8.1%~21% 和大豆 11%~32.4% 的减产。利用抗性基因培育抗病虫品种是防治病虫害最经济有效且环境友好的方法。

一、目标

在作物抗病虫育种中必须把握以下目标:

(1)不得以产量损失为代价。稳产甚至增产是作物育种的底线,有很多抗病或者抗虫基因虽然能显著提高作物的抗性却没有育种价值的最主要原因就是这些基因的导入会导致产量损失。

(2)必须针对性地提高作物对当前生产中的多个主要病虫害的抗性。在不同时期或者不同区域,每个作物面临的主要病虫害是不同的而且也是动态变化的。但是追求对所有病虫害都表现高抗表型既不现实也没有必要。因此,在育种过程中需要针对性地对特定地区当前生产中的主要病虫害开展抗病虫育种,并在此前提下,跟踪病虫的动态发展,提前布局对潜在病虫害的抗性育种。

(3)必须提高作物对特定病害的多个不同生理小种的抗性。每个特定病虫害群体中都包含有不同的生理小种;单一抗病基因导入的品种通常只是短暂地抵抗该病(虫)害的其中 1 个或者少数几个生理小种;若病虫害群体结构发生变化,新的优势生理小种的出现将直接导致该品种的抗性丧失。因此,针对某个特定重要病虫害,应该导入多个具有不同抗病机制的抗性基因。

总之,作物抗病虫育种是一个多基因聚合的过程。

二、策略

整个抗病虫育种过程大体分为两个阶段:一是抗病虫基因优良单倍型的鉴定和创制,二是多个抗病虫基因优良单倍型的聚合。

(一)抗病虫基因优良单倍型的鉴定和创制

当前鉴定和克隆抗病或者抗虫基因的主要方式是基于 QTL 分析的图位克隆或者突变体表型筛选。其中效应值比较大的抗病虫基因的单倍型可以直接用于下一步的基因聚合,但是很多克隆的抗病虫基因的单倍型的效应比较微效,直接利用的价值比较小。因此,对于微效基因需要进一步筛选或者创制优良的单倍型(即大效应的单倍型)用于下一步的基因聚合。主要的方法有:

(1)通过候选基因关联分析从自然材料中筛选和鉴定该基因的优良单倍型。利用自然群体的高通量基因型数据和抗病虫表型数据进行相关性分析,鉴定目标基因的优良单倍型。再通过构建遗传群体,检测筛选获得的优良单倍型的效应值。

(2)对抗病虫基因进行基因编辑。利用 CRISPR(规律间隔成簇短回文重复序列)等基因编辑技术对目标基因的启动子区、编码区或者终止子区进行编辑,再从编辑获得的突变体材料中筛选获得效应值比较大的该基因优良单倍型,并将该单倍型用于下一步的基因聚合。例如对小麦感病基因 *TaPsIPK1* 进行 CRISPR 敲除获得广谱抗小麦条锈病的该基因的抗病单倍型。

(3)过表达单倍型材料的构建。对于一些外源生物材料获得的目标基因,通常会利用强启动子、组织特异性启动子或者诱导型启动子构建目标基因的过表达转基因材料。例如将来源于芽孢杆菌的 *Bt* 基因过表达在棉花中,获得稳定表达 *Bt* 基因的转基因棉花。

在获得的大效应的抗病虫基因优良单倍型和相关分子标记的基础上,根据实际需求将这些优良单倍型聚合到骨干自交系材料中,获得稳定遗传的遗传材料。再通过背景回复率检测和田间农艺性状表型筛选等,获得具有育种价值的遗传材料。

(二)多个抗病虫基因优良单倍型的聚合

作物育种技术的本质就是多基因聚合的技术。随着生物技术的发展,作物育种技术正在由以常规育种(2.0 时代)为主向分子育种(3.0 时代)和设计育种或者智能化育种(4.0 时代)为主迈进。常规育种是通过大量的杂交组配和大规模材料筛选完成,整个过程很大程度上依赖于育种家在长期实践中积累的经验和材料;分子育种是利用功能基因组和遗传研究成果,进行分子标记辅助育种、转基因育种和分子模块育种等;设计育种或者智能化育种则是将基因编辑、生物育种、人工智能等技术融合发展,以此实现性状的精准定向改良。

分子育种和设计育种需要两个前提条件:

(1)具有遗传多样性的自然群体。该自然群体的遗传多样性要尽可能大,这样所包含的基因资源也越多,对于功能基因鉴定和优良单倍型的鉴定也越有利。目前很多科研机构都在进行作物种质资源的收集、基因型分析和表型鉴定等工作;而且收集的种质不但包含栽培种,还包括农家种和野生种材料。这些材料的收集以及相关基因型和表型数据为分子育种和设计育种提供了材料基础。

(2)可用于追踪功能基因的分子标记。随着作物基因组序列的公布以及功能基因组研究的发展,大量功能基因得到克隆,用于跟踪这些抗病虫位点/基因的分子标记也得到鉴定。这些分子标记为分子育种和设计育种的开展提供了基因资源。

根据作物抗病虫的分子机制研究成果,抗病虫基因的多基因聚合需要重点考虑以下几个方面:

(1)将对不同病虫害有抗性的基因进行聚合。主要是针对提高作物对多种主要病虫害的抗性。

(2)将对同一种病虫的不同生理小种有抗性的基因进行聚合。主要是针对提高作物对单一病害的不同生理小种的广谱抗病性,避免由于病虫害种群结构的变化导致品种的抗性快速丧失。因此,需要聚合抗性机制不同的抗病虫基因才能达到预期效果。

(3)将具有多病虫害抗性功能的基因聚合。这类基因通常涉及调控 ROS 的积累或者具有抗病虫次生代谢产物的积累。ROS 和抗病虫次生代谢产物通常对多种病害或者虫害都有抗性;但是过多的积累对作物生长发育造成损伤从而导致产量损失。次生代谢产物的生物合成通常涉及很多步骤,因此在利用次生代谢产物提高作物抗病虫时应该考虑整个合成途径的完整性。例如在燕麦中苯并噁唑嗪酮合成途径终止于 DIBOA-Glc,因此需要同时导入玉米的 *BX6*、*BX7* 和 *BX10* 基因才能实现抗虫次生代谢产物 DIMBOA-Glc 和 HDMBOA-Glc 的积累。

(4)导入抗病虫基因的同时考虑与这些基因协同起作用的基因的导入。作物抗病虫育种过程中通常都有背景差异问题,即相同的基因在不同遗传背景下展示的功效有差异。这个问题的根源在于任何一个基因的功能展示都需要一系列的其他蛋白的协助或者调控才能完成。因此,抗病虫基因的分子机制解析和抗病虫调控网络的挖掘对于解决功能基因的背景差异问题至关重要。

参考文献

[1]汪黎明,孟昭东,齐世军.中国玉米遗传育种[M].上海:上海科学技术出版社,2020.
[2]席章营,陈景堂,李卫华.作物育种学[M].北京:科学出版社,2014.
[3]张天真.作物育种学总论[M].北京:中国农业出版社,2003.
[4]邓一文,刘裕强,王静,等.农作物抗病虫研究的战略思考[J].中国科学:生命科学,2021,51(10):1435-1446.
[5]景海春,田志喜,种康,等.分子设计育种的科技问题及其展望概论[J].中国科学:生命科学,2021,51(10):1356-1365+1355.
[6]AGGARWAL R,SUBRAMANYAM S,ZHAO C Y,et al. Avirulence effector discovery in a plant galling and plant parasitic arthropod, the Hessian fly (*Mayetiola destructor*)[J]. PLoS One,2014,9(6):e100958.
[7]CÁRDENAS P D,SONAWANE P D,HEINIG U,et al. Pathways to defense metabolites and evading fruit bitterness in genus Solanum evolved through 2-oxoglutarate-dependent dioxygenases[J]. Nature Communications,2019,10(1):5169.
[8]CHEN C Y,LIU Y Q,SONG W M,et al. An effector from cotton bollworm oral secretion impairs host plant defense signaling[J]. Proceedings of the National Academy of Sciences of the United States of America,2019,116(28):14331-14338.
[9]CHEN G S,ZHANG B,DING J Q,et al. Cloning southern corn rust resistant gene RppK and its cognate gene AvrRppK from *Puccinia polysora*[J]. Nature Communications,2022,13(1):4392.
[10]DENG C,LEONARD A,CAHILL J,et al. The RppC-AvrRppC NLR-effector interaction mediates the resistance to southern corn rust in maize[J]. Molecular Plant,2022,15(5):904-912.

[11] DONG Y,WU M T,ZHANG Q,et al. Control of a sap-sucking insect pest by plastid-mediated RNA interference[J]. Molecular Plant,2022,15(7):1176-1191.

[12] ERB M,KLIEBENSTEIN D J. Plant secondary metabolites as defenses,regulators,and primary metabolites:The blurred functional trichotomy[J]. Plant Physiology,2020,184(1):39-52.

[13] HUFFAKER A,DAFOE N J,SCHMELZ E A. ZmPep1,an ortholog of *Arabidopsis* elicitor peptide 1,regulates maize innate immunity and enhances disease resistance[J]. Plant Physiology,2011,155(3):1325-1338.

[14] KAKU H,NISHIZAWA Y,ISHII-MINAMI N,et al. Plant cells recognize chitin fragments for defense signaling through a plasma membrane receptor[J]. Proceedings of the National Academy of Sciences of the United States of America,2006,103(29):11086-11091.

[15] LANGNER T,KAMOUN S,BELHAJ K. CRISPR crops:Plant genome editing toward disease resistance[J]. Annual Review of Phytopathology,2018,56:479-512.

[16] LI C Y,LUO C,ZHOU Z H,et al. Gene expression and plant hormone levels in two contrasting rice genotypes responding to brown planthopper infestation[J]. BMC Plant Biology,2017,17(1):57.

[17] LI Q,XIE Q G,SMITH-BECKER J,et al. Mi-1-Mediated aphid resistance involves salicylic acid and mitogen-activated protein kinase signaling cascades[J]. Molecular Plant-Microbe Interactions,2006,19(6):655-664.

[18] MA F L,YANG X F,SHI Z Y,et al. Novel crosstalk between ethylene-and jasmonic acid-pathway responses to a piercing-sucking insect in rice[J]. New Phytologist,2020,225(1):474-487.

[19] MIYA A,ALBERT P,SHINYA T,et al. CERK1,a LysM receptor kinase,is essential for chitin elicitor signaling in *Arabidopsis*[J]. Proceedings of the National Academy of Sciences of the United States of America,2007,104(49):19613-19618.

[20] PAN G,LIU Y Q,JI L S,et al. Brassinosteroids mediate susceptibility to brown planthopper by integrating with the salicylic acid and jasmonic acid pathways in rice[J]. Journal of Experimental Botany,2018,69(18):4433-4442.

[21] RIEDLMEIER M,GHIRARDO A,WENIG M,et al. Monoterpenes support systemic acquired resistance within and between plants[J]. The Plant Cell,2017,29(6):1440-1459.

[22] ROUSSIN-LÉVEILLÉE C,LAJEUNESSE G,ST-AMAND M,et al. Evolutionarily conserved bacterial effectors hijack abscisic acid signaling to induce an aqueous environment in the apoplast[J]. Cell Host & Microbe,2022,30(4):489-501. e4.

[23] RUDRAPPA T,CZYMMEK K J,PARÉ P W,et al. Root-secreted malic acid recruits beneficial soil bacteria[J]. Plant Physiology,2008,148(3):1547-1556.

[24] SALCEDO A,RUTTER W,WANG S C,et al. Variation in the *AvrSr35* gene determines

Sr35 resistance against wheat stem rust race Ug99[J]. Science,2017,358(6370):1604–1606.

[25]SAVARY S,WILLOCQUET L,PETHYBRIDGE S J,et al. The global burden of pathogens and pests on major food crops[J]. Nature Ecology & Evolution,2019,3(3):430–439.

[26]SEITNER D,UHSE S,GALLEI M,et al. The core effector Cce1 is required for early infection of maize by *Ustilago maydis*[J]. Molecular Plant Pathology,2018,19(10):2277–2287.

[27]SHI G J,ZHANG Z C,FRIESEN T L,et al. The hijacking of a receptor kinase–driven pathway by a wheat fungal pathogen leads to disease[J]. Science Advances,2016,2(10):e1600822.

[28]TZIN V,FERNANDEZ–POZO N,RICHTER A,et al. Dynamic maize responses to aphid feeding are revealed by a time series of transcriptomic and metabolomic assays[J]. Plant Physiology,2015,169(3):1727–1743.

[29]VILLADA E S,GONZÁLEZ E G,LÓPEZ–SESÉ A I,et al. Hypersensitive response to *Aphis gossypii* Glover in melon genotypes carrying the Vat gene[J]. Journal of Experimental Botany,2009,60(11):3269–3277.

[30]WANG H Z,HOU J B,YE P,et al. A teosinte–derived allele of a MYB transcription repressor confers multiple disease resistance in maize[J]. Molecular Plant,2021,14(11):1846–1863.

[31]WANG J J,WU D W,WANG Y P,et al. Jasmonate action in plant defense against insects[J]. Journal of Experimental Botany,2019,70(13):3391–3400.

[32]WANG N,TANG C L,FAN X,et al. Inactivation of a wheat protein kinase gene confers broad–spectrum resistance to rust fungi[J]. Cell,2022,185(16):2961–2974. e19.

[33]XU H X,QIAN L X,WANG X W,et al. A salivary effector enables whitefly to feed on host plants by eliciting salicylic acid–signaling pathway[J]. Proceedings of the National Academy of Sciences of the United States of America,2019,116(2):490–495.

[34]ZHANG J,KHAN S A,HASSE C,et al. Pest control. Full crop protection from an insect pest by expression of long double–stranded RNAs in plastids[J]. Science,2015,347(6225):991–994.

[35]ZHANG T,ZHAO Y L,ZHAO J H,et al. Cotton plants export microRNAs to inhibit virulence gene expression in a fungal pathogen[J]. Nature Plants,2016,2(10):16153.

[36]ZHOU S Q,JANDER G. Engineering insect resistance using plant specialized metabolites[J]. Current Opinion in Biotechnology,2021,70:115–121

第三章 玉米抗茎腐病遗传育种

玉米茎腐病是由多种病原菌单独或复合侵染引起的病害,广泛分布于全球玉米产区,严重危害玉米生产。本章主要围绕玉米茎腐病的发生与分布情况、抗性评价体系的建立与抗源筛选以及茎腐病抗性遗传机制等方面展开论述,并对抗病品种选育的相关进展进行探讨。

第一节 概 述

玉米茎腐病又称茎基腐病或青枯病,是发生于玉米生育后期的一种土传病害。玉米茎腐病发病期间,病原菌从根部或茎基部侵染玉米,造成茎部输导组织受损,阻碍营养物质和水分运输,其发病症状主要表现为根部腐烂,茎基部变软倒伏,植株早衰,果穗下垂,籽粒灌浆不足,严重影响玉米产量、品质及机械化收获。1914 年,玉米茎腐病首次在美国出现,随后在澳大利亚、加拿大、英国、匈牙利、中国等地相继被报道。玉米茎腐病在美国每年造成的产量损失约为 2 亿~3 亿蒲式耳(1 蒲式耳≈25.401 kg)。在中国,茎腐病在各玉米种植区均有发生,一般年份发病率为 5%~10%,重发年份发病率达 20%~30%,高感品种发病率可达 40%~100%,造成产量损失 30% 以上。随着气候变化以及少耕免耕等耕作方式的推广,玉米茎腐病的发病程度逐渐加重,发病范围也逐年扩大,近年来,茎腐病在我国西北、东北、黄淮海部分地区重度发生,已成为限制玉米丰产增收的全国性重大玉米病害。

一、玉米茎腐病病原菌

玉米茎腐病病原菌复杂,由于地理环境及气候条件的差异,不同地区甚至同一地区不同的年份,病原菌组成各异。已报道的玉米茎腐病病原真菌和卵菌共计 40 余种。病原真菌以镰孢菌(*Fusarium* spp.)为主,其中,禾谷镰孢菌(*F. graminearum* Schwabe)在全国各玉米产区分布较为广泛。病原卵菌均为腐霉菌(*Pythium* spp.),我国分布较广泛的为肿囊腐霉(*P. inflatum* Matth)、禾生腐霉(*P. graminicola* Subram)、瓜果腐霉[*P. aphanidermatum*(Edson)Fitzpatrick]。禾生炭疽菌[*Colletotrichum graminicola*(Ces.)Wilson]是国外一些玉米产区的优势病原菌,但在我国分布不详,尚未有明确报道。部分病原细菌引起的玉米茎秆受害也被称为茎腐病,此处不作讨论。由禾谷镰孢引起的茎腐病,多分布于冷凉地区,如俄罗斯、乌克兰、加拿大,以及我国的河南、陕西、东北三省等地。拟轮枝镰孢 [*F. verticillioide* (Saccardo) Nirenberg]、层出镰孢 [*F. proliferatum* (Matsushima) Nirenberg] 等病原菌引起的茎腐病,主要在干热地区发生,如美国、德国,以及我国的河北、江苏、广西、云南等地。以肿囊腐霉和禾生腐霉为主的腐霉茎腐病,偏好潮湿环境,主要在温带、亚热带及热带一些湿热地区流行,如日本,以及我国的山东、浙江、黄淮海等地。我国多地茎腐病由镰孢菌和腐霉菌复合侵染引起,例如,山东省茎腐病致病菌主要是瓜果腐霉和禾谷镰孢菌;黄淮海夏玉米产区主要以镰孢菌、赤霉菌和腐霉菌复合侵染造成茎腐病;东三省地区多以禾生腐霉和禾谷镰孢以及瓜果腐霉和禾谷镰孢为复合优势致病菌。禾生炭疽菌引发的茎腐病主要发生在温暖潮湿的地方,如巴西、法国、印度和菲律宾等地。该菌可在植株生长中期侵染叶片导致叶片枯萎;在吐丝期后侵染茎秆,导致茎秆变黑变软;发病严重时还可以侵染茎基部,导致植株倒折。

二、病害循环

茎腐病的主要初侵染源为病残体和含菌的土壤。腐霉菌主要以具有抗逆能力的卵孢子或菌丝体的方式在土壤或玉米病株残体中存活并越冬。在适宜的土壤温度和湿度条件下,卵孢子萌发产生新的菌丝,休眠的菌丝体也可以生长出新的菌丝,可以直接侵染玉米根系。在土壤中水分充足时,腐霉菌形成游动孢子囊并释放游动孢子,游动孢子可直接侵染玉米根系并随水流在田间扩散。镰孢菌以子囊壳、菌丝体和分生孢子的方式在土壤或病株残体上越冬。环境适宜时,产生并释放子囊孢子,通过风雨作用在田间扩散,在土壤中定殖后侵染玉米的根系,引发茎腐病。炭疽菌在玉米病残体上越冬,病原菌在春季适宜条件下复苏,从分生孢子盘中形成新的分生孢子,借助风雨在田间传播,侵染玉米叶片和茎秆。田间病原菌除了在土壤和病株残体中越冬,作为翌年的侵染源外,还可以借助灌溉水、自然风雨、农业机械及昆虫等进行传播,引发多次再侵染。玉米收获后,机械翻耕将发病根系和茎节粉碎到土壤中,病原菌随之进入土壤并在病株残体中越冬,形成次年的侵染源。

三、病害症状与危害

田间自然发病时,在适宜条件下,病原菌首先侵染幼苗的根部,经历一段时间的潜育期,等到植株散粉至灌浆末期再侵入植株的茎基髓部,后期甚至可以进入穗轴。参照玉米生育期,病害多发生在植株的灌浆末期和乳熟前期之间,发病高峰则多在乳熟末期至蜡熟期。发病与否和轻重与品种、气候、环境、土壤、耕作栽培技术等因素密切相关,病害的主要流行条件是高温高湿。在玉米茎腐病发病高峰期,如果降雨较多,导致田间土壤湿度增大,而雨后天气突然转晴,且气温迅速回升,玉米茎腐病往往会加重;如果遇连续阴雨天气的年份,田间病株发生少,症状轻。由腐霉菌和镰孢菌引起的茎腐病田间表型难以区分,比较明显的差异是茎髓颜色变化:腐霉菌侵染茎髓变褐;镰孢菌侵染茎髓变红。不同病原菌类型造成的茎腐病在特定性状表现上有一定差异,也存在一些共同的表型:一般最先出现的症状是植株出现枯萎,部分叶片脱水失绿变为灰色或黄色;后期整株失水干枯,茎髓组织褪色从内表皮脱离并分解变为游离丝状维管束,下部茎节表面从外部观察由绿色变为黄色或棕色,果穗倒挂,植株出现倒伏(图3-1)。

(a)叶片失绿(左:感病植株;右:抗病植株)　(b)果穗倒挂　(c)植株倒伏

图3-1　玉米茎腐病发病症状(张智超)

　　根据对田间发病植株根系、茎基髓、叶片表现症状的系统观察,病原菌的分离鉴定以及侵染过程中发病组织的显微观察,可以将玉米病原菌的侵染过程分为发病前期、根系显症期、病害快速上升期和植株地上部显症期这四个阶段,且相邻阶段间存在一定的交叉。根据发病部位不同,病症可分为地下根系受害症状和地上部受害症状两大类型。地上部表现的青枯、黄枯或青黄枯症状实际上是地下根系受害后在地上部表现的结果。病程发展速度快,则地上部症状表现青枯,反之为黄枯。如果病程发展速度突然由慢转快,则表现为青黄枯。症状类型主要受环境条件变化制约,与病原无特定关系。

　　茎腐病的发生严重损害玉米的产量和品质,其伴随的植株倒伏严重影响机械收获。病原菌损害根系和茎髓(图3-2),致使植株从土壤中获得水分和养分的能力被破坏,影响玉米果穗形成过程,导致果穗的粒重和粒数下降,降低玉米的产量,并持续影响次年种子的发芽势、发芽率和幼苗存活率。此外,病原菌在侵染过程中产生的有害物质(如脱氧雪腐镰刀菌烯醇、3-乙酰基脱氧雪腐镰刀菌烯醇及玉米赤霉烯酮等)损害玉米品质,危害人、畜健康。茎腐病的发生还会导致植株茎秆强度减弱,后期呈现大面积倒伏的现象,造成机械收获困难。该病害发生的时期越早,玉米植株的发病率越高,发病程度越重,损失越大。

(a)抗病植株　　　(b)感病植株　　　(c)抗病植株茎秆　　　(d)感病植株茎秆
　茎秆　　　　　　　茎秆　　　　　　剖面　　　　　　　　剖面

图3-2　玉米禾谷镰孢茎腐病发病植株茎秆症状（张智超）

四、病原菌的生物学特性

腐霉一般菌丝发达,分枝繁茂,常形成菌丝膨大体或附着胞,很少产生厚垣孢子。游动孢子囊与菌丝之间常有一隔膜隔开,孢子囊有丝状、瓣状、球状3种基本类型;顶生、间生和切生多种着生方式;萌发生出管,原生质经出管流入泡囊中,在泡囊内分化形成具双鞭毛的肾形游动孢子;游动孢子冲破泡囊向四周游散,留下空的孢子囊,有的种类具有孢囊层出现象,有的也可直接萌发产生芽管。藏卵器球形、柠檬形或椭圆形,壁平滑或具各种突起,顶生、间生或切生,内含1或多个卵球,卵球受精后发育成卵孢子。雄器形状多样,有柄或无柄,与藏卵器的关系有同丝生、异丝生和下位生,每个藏卵器有1个或多个或没有雄器接触进行交配。卵孢子球形、罕为扁球形,壁厚或薄,大多平滑、少数具纹饰,满器或不满器。

禾谷镰孢的无性态 *F. graminearum* 为丝分孢子真菌(图3-3)。其无性孢子为分生孢子,一般为大型分生孢子,有 2~7 个隔膜,常见隔膜数为 3~5 个,呈镰刀状,单生或成簇产生。单个分生孢子无色,大量分生孢子聚集呈粉红色。产生分生孢子的菌丝上形成瓶梗,在瓶梗上产生分生孢子并脱落下来。分生孢子一般首先由顶细胞开始萌发,其次由足细胞和中间细胞萌发。几乎不产小型分生孢子。禾谷镰孢菌的有性态称为 *Gibberellazeae* (Schweinitz) Petch。在营养缺乏的条件下,禾谷镰孢菌可在发病的寄主组织上产生紫黑色或深蓝色的颗粒状子囊壳。子囊壳呈卵圆形,顶端为瘤状突起,成熟后可喷发出子囊孢子。子囊成簇分布在子囊壳内,通常 1 个成熟的子囊内有 8 个子囊孢子。子囊孢子多为 3 个隔膜。子囊孢子一般由两端细胞开始并同时萌发,其次从中间细胞萌发,萌发之后形成的菌丝随后进入无性世代。

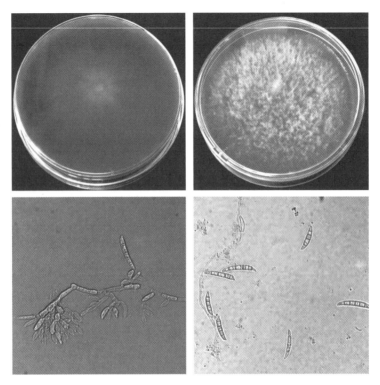

图3-3　禾谷镰孢菌病原菌形态

五、防治方法

针对茎腐病发生发展的特点,防治应以选育抗病品种为主,辅以农业防治、化学防治和生物防治等手段。

合理利用抗病品种是防治茎腐病最经济有效的方法。不同玉米自交系、农家种或群体材料之间对茎腐病抗性存在差异,其发病程度也有所不同。抗病品种可显著降低茎腐病的发病率,从而减少生产损失。优秀抗病品种的组配和选育需要利用已知抗病种质资源并且挖掘新的抗病种质资源。抗病品种的选择应因地制宜,不断更新,年年选拔。

农业防治需搭配多种田间管理措施进行,如清除田间病株残体,于田外进行深埋或发酵处理等,破坏病原菌越冬环境,减少病原菌积累;深翻土壤,充分曝晒;合理密植,便于田间通风,保障植株间的透气性,降低土壤湿度;适时灌溉,及时排除田间的积水,减少土壤的含水量,创造不利于病原菌繁殖但不妨碍玉米生长的环境条件;适期晚播或选用晚熟品种,使玉米乳熟期尽量避开多雨高湿的天气;避免连作,实行轮作倒茬;合理施肥,锌肥可促进植株生长并提高其抵抗力,硫酸锌对腐霉生长有抑制作用从而有助于防治玉米茎腐病,增施钾肥能预防茎腐病发生或降低茎腐病发病率且有利于提高玉米产量。

化学防治包括利用化学药剂拌种、制作种子包衣、田间喷撒等方式,简单有效。0.2%噻虫·咯菌·苯甲或0.3%苯甲+0.1%途保利+0.2%吡虫啉制作种子包衣,用乙酰·福干粉种衣剂,适乐时或多菌灵拌种,代森锌或甲基托布津喷施根茎等措施对茎腐病有一定的防治作用。种子包衣应选择持效期较长且对种子芽率及芽势相对安全的药剂。但是,长期使用化学药剂会使病原菌产生抗药性,导致病害的防治效果逐渐降低。此外化学药剂危害环境,药剂残留也具有一定的安全隐患。

生物防治有利于保护生态安全,维护生物多样性,保障食品安全,实现可持续发展,具有广阔的发展前景。生物防治菌株的挖掘和应用是茎腐病综合治理的一个重要发展方向。一些细菌、真菌和放线菌已被证实对玉米茎腐病有抑制效果,有望作为生产上研制生物防治制剂的功能菌株。多数生物防治菌株是以拮抗镰孢菌为基准筛选的,例如,刘彦策等2021年研究发现用平板对峙法从玉米茎秆中筛选出一种禾谷镰孢拮抗菌株,将其命名为L10,为多粘类芽孢杆菌(*Paenibacillus polymyxa*),对多种病原菌均有拮抗作用,而且盆栽生物防治试验结果显示,L10对玉米茎腐病具有一定的防治效果;采用稀释培养法和平板对峙法,郭佳月等以禾谷镰孢菌为靶标从采集的玉米连作土壤中筛选出具有拮抗作用的菌株G1,为公牛链霉菌(*Streptomyces tauricus*),能抑制禾谷镰孢的菌丝生长和孢子萌发,有望降低玉米茎腐病发病率。吴晓儒等以对镰孢菌拮抗作用而筛选获得的棘孢木霉(*Trichoderma asperellum*)菌株GDFS1009为核心菌株,制备3种木霉菌颗粒剂,田间试验结果表明这些制剂对由镰孢菌引致的玉米茎腐病的防效均在50%以上,最高可达80%。虽然已有不少生物防治菌株被发现,但对这些菌株在植物根部的定殖能力仍需要进一步研究,为实际田间应用提供指导。此外,微生物菌剂存在稳定性差、易受环境影响等缺点,需研究改良以便其在生产上推广应用。

第二节　抗性鉴定与抗源筛选

抗病品种的选择和推广,离不开可靠的抗性鉴定体系,此体系主要包括接种和评价两部分。玉米茎腐病抗性鉴定方法主要采用田间自然病圃鉴定和人工接种鉴定。田间自然病圃鉴定主要是选择连年茎腐病重发地块,通过种植不同的玉米品系或品种,在玉米乳熟后期鉴定茎腐病发病表型,依据病情指数评价种质的抗病程度。此法操作简单,适合批量进行试验材料初筛,但也受限于自然环境与气候条件,所以针对初筛结果需要再辅助人工接种鉴定,才能更为准确可靠地反映出材料真实的抗病性。

一、接种方法

玉米人工接种方法使用较多的为牙签法、注射法、打孔法和土埋伤根法。

(1)牙签法,是将带菌培养的牙签接种到玉米茎基部的茎秆上,促使植物发病,接种成株时需先用钢针或电钻等器械刺破茎皮再插牙签。

(2)注射法,是将病原菌孢子培养之后,利用注射器将孢子悬浮液注射到穗以下茎节。

（3）打孔法,利用电钻对茎节打孔,然后接入培养和扩繁后的病原菌,再用棉团或凡士林封住孔口保湿。

（4）土埋伤根法,苗期接种将菌土投放到玉米植株根部或将病原接种物与灭菌土按一定的比例混合后种入玉米;成株期接种是在距离植株 5~10 cm 处向下抛开土壤,切断毛细根,埋入一定量的小麦或玉米籽粒培养基后用土壤覆盖,随后浇灌,使田间保持一定的湿度。

对这些接菌方法进行比较,两年实验结果表明,土埋伤根法接种后效果最好,病株发病率最高且年份之间差异不明显,其次是牙签法、打孔法和注射法。牙签法、打孔法、注射法是在玉米地上茎基部接种,与田间自然发病有一定的差别,且方法存在缺陷,很难重复田间自然症状。牙签法接入茎髓组织的菌量很少,大部分菌体残留在茎皮外部;打孔法对茎基内外组织破伤太大,对植株造成附加伤害,不接近自然发病环境;注射法注射的孢子悬浮液难以进入输导组织,实际操作中菌液难免溢出,与牙签法一样都很难保证接种量。土埋伤根法接种成株比较接近田间自然发病,接种操作简单,发病症状明显,不足之处在于需要准备大量的接种病原菌以及小麦或玉米作为接种培养基,病原菌和培养基的准备需花费较长时间。

二、抗性评价标准

由于不同研究者研究目的的不同,以及鉴定时期的差别,采用的评价标准也不相同。通常依据发病株率将成株期评价标准分为 5 级,并进行了抗性水平的划分。该标准的划分,符合玉米茎腐病的病害特征,现已改良作为行业标准对品种进行茎腐病抗性评价,对腐霉菌和镰孢菌引起的茎腐病均适用。当玉米进入乳熟后期时,以手指按捏地表上方第二茎节,茎秆发生空、软,或茎节明显变褐,即为发病株,计算每份鉴定材料的总株数和发病株数,其中发病株率 0%~5.0% 为 1 级（高抗）,发病株率 5.1%~10.0% 为 3 级（抗）,发病株率 10.1%~30.0% 为 5 级（中抗）,发病株率 30.1%~40.0% 为 7 级（感）,发病株率 40.1%~100% 为 9 级（高感）。刨茎调查是在玉米收获后,将植株茎基部纵向劈开,观察病原菌在根茎的生长情况以及对输导组织的破坏程度,根据坏死组织长度和含有坏死组织的茎节数评价病情。此外,还有苗期调查法和全株调查法等。

在这些接种方法和评价标准的基础上,发展出了一些改良方法。例如,Sun 等 2018年对生长 12~14 d 的玉米幼苗茎进行打孔后接种镰孢菌孢子悬浮液,3 d 后对病症进行鉴定,分 5 级评分:1 级,没有观察到明显的菌丝,幼苗没有颜色变化;2 级,注射部位周围出现少量分散的菌丝,感染部位周围组织开始腐烂;3 级,注射部位变为褐色且周围出现明显菌丝,感染部位出现明显的腐烂和软化,茎仍然强壮而竖直;4 级,可观察到菌丝在感染部位以外扩张至 2~3 cm 处,接种部位明显渗水,感染部位出现腐烂;5 级,明显观察到大量白色的菌丝从接种部位出现并向两端膨胀,腐烂的部分变成深褐色,茎容易弯曲。方法的改良有助于快速、可靠、规模化进行抗病品系筛选,为快速挖掘玉米优良遗传资源提供极大的便利。而且,苗期鉴定省时省力,可多次重复,且基本能反映成株期鉴定结果,加快选育工作。

三、抗源筛选

玉米对茎腐病的抗性是复杂性状,受基因型、环境以及基因型与环境相互作用等多种因素的影响,不同玉米品种及对茎腐病的抗性差异明显。已有研究表明,玉米灌浆期叶面积大小、茎秆硬度、茎节密度、茎秆含糖量、胼胝质沉积物的形成时期、根部皮层细胞壁厚度、多种酶活性等都可以对玉米的抗病性产生影响。同一骨干自交系的不同衍生系的抗性也存在差别,如黄早四的衍生系对茎腐病抗性表现不一,昌7-2高抗,黄野四、444和K12中抗,粤89E4-2、H21和HR962等则为高感类型。此外,不同杂种优势群的材料抗性也有差异。Lancaster、Reid、P类群中抗病种质资源丰富,如P类群中的农大178、齐318、P138、沈137等,Lancaster类群中的PH4CV、Mo17、自330、吉846等,Reid类群中的PH6WC、郑58、掖478、NW-H537等。塘四平头中的抗病种质资源则相对匮乏。段灿星等2015年的研究鉴定出的高抗茎腐病自交系多来自我国的黑龙江、河北、广东、甘肃、北京等地,说明不同地区的玉米种质资源对茎腐病抗性也有一定差异。同一种玉米材料在同一环境下对不同病原菌的抗性有所差异,在不同环境下对相同病原菌的鉴定结果也不同。利用人工接种禾谷镰孢鉴定认为昌7-2感茎腐病,贾曦等在自然发病条件下鉴定认为昌7-2高感茎腐病,但也有多份鉴定结果认为昌7-2是抗茎腐病自交系。我国玉米资源丰富,其中也蕴含着丰富的抗病种质,挖掘玉米茎腐病的抗病种质资源有助于育种家选育优良品种。段灿星等多年多点的鉴定结果表明,冀资H676、辽2235、冀资14L88、冀资14L101、丹337、M02N-23、Y1747、HRB16232、T628358、161085对腐霉茎腐病抗性表现稳定,冀资C32、辽785、辽2235、吉资1034和16SD088对镰孢茎腐病抗性表现稳定,是优异的抗病种质资源。此处整理了近十年国内鉴定的一些抗茎腐病自交系种质资源(见表3-1),可以辅助育种家进行材料的选择和组配。

表3-1　玉米抗茎腐病种质鉴定

材料名称	抗性等级	病原菌	文献来源
LH150、740、787、W8304、LH65、S8326、2369、PHN34、PHW51、BCC03、FBLA、LH128、LH181、LH208、LH213、PHJ89、PHN66、WIL900、WIL500、E8501、PHM57、PHN73、PHP60、PHW20、2FACC、LH195、LH214、ICI740、NQ508、PHBA6、PHR30、ML606	HR	层出镰孢(*Fusarium proliferatum*)	金柳艳等,2019
MBPM、PHK29、PHT77、J8606、PHJ31、PHJ75、PHV37、F118、PHV53	MR	层出镰孢(*Fusarium proliferatum*)	金柳艳等,2019
1145、CML170、KA203、PH6WC、X178	HR	禾谷镰孢(*Fusarium graminearum*)	赵子麒等,2021

续表 3-1

材料名称	抗性等级	病原菌	文献来源
齐 319	HR	禾谷镰孢（*Fusarium graminearum*）	渠清等,2019
LH150、PHK29、740、W8304、LH65、S8326、2369、PHT10、PHW51、BCC03、FBLA、LH128、LH181、LH208、LH213、Lp215D、PHJ89、PHN66、WIL900、WIL500、E8501、PHJ31、PHM57、PHN73、PHP60、PHV37、PHW20、2FACC、LH195、F118、LH214、ICI740、PHR30、PHV53、ML606	HR	禾谷镰孢（*Fusarium graminearum*）	金柳艳等,2019
A01、A02、A04、A09、A18、A24、A28、A30、F02、F03、F05、R01、R03、G03	HR	禾谷镰孢（*Fusarium graminearum*）	肖明纲等,2020
M17Y26、M17Y73、M17N65、M17Y18、MZYF、M18N41、M16NC、M17Y336、M17Y339、M5168、M3401、M85Z、M26Z、M132Z	HR	禾谷镰孢（*Fusarium graminearum*）	郭江岸等,2021
昌 7-2、K22、吉 4112、旅九宽、铁 9010、8723、吉 853、P138、丹 598、齐 318、吉 63、武 314、中自 01、红 598	HR	禾谷镰孢（*Fusarium graminearum*）	赵泽双,2013
2082、KA081、KA105、KA147、KB020、KB043、KB062、KB102、KB109、KB207、KB227、NW-H537、沈 137、郑 58	R	禾谷镰孢（*Fusarium graminearum*）	赵子麒等,2021
78371A、790、PHV63、PHP76、PHW30、J8606	R	禾谷镰孢（*Fusarium graminearum*）	金柳艳等,2019
M17Y07、M927、M17Y11、MZJ、M8349、M17Y340、M53-122、M10ND101、M09N230、M18Y174、M17N358、M17N109、M16Y041、M09N041	R	禾谷镰孢（*Fusarium graminearum*）	郭江岸等,2021
444、四 273、齐 319、Mo17、掖 8112、龙抗 11、中 451、丹 360、丹黄 02、吉 1037、Bup43、H21、835、丹 9046、自选系-4、自选系-6、丹 340、四 287、H99、铁 7922、综 31、P138、E28、沈 5003、Pa91、吉 846、掖 515、中系 091/O2、A801、C8605-2、P010、冲 72、黄早四、A188	R	禾谷镰孢（*Fusarium graminearum*）	赵泽双,2013
自 330	MR	禾谷镰孢（*Fusarium graminearum*）	石洁,何康来,2021
B73、B37、9058、昌 7-2、Mo17、PH4CV、13-1077	MR	禾谷镰孢（*Fusarium graminearum*）	渠清等,2020

续表3-1

材料名称	抗性等级	病原菌	文献来源
B110、KA064、KA106、KA109、KA115、KA327、KB024、KB025、KB081、KB106、KB128、KB243、KB588、Mo17、PH4CV、PHK42、PHN11、PHT60	MR	禾谷镰孢(*Fusarium graminearum*)	赵子麒等,2021
PB80、MBPM、PHV78、787、PHK42、PHT55、2MA22、PHR47、PHW52、PHJ65、PHN34、PHV07、PHR55、PHR58、PHJ33、LH206、LH220H、LH192、912、ICI441、NQ508	MR	禾谷镰孢(*Fusarium graminearum*)	金柳艳等,2019
M17Y338、M5N32、M17Y332、MXZX–J853、Ms2–P6、M15N01、M17Y334、M09N007、M05-1	MR	禾谷镰孢(*Fusarium graminearum*)	郭江岸等,2021
农大178、B73、吉42	MR	禾谷镰孢(*Fusarium graminearum*)	赵泽双,2013
HZC15083、HZC15109、HZC15115、HZC15117、HZC15126	MR	禾谷镰孢(*Fusarium graminearum*)	许大凤等,2018
LH150、78371A、PHK29、740、W8304、PHV63、LH65、S8326、2369、PHM49、PHW51、BCC03、FBLA、LH128、LH181、LH208、LH213、Lp215D、PHJ89、PHN66、WIL900、WIL500、J8606、E8501、PHM57、PHN73、PHP60、PHV37、2FACC、LH214、NQ508、PHR30、PHV53、ML606	HR	芒孢腐霉(*Pythium aristosporum*)	金柳艳等,2019
PHW52、LH206	R	芒孢腐霉(*Pythium aristosporum*)	金柳艳等,2019
MBPM、PHR25、PHV78、787、PHT77、PHT55、S8324、PHV07、LH215、PHT60、PHJ31、PHW20、LH196、LH192、F118、83IBI3、ICI441、PHBA6	MR	芒孢腐霉(*Pythium aristosporum*)	金柳艳等,2019
12GEM09129、12GEM80022、12GEM03022、12GEM03023	HR	肿囊腐霉(*Pythium inflatum*)	孟剑等,2015
X002b、X016、海108、H145、08F31、JP2、辉2、原27、P867、B07003、52213、蒙农221、D642、D1922、07GEM02967(2)、07GEM02535(1)、07GEM02935、CI18、CI11、M98、10LD、金银红苞谷、D9C2、大红包谷、白糯玉米、04GEM00765、07GEM02654、entry08、entry04	HR	肿囊腐霉(*Pythium inflatum*)	杨洋等,2018
粤C14-1、黄包谷、苏湾5号、28-Mar、NEG、粤40-2、粤51、粤52-1、丹599、赤74595、赤O15、12084、高科3号母	HR	肿囊腐霉(*Pythium inflatum*)	段灿星等,2015

续表 3-1

材料名称	抗性等级	病原菌	文献来源
总统 3、综 3、XZ19、中二/O2、粤 20-3、龙抗 1、辐 842、丹 340、丹 3116、大 MO、中引 15、张 21、云南 9-6、粤 267-3-1、武 312、农大 178、遵 90110、L005、武 125、宋 1145、钦 8-22-1、旅 45、龙抗 15、BC4B、32、辽 2202、吉 870、黄 C、辐 8529、辐 8527、辐 8521、昌 7-2、材 48-1111、X. L9010-3/O2、Tzi28、Timpunia-1、K36、H66/6、H2、H114、C107、72-105、006	HR	肿囊腐霉（Pythium inflatum）	宋燕春等，2012
52213、04GEM00765、07GEM02535（1）、07GEM02654、07GEM02935、07GEM02967（2）、08F31、10LD、18--14、B07003、CI11、CI18、D1922、D642、D9C2、entry04、entry08、H145、JP2、M98、P867、x002b、X016、白糯玉米、大红包谷、海 108、辉 2、金银红苞谷、蒙农 221、原 27	HR	肿囊腐霉（Pythium inflatum）	杨洋，2020
12GEM03993、12GEM03404	R	肿囊腐霉（Pythium inflatum）	孟剑等，2015
中系 042、中 741、中 128、郑 58、DH65232、De811、披 478、488、遗 67、武系 205、铁 222、双太五、双 M9B-1、沈 135、L069、辽 2204、宁 45、宁 36、京糯 2、427、晋穗 54、Mo17、吉 846、91 黄 5、冀 69、冀 432、获白、GB、707、广优 5、辐 8716、辐 8701、丹黄 02、岱 6、SZ3、Pop-1111、NN14B、MP704、M256、CN165、CML58、BC19、91af361、75-364、55113-3-3-5、200-24-13413、96201	R	肿囊腐霉（Pythium inflatum）	宋燕春等，2012
齐 319、鲁原 133、获唐黄 17、CML67、75-24、综西 241、自 330、太 1/Lg、酒 138-5、92 黄 40、二南 24、C103、吉 880、48-2、旅 28、107、焦 05、E28、资玉 3、中引 10、中黄 64、粤 89A12-1、粤 39-4、遗 49、遗 12、岩赖（2）、岩 156、邢 26、忻轮 5-9、湘矮 3、武 202、沈 137、齐 318、P138、社矮 16、秋 23、宁 37、宁 24、兰 766-4-2、九 22、交 306O2、吉 876、吉 866、黄野四 3、444、897、无唐 448、K12、繁荣 2、旱 21、抚 130、辐 8703、东 623O2、丹 3115、丹 3101、大 255、承北 711、白鹤 43、Va35、M9、M3736、Lo1067、L105、D801、CML125、5003、8112、B73、皖系 23、VG85-5、B12、91 黄 15、84-126-15-1、82 黄早 4、75-322、13AO2、79131、79028、2005、785	MR	肿囊腐霉（Pythium inflatum）	宋燕春等，2012

续表 3-1

材料名称	抗性等级	病原菌	文献来源
LH150、740、787、LH65、S8326、2369、PHN34、PHW51、BCC03、FBLA、LH128、LH181、LH208、LH213、Lp215D、PHJ89、PHN66、WIL900、WIL500、E8501、PHJ31、PHM57、PHN73、PHW20、2FACC、LH195、LH214、ICI740、PHBA6、PHR30、PHV53、ML606	HR	拟轮枝镰孢（*Fusarium verticillioides*）	金柳艳等,2019
BGC1、粤 C0-M2、粤 C14-1、粤 C14-2、粤 40-2、粤51、粤 52-1、12084、7082、玉米、PI217483、SW-19、丹 599、赤 74595、赤 O15、502、丰夏玉米、W21（高科 3 号母）、苏湾 5 号、黄包谷、矮足黄包谷(2)	HR	拟轮枝镰孢（*Fusarium verticillioides*）	段灿星等,2015
PH6WC、铁 0255、78599	HR	拟轮枝镰孢（*Fusarium verticillioides*）	李辉等,2014
PHV37、NQ508	R	拟轮枝镰孢（*Fusarium verticillioides*）	金柳艳等,2019
沈 3265、宁晨 20、404、郑 58、E003、PH6JM、DM410、C8605-2、丹黄 34、DM536、Da38、K88、铁0270、海 9818、丹 598、PH4CV、PHB1M、齐 319、沈3336、S122	R	拟轮枝镰孢（*Fusarium verticillioides*）	李辉等,2014
W8304、PHK76、PHT77、PHM49、PHV07、PHR58、PHW30、J8606、RS710、PHWG5	MR	拟轮枝镰孢（*Fusarium verticillioides*）	金柳艳等,2019
昌 7-2、铁 7922、M54	MR	拟轮枝镰孢（*Fusarium verticillioides*）	李辉等,2014
MS71、K36、W08、3024、R24、CAW2、CAW4r-1、郑58、12070、De813、NC283、F742、TE317、TE351、N502、9046	HR	拟轮枝镰孢（*Fusarium verticillioides*）、禾谷镰孢（*Fusarium graminearum*）	崔智博等,2019
郑 58 选、W240、沈 137、CAW4w、F886、TE323、N507、B73	R	拟轮枝镰孢（*Fusarium verticillioides*）、禾谷镰孢（*Fusarium graminearum*）	崔智博等,2019
昌 7-2、W382、t0255、t9010、t98033、t98127、7922、M54、S122、沈 5003、XG-4、A050、DH826-3、Pa405、A634Ht1、De815、FR33、F326、F667、TD392、N192、N542、N543、CG23、CG40	MR	拟轮枝镰孢（*Fusarium verticillioides*）、禾谷镰孢（*Fusarium graminearum*）	崔智博等,2019

续表 3-1

材料名称	抗性等级	病原菌	文献来源
齐 319、沈 3336、沈 137、DH25、P138、S80、丹 3130、X178、丹 717	HR	茎腐病致病镰孢菌（*Fusarium*）、赤霉菌（*Gibberella fujikuroi*）	岳辉等,2018
丹 988、丹 598、丹 99 长、昌 7-2、黄早四、K12、LX9801、西 502、京 92、WK798-2、浚 92-8、W8017、丹 1324、PH6WC、PH4CV、PHB1M、PH5AD	R	茎腐病致病镰孢菌（*Fusarium*）、赤霉菌（*Gibberella fujikuroi*）	岳辉等,2018
丹 299、D34、铁 9010、丹 340、吉 273、吉 853、4-287、A801、C8605-2、丹 9046、T0102	MR	茎腐病致病镰孢菌（*Fusarium*）、赤霉菌（*Gibberella fujikuroi*）	岳辉等,2018
2MCDB、B97、GEMN-0117、J8606、L139、LH166、LH181、LH195、LH209、LH215、MBUB、N543、OQ101、PHJ65、PHK35、PHPR5、PHR58、PHVA9、PHWG5、LH195、PHPR5、LH214、LH213、LH209、LH215	HR	镰孢菌（*Fusarium*）及腐霉菌（*Pythium*）的复合菌	周超等,2018

第三节　抗性遗传

多数研究表明,玉米对茎腐病的抗性是由多基因控制的复杂数量抗性,并且容易受到环境影响。也有研究者认为玉米对茎腐病抗性是单基因控制的质量抗性。迄今为止,研究者们利用不同的群体,人工接种不同病原菌,定位到大量的茎腐病抗性 QTLs。此外,也有部分全效抗性位点被定位到。

一、抗性 QTL 鉴定

国内外学者利用连锁分析和关联分析,定位了许多具有玉米禾谷镰孢茎腐病抗性的遗传位点。1993 年,Pe 等对自交系 B89 和 33-16 组配的 150 份 $F_{2:3}$ 家系人工接种禾谷镰孢进行抗性评价,利用 95 个 RFLP 和 10 个 RAPD 标记构建连锁图谱,最终在第 1、3、4、5 和 10 号染色体上检测到 5 个禾谷镰孢茎腐病抗性 QTL。利用抗病自交系 1145 和感病自交系 Y331 组配的 F_1、F_2 和 BC_1F_1 群体进行禾谷镰孢茎腐病抗性鉴定,研究者发现该群体的抗性可能受显性单基因控制,位于 bin6.04/6.05 的分子标记与抗病性连锁。Yang等 2010 年利用相同亲本 1145 和 Y331 组配的 BC_1F_1 群体,分别在 bins10.03/10.04 和 bins1.09/1.10 定位了两个禾谷镰孢茎腐病抗性 QTL-*qRfg1* 和 QTL-*qRfg2*,抗病等位基因均来自抗病亲本 1145,可分别解释表型变异的 36.3% 和 8.9%。随后利用高世代回交群体,*qRfg1* 被精细定位到分子标记 SSR334 与 SSR58 之间约 500 kb 的区间内,*qRfg2* 被精细定位到分子标记 SSRZ319 和 CAPSZ459 之间约 300 kb 的区间内。qRfg1 在 Y331 背景下,可稳定提高抗病率 32%～43%,qRfg2 在不同回交世代可提高抗病率约 12%。利用抗病自交系 H127R 和感病自交系昌 7-2 组配的 199 份 $F_{5:6}$ 重组自交系群体,Ma 等定位了13 个抗禾谷镰孢茎腐病 QTL,其中,位于第 3 号染色体 bins 3.06/3.07 的 QTL-qRfg3 是一个主效位点,可解释 10.7%～19.4% 的表型变异,来自 H127R 的抗病等位基因表现为隐性抗病。qRfg3 被进一步精细定位到约 350 kb 的区间,位于分子标记 Ks85 和 STS7-5之间,该位点可降低病情指数 26.6%。Chen 等对抗病亲本 S72356 和感病亲本 18327 组配的 F_2 群体进行禾谷镰孢茎腐病抗性接种鉴定,选择高抗和高感的单株进行混池测序,最终在 bin8.06-8.08 定位到一个抗性 QTL-Rgsr8.1,位于分子标记 SSR-65 和 SNP-25之间。结合连锁分析和全基因组关联分析,Liu 等在 bin8.02 和 bin4.07 检测到了共定位的 QTL,可分别解释 10.62% 和 5.49% 的表型变异。这些结果表明,玉米对禾谷镰孢茎腐病抗性是复杂的数量性状,在不同群体中,可能受不同抗病位点控制,抗性机制复杂。

有关肿囊腐霉茎腐病抗性位点的报道也比较多。Yang 等利用抗病自交系 1145 和感病自交系 Y331 构建的 F_2 分离群体,在第 4 号染色体 bins4.06/4.07 定位了一个腐霉茎腐病抗性基因 Rpi1,位于分子标记 bnlg1937 和 agrr286 之间。利用抗病材料 Qi319 和感病材料 Ye107 组配的 F_2 群体和 $F_{2:3}$ 家系,Song 等定位到两个腐霉茎腐病抗性 QTL,RpiQI319-1 位于第 1 染色体 SSRZ33 和 SSRZ47 之间,RpiQI319-2 位于第 10 染色体 umc2069 和 bnlg1716 之间,来自 Qi319 的抗病基因表现为显性抗病。Duan 等利用抗病亲本 X178 和感病亲本 Ye107 构建的分离群体,将两个抗腐霉茎腐病基因 RpiX178-1 和RpiX178-2 分别定位于玉米染色体 bin1.09 分子标记 SSRZ8 和 IDP2347 之间和 bin4.08标记 bnlg1444 和 umc2041 之间。杨洋等在抗病自交系 W21 和感病亲本掖 107 构建的$F_{2:3}$ 家系中,利用 BSA 分析和全基因组测序相结合的方法,在第 4 号和第 5 号染色体上定位到两个抗腐霉茎腐病抗性位点 RpiW21-1 和 RpiW21-2。

炭疽茎腐病是北美地区的玉米茎腐病的主要类型之一,在中国尚无正式报道,但在黑龙江局部地区有发生。研究人员针对炭疽茎腐病抗性遗传开展了相关研究,早期的研究认为玉米对炭疽茎腐病的抗性可能由单个显性基因控制,但研究仅限于分离规律的分析,没有基因定位的报道。也有研究认为该性状是由多基因控制的数量抗性。Jung 等在第 4 号染色体长臂上定位到一个抗炭疽菌茎腐病主效 QTL,抗病等位基因来自 MP305。该位点被命名为 Rcg1,利用高世代回交群体,Rcg1 被精细定位到分子标记 FLP8 和 FLP27之间约 400 kb 的区间。美国康奈尔大学的研究人员利用 B73×CML52 和 S11×DK888 组配的重组自交系家系,从中筛选可能带有多种病害抗病效应位点的剩余杂合系,进行炭疽茎腐病表型鉴定和基因型分析,在 bin5.06 和 bin6.05 检测到两个炭疽茎腐病抗性QTL,来自 CML52 和 S11 的抗病等位基因可显著降低炭疽茎腐病的感病茎节面积,这两个位点的效应在近等基因系材料中得到了验证,位于 bin5.06 和 bin6.05 的 S11 抗病等位基因可分别降低 24% 和 80% 的感病茎节面积。以上研究表明,玉米对不同病原菌引起的茎腐病抗性大部分是相互独立遗传的,有必要针对不同病原菌进行深入研究。明确玉米对不同病原菌茎腐病的抗性遗传规律及抗病位点,对于挖掘抗病基因资源和开展抗病育种具有重要意义。

二、抗病基因克隆

利用 QTL 定位和全基因组关联分析找到了很多与茎腐病抗性相关的遗传位点,但目前只克隆并验证了三个抗茎腐病基因,分别是抗禾谷镰孢茎腐病 $qRfg1$ 的功能基因 $ZmCCT$、$qRfg2$ 的功能基因 $ZmAuxRP1$ 和抗炭疽茎腐病 $Rcg1$ 的功能基因。$qRfg1$ 被精细定位到约 170 kb 的区间,对抗病材料 1145 和感病材料黄早四在定位区段的序列进行 BAC 克隆测序,发现目标定位区段没有任何编码的功能基因,只有位于左边界分子标记 CCT11 上游约 2 kb 处有一个编码 CCT 功能域的转录因子基因 $ZmCCT$,感病材料黄早四和 Y331 在 $ZmCCT$ 的起始密码子上游 2458 bp 处有一个转座子插入,转基因互补试验证明来自抗病亲本 1145 的 $ZmCCT$ 等位基因可显著提高禾谷镰孢茎腐病的抗病率。有意思的是,控制 $qRfg1$ 茎腐病抗性的功能变异是 $ZmCCT$ 启动子区的转座子插入,转座子的插入改变了 $ZmCCT$ 启动子区的 DNA 甲基化状态和组蛋白修饰水平,从而影响 $ZmCCT$ 对病原菌的响应,对不同种质资源的基因型分析发现,抗病材料中不存在转座子插入。值得注意的是,$ZmCCT$ 也是控制玉米开花期的关键基因,为了明确 $ZmCCT$ 调控玉米茎腐病抗性和开花期的关系,利用转基因互补材料进行不同光周期条件下禾谷镰孢菌侵染试验,发现玉米叶片中 $ZmCCT$ 表现出强烈的光周期敏感性,而在根中 $ZmCCT$ 仅受到病原菌诱导,对光周期不响应,推断 $ZmCCT$ 可以在不同光周期条件下表现出稳定的抗性。

$qRfg2$ 被精细定位到分子标记 SNP1 和 STS2 之间,物理距离仅为 2.5 kb,该区段只有一个编码生长素调节蛋白的基因 $ZmAuxRP1$,转基因过表达材料茎腐病抗性降低,而 RNAi 材料的抗病性显著提高,说明 $ZmAuxRP1$ 是一个茎腐病抗性的负调控基因。在正常条件下,$ZmAuxRP1$ 表达量较高,促进生长素的合成,病原菌入侵后,$ZmAuxRP1$ 的表达量迅速降低,生长素合成受到抑制,但促进了防御物质次生代谢物苯并噁嗪酮的合成,提高了植物对禾谷镰孢茎腐病和拟轮枝镰孢穗腐病的抗性。

$Rcg1$ 被精细定位到 400 kb 的区段,对抗病材料 DE811Rcg1 目标定位区段的 BAC 克隆进行测序分析,发现一个编码 NBS-LRR 结构域的蛋白,Mu 转座子插入突变体对炭疽茎腐病表现感病,验证了该基因是 $Rcg1$ 的功能基因。Frey 等克隆了位于该定位区段的第二个抗病基因 Rcgib,该基因与 $Rcg1$ 紧密连锁,编码一个 1428 个氨基酸的 NBS-LRR 蛋白,同时转入 $Rcg1$ 和 Rcgib 的转基因材料表现出完全的炭疽茎腐病抗性,说明两个紧密连锁的抗病基因 $Rcg1$ 和 Rcgib 可以提供炭疽茎腐病抗性。对携带 $Rcg1$ 位点的近等基因系材料与 B73Ht、Mo17 Ht 组配杂交种,在接种和不接种炭疽菌条件下进行产量相关性状评价,发现 $Rcg1$ 在正常条件下不会影响杂交种产量及其他重要农艺性状,应病原菌侵染后,$Rcg1$ 显著提高了茎腐病抗性,并且比不带 $Rcg1$ 的材料产量明显提高。$Rcg1$ 是一个稀有的等位基因,在代表 90% 的玉米多样性的种质中,只有 5% 的材料携带 $Rcg1$ 位点,而且所有带有 $Rcg1$ 等位基因的材料都是热带种质。因此,热带种质中很可能存在新的抗病基因,需要进一步深入挖掘。

第四节　抗病品种选育

选育和推广玉米抗病种质是预防茎腐病引起产量损失最为经济有效、环境友好的途径。不同病原菌引起的玉米茎腐病的抗性遗传机制不同,对于品种的选育与改良方法也不同。王振华认为对于病原菌的抗性表现为数量遗传性状,应采用混合选择和轮回选择改良玉米自交系提高对茎腐病的抗性;对于病原菌的抗性是质量遗传方式,可将某些自交系和优良抗源进行杂交,然后再与对应自交系回交以改良其抗性,也可采用交替自交和回交的方法。在选育抗性品种时,应综合评定其整体表现,避免抗病性与产量呈负相关。

1998 年郭晓明认为采用轮回选择的方法可提高抗病基因频率,利于抗病基因的整合,易创制出优良新种质。对于抗性自交系的选育,加强早代选择压力,利于选出稳定且良好的抗性自交系。1994 年苏俊等研究认为玉米杂交种 F_1 代对茎腐病的抗性指数一般优于其双亲的平均抗性,且杂交种对茎腐病所表现的抗感性多趋向于母本。黎东亮等通过对黄淮海夏玉米种植区主推玉米品种浚单 0898、浚单 20、鲁单 9814、郑单 958 和先玉 335 及其亲本进行茎腐病抗性分析,发现 5 个品种的父本均不抗茎腐病,母本对玉米茎腐病抗性不同,对应杂交种表现出与母本相似的表型。浚单 0898 的母本浚 5872 高抗玉米茎腐病,对浚单 0898 进行人工接种,表型鉴定为高抗茎腐病,表明杂交种的抗性机制与亲本的遗传基础相关。这一结论也验证了苏俊等的观点。

2018 年丰光等的研究发现,可采用回交转育的方法对少数主效基因控制的数量性状进行改良,选择高抗茎腐病材料作为抗病基因供体的非轮回亲本,重要的感病材料作为轮回亲本进行回交转育,在一定数量群体内,通过 3 ~ 4 次回交,选育出目标抗性材料的概率很大。2014 年余辉等以玉米自交系 1145 为茎腐病抗源,结合运用回交转育方法和分子标记辅助选择技术,选育出一批单抗茎腐病的京 24 抗性改良材料。两者之间遗传相似度达 95% ~ 100%,重要农艺性状田间表型无显著差异,改良材料对茎腐病的抗性提高了 40%。

2017 年王金萍等对 159 份玉米自交系进行茎腐病抗性 QTL-$qRfg1$、$qRfg2$、$RpiQI319-1$ 和 $RpiQI319-2$ 紧密连锁的分子标记的扩增检测和田间茎腐病抗性水平鉴定,发现分子标记 STS01($qRfg1$)、STSZ479($qRfg2$)、bnlg1866($RpiQI319-1$)和 bnlg1716($RpiQI319-2$)的检测结果与田间表型高度符合,含有以上特异性扩增多态性的玉米自交系平均发病率较低,可作为有效标记进行茎腐病抗性检测及分子标记辅助选育。

还有观点认为可选用抗病性指标和耐病性指标综合评价玉米新品的应用价值。病株率(I)≤30% 为抗病品种,以 5% 的产量损失率(P_w)为耐病性标准的临界值,P_w≤5% 为耐病品种,P_w>5% 为不耐病品种。据此,2015 年王良发等对 25 个玉米品种进行茎腐病抗性分析,评出浚单 509 为玉米茎腐病抗病及耐病品种,豫单 606、金赛 38、浚单 3136、怀玉 5288、桥玉 8 号、XY046、正玉 10、黎乐 66、伟科 702 和浚单 29 为耐茎腐病品种。

参考文献

[1] 崔智博,陶烨,王丽娟,等.玉米种质对镰孢菌茎腐病的表型抗性鉴定[J].辽宁农业科学,2019(1):75-77.

[2] 段灿星,王晓鸣,武小菲,等.玉米种质和新品种对腐霉茎腐病和镰孢穗腐病的抗性分析[J].植物遗传资源学报,2015,16(5):947-954.

[3] 丰光,王孝杰,吕春波,等.玉米组合 M9916×D472 抗镰孢茎腐病的六世代联合数量遗传研究[J].玉米科学,2018,26(3):50-55.

[4] 郭成,王宝宝,杨洋,等.玉米茎腐病研究进展[J].植物遗传资源学报,2019,20(5):1118-1128.

[5] 郭佳月,徐素娟,赵晓霞,等.玉米茎腐病拮抗放线菌的筛选及抑菌促生活性鉴定[J].玉米科学,2022,30(3):169-177.

[6] 郭江岸,冯勇,赵瑞霞,等.玉米骨干自交系遗传多样性分析及茎腐病抗性鉴定[J].北方农业学报,2021,49(4):30-34.

[7] 郭晓明.玉米茎腐病及其抗病育种[J].黑龙江农业科学,1998(2):34-35.

[8] 贾曦.玉米茎腐病综合防治技术研究[D].泰安:山东农业大学,2016.

[9] 金柳艳,李明顺,王志伟,等.美国玉米自交系对 4 种病原茎腐病的抗性鉴定及遗传多样性分析[J].植物遗传资源学报,2019,20(6):1428-1437.

[10] 黎东亮,鹿红卫,李保峰,等.豫北地区主推玉米品种抗茎基腐病分析[J].安徽农业科学,2015,43(5):146-147.

[11] 李辉,马昌广,王国栋,等.28 种自交系对 5 种玉米主要病害的抗性鉴定研究[J].玉米科学,2014,22(2):155-158.

[12] 刘彦策,王会敏,钱欣雨,等.玉米内生菌 L10 的分离、鉴定及拮抗活性[J].植物保护学报,2021,48(3):630-637.

[13] 孟剑,裴二芹,宋艳春,等.引进美国 GEM 材料的抗玉米青枯病和丝黑穗病种质资源筛选鉴定[J].植物遗传资源学报,2015,16(5):1098-1102.

[14] 渠清,李丽娜,刘俊,等.我国部分常用玉米种质资源对镰孢菌病害的抗性评价[J].中国农业科学,2019,52(17):2962-2971.

[15] 石洁,何康来.玉米骨干亲本对主要病害的抗性及其传递规律[J].玉米科学,2021,29(3):55-62.

[16] 宋燕春,裴二芹,石云素,等.玉米重要自交系的肿囊腐霉茎腐病抗性鉴定与评价[J].植物遗传资源学报,2012,13(5):798-802.

[17] 苏俊,张瑞英,张坪,等.玉米自交系和杂交种抗茎腐病鉴定及其间抗性遗传关系的研究[J].玉米科学,1994,2(4):59-63.

[18] 王金萍,刘永伟,孙果忠,等.抗茎腐病分子标记在 159 份玉米自交系中的验证及实用性评价[J].植物遗传资源学报,2017,18(4):754-762.

[19] 王良发,徐国举,张守林,等.对 25 个玉米品种的茎腐病抗性分析和产量损失评估

[J].玉米科学,2015,23(6):12-17.

[20]王振华.玉米茎腐病与品种抗性的研究进展[J].种子,1997,16(4):41-44.

[21]吴晓儒,陈硕闻,杨玉红,等.木霉菌颗粒剂对玉米茎腐病防治的应用[J].植物保护学报,2015,42(6):1030-1035.

[22]肖明纲,张擘,赵北平,等.外引玉米自交系禾谷镰孢茎腐病抗性鉴定及抗性遗传初步分析[J].江苏农业科学,2020,48(21):123-127.

[23]许大凤,张海珊,李廷春,等.安徽凤阳玉米茎基腐病主要病原菌鉴定及玉米新种质(自交系)的抗性分析[J].安徽农业大学学报,2018,45(2):327-332.

[24]杨洋.玉米种质抗腐霉茎腐病鉴定及抗病基因挖掘[D].重庆:西南大学,2019.

[25]余辉,宋伟,赵久然,等.分子标记辅助选择育成的玉米自交系京24单抗丝黑穗病和茎腐病改良材料性状分析[J].分子植物育种,2014,12(1):56-61.

[26]岳辉,陈晓旭,王作英,等.辽宁省抗玉米茎腐病骨干自交系的筛选与评价[J].农业科技通讯,2018(10):142-144.

[27]赵泽双.玉米大斑病、茎腐病、丝黑穗病抗性标记开发及抗性种质筛选[D].哈尔滨:东北农业大学,2013.

[28]赵子麒,赵雅琪,林昌朋,等.48份玉米自交系抗病性的精准鉴定[J].中国农业科学,2021,54(12):2510-2522.

[29]周超,王俊强,韩业辉,等.外引玉米自交系青枯病抗性种质资源筛选[J].种子,2018,37(12):66-69.

[30]CHEN Q,SONG J,DU W P,et al. Identification,mapping,and molecular marker development for *Rgsr*8.1:A new quantitative trait locus conferring resistance to *Gibberella* stalk rot in maize (*Zea mays L.*)[J]. Frontiers in Plant Science,2017,8:1355.

[31]DUAN C X,SONG F J,SUN S L,et al. Characterization and molecular mapping of two novel genes resistant to Pythium stalk rot in maize[J]. Phytopathology,2019,109(5):804-809.

[32]PÈ M E,GIANFRANCESCHI L,TARAMINO G,et al. Mapping quantitative trait loci (QTLs) for resistance to *Gibberella zeae* infection in maize[J]. Molecular & General Genetics:MGG,1993,241(1/2):11-16.

[33]FREY T J,WELDEKIDAN T,COLBERT T,et al. Fitness evaluation of *Rcg*1,*a locus that confers resistance to Colletotrichum graminicola (ces.) G. W. wils. using near-isogenic maize hybrids*[J]. Crop Science,2011,51(4):1551-1563.

[34]JUNG M,WELDEKIDAN T,SCHAFF D,et al. Generation-means analysis and quantitative trait locus mapping of anthracnose stalk rot genes in maize[J]. TAG. Theoretical and Applied Genetics. Theoretische Und Angewandte Genetik,1994,89(4):413-418.

[35]LIU S,FU J,SHANG Z,et al. Combination of genome-wide association study and QTL mapping reveals the genetic architecture of *Fusarium* stalk rot in maize[J]. Frontiers in Agronomy,2021,2:590374.

［36］MA C Y,MA X N,YAO L S,et al. qRfg3,a novel quantitative resistance locus against *Gibberella stalk rot in maize*［J］. *TAG. Theoretical and Applied Genetics. Theoretische Und Angewandte Genetik*,2017,130(8):1723-1734.

［37］SONG F J,XIAO M G,DUAN C X,et al. Two genes conferring resistance to *Pythium* stalk rot in maize inbred line Qi319［J］. Molecular Genetics and Genomics：MGG,2015,290(4):1543-1549.

［38］SUN Y L,RUAN X S,MA L,et al. Rapid screening and evaluation of maize seedling resistance to stalk rot caused by *Fusarium* spp［J］. Bio-protocol,2018,8(10):e2859.

［39］YANG Q,YIN G M,GUO Y L,et al. A major QTL for resistance to *Gibberella* stalk rot in maize［J］. TAG. Theoretical and Applied Genetics. Theoretische Und Angewandte Genetik,2010,121(4):673-687.

［40］YE J R,ZHONG T,ZHANG D F,et al. The auxin-regulated protein ZmAu$_x$RP1 coordinates the balance between root growth and stalk rot disease resistance in maize［J］. Molecular Plant,2019,12(3):360-373.

第四章 玉米抗穗腐病遗传育种

玉米穗腐病是玉米生产中的重要病害,在降低玉米产量和品质的同时还会危害人、畜安全。考虑到玉米穗腐病的危害以及对机收的影响,多个省份在每年的《玉米品种审定标准》修订时特别强调玉米穗腐病抗性。本章将从穗腐病的发生与危害、病原菌特性、抗穗腐病种质资源筛选、抗性遗传和抗病基因发掘与定位等几个方面阐述国内外相关研究进展,旨在为该病害的综合治理奠定重要的理论基础。

第一节 概 述

一、病害的发生与危害

玉米穗腐病(又名玉米穗粒腐病)是世界上普遍发生、危害严重的一种真菌性病害,以镰孢菌属真菌为最主要的致病菌。近年来,小麦-玉米连作、秸秆还田、机械跨区作业和少数玉米品种的大面积推广等导致玉米穗腐病在西南和黄淮海玉米产区频发已发展成为我国玉米产区的主要病害。

玉米穗腐病的危害不仅表现在直接影响了玉米的产量和品质,而且表现在其病原菌代谢过程中产生大量真菌毒素,给人、畜安全造成严重威胁。越来越多的证据表明,由镰孢菌属真菌产生的真菌毒素如伏马菌素等,可引起马脑白质软化症和猪肺水肿等,并与我国部分地区高发的食管癌有关。

由于品种、气候、病原菌的大量积累以及耕作制度的影响,一直在我国西南地区发病严重的玉米穗腐病扩展到黄淮海以及东华北地区,甚至引起东北和黄淮海两个地区的玉米籽粒霉变率显著上升,严重影响到玉米的储粮安全,成为我国玉米生产上的主要病害。因此,在传统防治方法的基础上,广泛开展玉米穗腐病的抗源筛选、抗性遗传解析工作,发掘关键的抗穗腐病基因,结合传统育种与分子育种创制抗病新种质,选育抗穗腐病的优良玉米品种,对我国的玉米生产具有重要的意义。

二、病害发生规律及其分布

由于玉米穗腐病可以由多种病原菌感染导致,而且田间常常存在不同病原菌复合侵染的情况,因此发病后的病症表现并非完全相同,但仍具有一定相似性。玉米果穗初生长后,若遇穗腐病会出现果粒腐烂情况,发病部位会出现大量霉菌,最终导致整个穗部出现腐烂。穗腐病发病部位主要集中在玉米籽粒及穗部,且发病后病变部位会出现明显的颜色变化(如拟轮枝镰孢导致的穗腐病籽粒呈白色、禾谷镰孢导致的穗腐籽粒呈红褐色等),其中会积累大量霉层,这主要是玉米穗腐病的病原菌丝分化所致。玉米籽粒中病原菌的扩展,会导致玉米籽粒的颜色逐渐暗淡直至空瘪,并可能出现破裂和黏液。

玉米果穗在感染穗腐病后,会积存大量病原菌菌丝,且菌丝之间紧密相连,紧贴在玉米植株上,若防治措施不当,就会导致玉米减产。除此之外,玉米收获后若储存环境不佳、管理措施不当,同样会导致玉米籽粒发生穗腐病,粮食堆积区会产生大量菌丝,散发严重霉味。感染穗腐病的玉米,籽粒显著变色,品质急剧变坏,口感涩苦、酸臭,人误食后会引起中毒反应,食用过量时会出现恶心、呕吐、腹痛、腹胀、头晕、四肢无力、发热等;牲畜误食后也会出现腹泻、厌食、食欲减退、肉蛋减产等现象。

影响玉米穗腐病的发病因素主要分为内因和外因。内因主要是玉米本身的特性会影响其抗病原菌的能力,如苞叶长度、籽粒中水分蒸发速率、口紧程度、花丝强度、病原菌致病种类、病原菌强度、病原菌传播速度等。外因主要是指一些外在的环境条件,如纬度位置、海拔高度、土壤性质、土壤湿度、空气温度、空气湿度、降水量等。研究发现,较阴凉、光照较少、湿度大、温度为 $10 \sim 20 \,^{\circ}\mathrm{C}$ 条件有利于病原菌的繁殖和传播。除此之外,种植地条件也会影响玉米穗腐病的发生,如地势较低、排水不畅、通风不足、光照不充足的地区易导致穗腐病的发生。

玉米穗腐病的致病菌可侵染整个玉米生长周期,病原菌可依附在玉米种子、秸秆、茎、叶上,越冬后,随着春季雨水的到来,环境潮湿,病原菌迅速生长,成熟的孢子借助风媒传播,以此侵染更多的玉米植株。除此之外,玉米螟等害虫的啃食,也会促进伤口被穗腐病的病原菌入侵。穗腐病的发病轻重程度受玉米品种、温度、湿度、种植方式以及储藏条件的影响,不同玉米品种抗穗腐病的能力差别很大。每年雨季是控制穗腐病的关键时期,也是穗腐病发病最为严重的时期。

玉米穗腐病在亚洲、美洲、欧洲均广泛分布,由镰孢菌属真菌引发的镰孢菌穗腐是穗腐病中最常见的类型。大体而言,拟轮枝镰孢在我国玉米主产区、欧洲南部以及美国均为引起穗腐病的优势病原菌,而禾谷镰孢引起的玉米穗腐则主要分布在加拿大、北欧以及我国少数西南山区等湿冷地区。我国东北玉米种植区涉及的黑龙江、吉林、辽宁、内蒙古等省份,均有玉米穗腐病的发生,其优势病原菌为拟轮枝镰孢,次要病原菌为禾谷镰孢、亚黏团镰孢、层出镰孢等。穗腐病在黄淮海玉米种植区发生严重,其中河北、河南、安徽、山东等省份鉴定到的优势病原菌均为拟轮枝镰孢,次要病原菌包括禾谷镰孢、层出镰孢、黑曲霉等。西南玉米种植区由于高温高湿环境历来是穗腐病的高发地区,其中云南、广西等地鉴定出的优势病原菌均为拟轮枝镰孢,次要病原菌包括层出镰孢、九州镰孢等。此外,我国长江下游地区也有玉米穗腐病的发生,其中江苏、上海等地区的优势病原菌均为拟轮枝镰孢,次要病原菌为禾谷镰孢、层出镰孢、变红镰孢等。

三、病原菌的主要特性

玉米穗腐病最常见的主要致病菌为拟轮枝镰孢（*Fusarium verticillioides*, 2003 年前旧名为串珠镰刀菌 *Fusarium moniliforme*）和禾谷镰孢（*Furasium graminearum*），两者皆属于半知菌亚门，而拟轮枝镰孢的有性态滕仓赤霉（*Gibberella fujikuroi*）和禾谷镰孢的有性态玉蜀黍赤霉（*Gibberella zeae*）则同属于子囊菌亚门。

拟轮枝镰孢和禾谷镰孢作为国内玉米穗腐病的优势病原菌，二者在形态特征、发病特征及毒素产生方面均具有明显区别。禾谷镰孢在马铃薯葡萄糖琼脂培养基上生长速度较快，菌丝呈红色至黄色的絮状，产生子囊孢子和分生孢子，培养基背面呈深红色；拟轮枝镰孢在马铃薯葡萄糖琼脂培养基上的菌丝呈白色至紫色的细长态，主要产生小型分生孢子。

拟轮枝镰孢引起的玉米穗腐病发病程度受环境影响较小，病症表现为玉米籽粒皱缩，表面有很厚的白色霉层，染病籽粒内部中空，极易破碎，果穗与苞叶粘连在一起；由禾谷镰孢引起的玉米穗腐病发病程度受环境影响较大，病症表现为玉米果穗与苞叶粘连在一起，果穗顶部有粉红色霉层出现，籽粒间存在大量红色、灰白色的菌丝。

拟轮枝镰孢还会产生伏马毒素（fumonisin）、镰孢菌素 C（fusarin C）、T-2 毒素（T-2 toxin）和串珠镰孢菌素（moniliformin）等多种严重危害人类和动物安全的代谢毒素。在国际癌症研究机构公布的 2B 类致癌物清单中的伏马毒素，不仅会引起禽类免疫力下降、猪肺水肿、马心血管系统损伤等，还可能诱发人类神经管型缺陷、食管癌等疾病，对人畜健康和食品安全产生巨大威胁。禾谷镰孢产生雪腐镰刀菌烯醇（NIV）、脱氧雪腐镰刀菌烯醇（DON）及其衍生物 3ADON 和 15ADON 等多种有害毒素，其毒素化学型以 15ADON 为主。DON 主要影响动物的肠道和免疫系统，会降低猪的体重增长速度、引起猪的抗拒综合征、危害猪的肝功能等；对人类健康也有一定影响，可导致人中枢神经功能紊乱、呕吐、头痛和腹泻等病症。

四、防治方法

玉米穗腐病的病原菌种类繁多、发生环境复杂，防治起来具有一定的困难。穗腐病最有效的防治策略是选用抗病品种种植，除此之外的防治方法主要包括种子处理、阻断病原、田间及收获管理、化学防控、生物防控等。

作为土传真菌，穗腐病的优势病原菌拟轮枝镰孢可以通过种子对玉米进行系统性侵染，从种子首先进入到初生根，然后逐渐向上进入植株的茎髓部位，甚至到达籽粒，引发后期病害。在播期接种的拟轮枝镰孢，可以沿植株体向上侵染，最终到达籽粒，即拟轮枝镰孢通过种子传播引起苗期病害后，可继续侵染引起茎腐病，最终侵染果穗籽粒。带菌籽粒若为越年种子，就会成为新的初侵染源而发展成茎腐病。土壤中的拟轮枝镰孢可通过种子或根系侵染途径危害地上部组织，如内生菌那样定殖在植株体内。因此，种子处理及对病原菌的阻断在预防穗腐病的过程中非常重要。

播种前应对种子进行优选。建议农户在购种时,一定要咨询好种子质量情况。去掉伤、病、弱、小的种了,选用籽粒饱满、粒重较大、色泽纯正的种子,优选后把种子放在强光下晒2~3 d,进行杀菌消毒。然后对种子进行包衣,用药剂包衣可以有效抑制病原菌对种子的侵害,同时还能减少幼苗的染病概率,防治地下害虫对种子的破坏,起到保种促苗的作用。

通过科学合理的轮作,能够有效打破穗腐病对玉米寄主的依赖,致使病原菌无寄主环境,从而防止病原菌的积累,也能够在一定程度上有效防止穗腐病的发生。及时将病残组织清理到田外,并通过深埋等方式集中销毁,尽量减少病原菌的数量。同时,为减少侵染来源,对于发病较重田块的秸秆建议销毁。由于小麦赤霉病的主要病原菌为禾谷镰孢的有性态,因此在黄淮海平原等小麦玉米轮作地区应同时注意对小麦病残组织的处理。

田间及收获期间的管理对避免有利于穗腐病发病的环境出现十分重要。一是由于气候条件因素对玉米穗腐病的影响较大,因而可采取适时晚播的方式避开高温高湿天气;二是研究已经表明过高的密度和大量的施肥会增加穗腐病的发病情况,因此应当积极推广合理密植、科学施肥等技术手段,降低玉米穗腐病的发生;三是及时进行抗旱排涝,尽量创造利于玉米植株生长发育且不利于病原菌生长和侵染的环境条件;四是适时收获、充分晒干是减轻穗腐病发生的有效措施。

对多菌灵、噻菌灵、甲基托布津、戊唑醇、吡唑醚菌酯和苯醚甲环唑等杀菌剂的测试显示,噻菌灵和苯醚甲环唑的毒力较高,且对拟轮枝镰孢、禾谷镰孢、青霉菌都有较强的抑制效果。由于玉米虫害啃食在穗腐病传播中的推进作用,杀虫剂与杀菌剂联合使用对穗腐病的防治效果较好。在玉米的抽雄期联合施用氯虫苯甲酰胺 $25g/hm^2$+苯醚甲环唑 $225 g/hm^2$,对玉米穗腐病的防效可达80%以上。

与化学防治相比,生物防治对环境及人体的潜在危害都较小,筛选生物防治菌株对穗腐病进行防治有望实现病害生物防治和降解毒素相结合。已有研究表明,在玉米病穗上分离的一个贝莱斯芽孢杆菌(Bacillus velezensis)菌株 TP 在室内对禾谷镰孢抑制率可以达到70%以上,且对脱氧雪腐镰刀菌烯醇毒素的降解率可以达到98.97%。但生物防治菌在大田防治穗腐病的大规模使用效果及难度仍需要进一步探索。

第二节　抗性鉴定与抗源筛选

一、抗性鉴定方法

目前,玉米穗腐病病原菌的人工接种方法有很多,实验室研究大都采用半粒法接种病原菌,把每个果穗的籽粒剥离,并沿中线切开,每半籽粒在病原菌的孢子悬浮液中浸泡以侵染接种。大田研究主要采用针刺果穗法、牙签接种法和颗粒接种法,其中以针刺果穗法为主。由于拟轮枝镰孢和禾谷镰孢侵染的方式不同,接种方式略有差异。采用针刺果穗法接种拟轮枝镰孢时,用注射器将病原菌的孢子悬浮液注射到玉米果穗的中部;而接种禾谷镰孢时,则注射到果穗的花丝丛中。采用牙签法接种拟轮枝镰孢时,将带有病原菌的牙签插到玉米籽粒与穗轴间;而接种禾谷镰孢时,则从果穗的花丝处插入。采用颗粒接种法接种拟轮枝镰孢时,把带有病原菌的玉米籽粒置于果穗与中部的苞叶之间以侵染果穗;而接种禾谷镰孢时,则置于果穗与顶部的苞叶之间。

以上玉米穗腐病病原菌的接种方法中,针刺果穗注射法更利于病原菌致病(图4-1),鉴定结果较理想,适合大面积接种病原菌的大田试验。目前我国农业农村部良种攻关项目中鉴定玉米穗腐病抗性的方法采用河南农业大学吴建宇教授团队改良的,在玉米授粉后10~15天针刺果穗中部籽粒注射孢子悬浮液的方法,对抗感材料的鉴定结果较为稳定可靠。

(a)接种工具　　　　　　　　　　　　(b)接种示意

图4-1　玉米穗腐病针刺果穗注射法接种示意

玉米抗穗腐病鉴定的发病级别通常是根据发病籽粒面积占全穗面积的百分率来判定(图4-2),采用病害严重程度和发病率对材料进行抗性鉴定和评价。

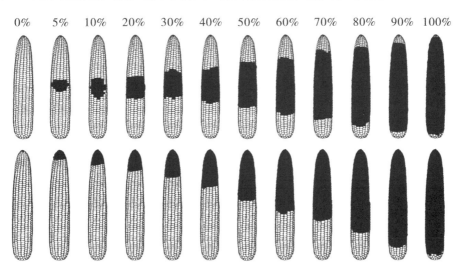

图4-2　玉米穗腐病发病面积示意(王晓鸣)

性状调查采用病情评级的标准,将抗性分为1、3、5、7、9等5级,1级为高抗,9级为高感,可参照《玉米抗病虫性鉴定技术规范　第8部分:镰孢穗腐病》(NY/T 1248.8—2016)(表4-1)。性状调查时间为籽粒生理成熟后。抗性等级划分标准参照NY/T 1248.8—2016,见表4-2。

表4-1　玉米对穗腐病抗性鉴定的病情级别划分

病情分级	描述
1	发病面积占雌穗总面积0%~1%
3	发病面积占雌穗总面积2%~10%
5	发病面积占雌穗总面积11%~25%
7	发病面积占雌穗总面积26%~50%
9	发病面积占雌穗总面积51%~100%

表4-2　玉米对穗腐病抗性评价标准

平均病情级别	抗性
≤1.5	高度抗病 highly resistant(高抗 HR)
1.6~3.5	抗病 resistant(抗 R)
3.6~5.5	中度抗病 moderately resistant(中抗 MR)
5.6~7.5	感病 susceptible(感 S)
7.6~9.0	高度感病 highly susceptible(高感 HS)

二、抗源筛选

优良抗病品种的选育是防治玉米穗腐病最根本的措施。因此,抗源鉴定是进行玉米穗腐病抗病研究和育种的基础。针对国内分布广泛的拟轮枝镰孢穗腐病,研究者们开展了一系列的玉米抗性鉴定工作。陈威等对国内90份自交系进行玉米穗腐病的抗性鉴定,筛选出7份中抗自交系与15份高抗自交系,并发现美国先锋公司育成的78599和78698等玉米杂交种的衍生自交系具有较好的抗性。谢敏对四川省的138个玉米主栽品种进行玉米穗腐病的抗性鉴定,仅筛选出7份高抗玉米品种。王昭等通过对164份国内外玉米自交系的穗轴进行抗性鉴定,筛选出58份穗轴高抗自交系和以BT-1为代表的8份籽粒与穗轴均抗玉米穗腐病的自交系,其中大多数抗源来自热带材料。邹成佳等对114份国外引进自交系的玉米穗腐病抗性进行鉴定,鉴定出78份中抗以上的自交系,占供试材料的68.5%。Balconi等对34个意大利和6个共用的自交系进行了抗性鉴定,发现意大利玉米种质是抗穗腐病的有效抗源。

对次优势种禾谷镰孢菌穗腐病的抗性研究也有一些报道。杨俊伟等对2016—

2019 年间山西省品种比较的参试玉米杂交种进行玉米抗穗腐病的鉴定,得出参试品系中有 42 个高抗品种。Reid 等对一些玉米的杂交种和自交系进行玉米穗腐病的抗性鉴定,结果表明玉米杂交种 Pride K127、Pioneer 3953 和自交系 CO272、CO325 表现出较强的抗性。

总的来说,国内外的科研人员已经鉴定和筛选出部分玉米抗性种质资源(表 4-3)。其中,国内外对禾谷镰孢引起的穗腐抗源均较多,而对拟轮枝镰孢引起的穗腐国内抗源较少,有效抗源主要来自热带血缘的玉米自交系。

表 4-3　国内外鉴定出的穗腐病抗源

抗源	抗性	病原菌	文献
郑 32、四一、沈 137、P136、P138、BT、SL2169 等 15 份材料	HR	串珠镰孢菌	陈威,2002
海孔_21、8112、200、获唐黄、785、HB44、178 等 27 份材料	MR	串珠镰孢菌	陈威,2002,
川单 13、川单 12、川单 11 等 5 份材料	MR	串珠镰孢菌和禾谷镰孢菌	文成敬,2002
沈 137、4F1、齐 319、吉 465、海 014 等 34 份材料	R	串珠镰孢菌	王丽娟,2007
沈 137、502、SW-19 等 5 份材料	HR	拟轮枝镰孢菌	段灿星,2012
赤 538、赤 549、赤 551、147、0845、赤 L4 等 10 份材料	HR	自然感染	郭成,2015
沈 137、78599-1、21-ES、赤 556、赤 544 等 26 份材料	R	自然感染	郭成,2015
中吉 853、OH43 和 X178	MR	拟轮枝镰孢菌	渠清,2019
N502、N538、CG108、TE351、N28 等 12 份材料	R	拟轮枝镰孢菌和禾谷镰孢菌	徐婧,2019
CIMBL4、CML225、DAN599、CML304 和 CIMBL47 共 5 份材料	R	拟轮枝镰孢菌	Yao,2020
自交系 CO272 和 CO325、杂交种 Pride K127	R	禾谷镰孢菌	Reid,1993
PICKSEED 4990 和 PIONEER 3527	MR	禾谷镰孢菌	Schaafsma,1997
DTMA-109、GCP-1-24、Bank-9 等 63 份热带材料	R	拟轮枝镰孢菌	Chen,2012
Lo309、Lo404、Lo435、Lo578 和 F2 共 5 份材料	HR	拟轮枝镰孢菌	Balconi,2014

第三节　抗性遗传

　　玉米穗腐病抗性是由微效多基因控制的数量性状,抗性遗传机制较为复杂,这是我国存在穗腐病抗源但缺乏有效抗穗腐病育种手段的主要原因。对抗性遗传机制的解析及抗病基因的克隆,有利于推进我国玉米抗穗腐病分子育种技术的发展。

　　国际上在抗性遗传研究方面首先取得突破的是墨西哥国际玉米小麦改良中心(CIMMYT)的玉米抗病课题组,Pérez-Brito 等利用构建的 RFLP 分子标记遗传连锁图谱,选用两个来自墨西哥高地的抗病自交系分别与同一个感病自交系杂交,构建了两个包含206 和 238 个 $F_{2:3}$ 家系的作图群体,在两个群体中分别找到了9 个和7 个控制籽粒抗性的QTL,两个群体检测出 3 个一致性 QTL,1 个在第 3 染色体上,2 个在第 6 染色体上,分别解释4%~10%的表型遗传变异。其次,Taylor 等利用重组自交系群体鉴定出 10 个籽粒抗禾谷镰刀菌的 QTL 位点以及 8 个花丝抗病 QTL 位点,其抗性的贡献率分别为 31% 和24%;美国北卡罗来纳州立大学 Holland 课题组在第 2、4、5 染色体上发现一致性 QTL,分别解释4%~10%的表型遗传变异。2017 年,意大利 Alessandra Lanubile 课题组利用 188份 $F_{2:3}$ 群体通过发病等级和伏马毒素含量两个指标分别定位到第 15 和 17 个 QTL 位点,并发现了 9 个一致位点。

　　在国内,四川农业大学潘光堂教授与中国农业大学的李建生教授分别在第 6、9 染色体以及第 3 染色体上检测出一致性 QTL。河南农业大学吴建宇教授课题组也在第 2、3、4染色体上鉴定出抗性 QTL,其中在第 4 染色体上检测出两个主效 QTL,具有年份、地点、播期等不同环境下的稳定性,并且利用近等基因系进行了验证。此外,中国农业大学徐明良教授课题组、四川农业大学张志明研究员课题组及云南省农科院等单位分别从抗病QTL 的图位克隆以及基于高密度图谱的 QTL 分析等方面取得了一些重要进展。

　　随着关联分析和高通量测序技术的发展,全基因组关联分析在玉米的遗传研究中发挥了越来越大的作用。国际上,北卡罗来纳州立大学分别在 2013 年和 2014 年连续发表了两篇关于玉米穗腐病抗性的关联分析研究报告,鉴定出了一批与穗腐病抗性相关的SNP 位点。国际玉米小麦改良中心与河南农业大学也在 2016 年合作发表了一篇关联分析结合连锁分析鉴定穗腐病抗性位点的研究报告。在后续的几年中,河南农业大学吴建宇教授课题组连续利用连锁分析结合关联分析,解析玉米成熟种子、穗轴及籽粒对拟轮枝镰孢的抗性,鉴定大量 QTL 并预测了一些抗病候选基因。

　　在非镰孢菌属穗腐病的抗性研究方面,扬州大学对玉米黄曲霉粒腐的抗性进行了研究。刘鹏等利用建立的玉米种子的黄曲霉毒素鉴定体系,对抗病自交系 RA 和感病自交系 M5P 及分离群体 $F_{2:3}$ 家系进行了抗性鉴定,共检测到 3 个抗黄曲霉的 QTL,分别位于第 5、6 染色体上,第 5 染色体上的 QTL 可以解释表型变异为 8.7%,而第 6 号染色体上的2 个 QTL 分别可以解释 9.6% 和 19.3% 的表型遗传变异。在此基础上,王艳秋等利用选育的 RA 与 M5P 构建的 242 个 RIL 家系以及 191 个 SSR 标记和 740 个 SNP 标记,采用两种分析方法进行了黄曲霉抗性的 QTL 分析,CIM 法检测到 8 个 QTL,分别位于第 5、6、8、10 号染色体,解释的表型遗传变异在 3.75% ~ 9.87%;而 MCIM 法检测到 1 个加性 QTL,位于第 5 染色体上,贡献率为 11.37%,还发现 3 对 QTL 存在上位性效应。两种分析方法同时检测到的抗病 QTL 位于第 5 染色体(5.03)上,是玉米抗黄曲霉主效 QTL。

尽管国内外对玉米穗腐病抗性遗传解析及 QTL 定位上取得了一定的进展,但是报道的主效位点较少、完成功能解析的抗病基因缺乏等现状,仍然制约着玉米抗穗腐分子育种技术的发展。

第四节 抗病品种选育

由于受病原菌种类、气候环境和玉米种质自身抗性等因素的影响,玉米穗腐病的症状复杂,目前国内外有关育成的抗性品种报道较少。Pascale 等分析了 29 个选育的杂交种对拟轮枝镰孢和层出镰孢穗腐病的抗性,表明品种 Mona 的抗性最强。Reid 等运用改进的系谱选择法创制 8 个抗玉米禾谷镰孢菌穗腐病的自交系(CO387、CO388、CO389、CO430、CO431、CO432、CO433 和 CO441),其中 CO441 具有高抗性,而且与产量性状有极好的配合力。近年来,国内对玉米抗穗腐病的品种选育工作日益重视,陆续审定和推出一些抗性品种[仲玉 3 号(川审玉 2013001)、成单 90(川审玉 2013015)]、中抗品种[三峡玉 9 号(国审玉 2013010)、延科 288(国审玉 2014018)]等,这些品种在生产实践中还需要市场的长期检验。

全基因组选择技术(GS)和全基因组预测技术(GP)被提出用于遗传改良玉米穗腐病抗性。沈阳农业大学刘玉博对来自 3 个热带玉米群体的 874 份自交系开展了穗腐病抗性的全基因组关联分析和全基因组预测研究。结果表明,采用关联分析检测到的显著性标记开展全基因组选择是提高玉米 FER 抗性的有效途径。德国研究人员 David Sewordor Gaikpa 用全基因组关联分析技术和全基因组选择技术开展由禾谷镰孢菌引起的玉米穗腐病遗传改良,以提高 GER 抗性,结果表明,全基因组关联分析结果可提高全基因组选择的预测精度。河南农业大学陈甲法针对玉米穗腐病抗性的基因组选择,开发了一系列标记群及预测模型,取得了较好的效果,并开发了一些相关工具及分析网站。

玉米穗腐病的遗传属于复杂的数量性状遗传,受少数主效基因和多数微效基因调控。针对穗腐病的抗性基因定位,国内外研究人员开展了大量研究,挖掘出多个抗穗腐病 QTL。由于受环境、病原菌接种方法、抗性材料鉴定方法等因素影响,较难找到高抗、多抗的抗源基因,因此培育抗性强的玉米新品种成为当前迫切需要解决的难题。针对以上困境,需进一步拓展种质资源基础,积极引进热带、亚热带的玉米新种质,利用地方品种种质资源,改良整合遗传群体,充分挖掘新的抗病基因位点。基于前人挖掘与玉米穗腐病抗性相关的 QTL 位点,结合关联分析、连锁分析等技术方法,进一步缩短基因位点区间,精确定位出抗性基因并进行功能验证,开发功能分子标记并用于抗穗腐育种。鉴于穗腐病抗性是由微效多基因控制的复杂性状,广泛开展基因组选择研究,开发高效基因组选择的模型和标记群,也是解决穗腐病抗病育种的另一个思路。此外,果穗苞叶的松紧度、籽粒果皮厚度及内容物构成、玉米抗虫性等直接或间接影响玉米穗腐病发病风险的相关性状,也可以作为选育抗穗腐品种的其他指标。总之,对于玉米穗腐病抗病新品种的培育,需要将传统的育种方法与现代技术方法相结合,整合利用穗腐病抗性基因,从而加速培育出稳定高抗的玉米新品种。

参考文献

[1] 陈万斌,李荣荣,何康来,等.杀虫剂和杀菌剂联合施用对玉米穗腐病田间防效和玉米产量的影响[J].植物保护学报,2019,46(5):1161-1162.

[2] 陈威,吴建宇,袁虹霞.玉米穗粒腐病抗病资源鉴定[J].玉米科学,2002,10(4):59-60+101.

[3] 程璐,陈家斌,张艺璇,等.两种优势病原菌玉米穗腐病的研究比较[J].云南大学学报(自然科学版),2022,44(3):647-654.

[4] 党晶晶,许文超,王亚楠,等.6种杀菌剂对玉米穗腐病的防治效果[J].河北农业科学,2017,21(4):44-46.

[5] 杜青,唐照磊,李石初,等.广西玉米穗腐病致病镰孢种群构成与毒素化学型分析[J].中国农业科学,2019,52(11):1895-1907.

[6] 胡颖雄,刘玉博,王慧,等.玉米穗腐病抗性遗传与育种研究进展[J].玉米科学,2021,29(2):171-178.

[7] 姜妍,刘延兴,李人杰,等.密度、施肥、种植方式及杀虫剂处理对玉米穗腐病及伏马毒素污染的影响[J].植物保护学报,2019,46(3):693-698.

[8] 李晶晶,王瑞霞,韩娅楠,等.玉米抗穗粒腐病近等基因系的选育[J].河南农业大学学报,2008,42(3):250-254.

[9] 李晓莺,马周杰,盖晓彤,等.东北地区玉米穗腐镰孢菌种类鉴定及拟轮枝镰孢菌遗传多样性[J].沈阳农业大学学报,2018,49(2):136-142.

[10] 刘鹏.玉米抗黄曲霉菌QTL的初步定位[D].扬州:扬州大学,2010.

[11] 孟娟.北票地区玉米穗腐病的防控措施[J].现代农业,2019(4):18.

[12] 孙华,丁梦军,张家齐,等.河北省玉米穗腐病病原菌鉴定及潜在产伏马毒素镰孢菌系统发育分析[J].植物病理学报,2019,49(2):151-159.

[13] 王俊强,何长安,石运强,等.40份骨干玉米自交系对镰孢穗腐病的抗性评价[J].玉米科学,2020,28(6):176-181+186.

[14] 王昭,穆聪,李云梦,等.玉米穗轴对穗腐病抗性鉴定体系与优异抗源的研究[J].玉米科学,2020,28(6):162-167.

[15] 魏琪,廖露露,陈莉,等.安徽省玉米穗腐病主要致病镰孢菌的分离与鉴定[J].植物保护,2019,45(5):221-225.

[16] 吴畏,田宇昂,白宇汐,等.云南玉米穗腐病致病菌鉴定与共生群落分析[J].中国测试,2022,48(2):56-65.

［17］杨俊伟，王建军，赵变平，等. 玉米新品种抗禾谷镰孢菌穗腐病鉴定与评价［J］. 河北农业科学，2020，24（4）：47-49.

［18］张帆，万雪琴，潘光堂. 玉米抗穗粒腐病 QTL 定位［J］. 作物学报，2007，33（3）：491-496.

［19］张庆芳. 玉米穗腐病的研究进展［J］. 园艺与种苗，2020，40（6）：35-36.

［20］周红姿，周方园，段成鼎，等. 玉米穗腐病菌的拮抗菌筛选、鉴定及降解 DON 毒素能力测定［J］. 中国生物防治学报，2021，37（5）：1016-1023.

［21］CHEN J F，DING J Q，LI H M，et al. Detection and verification of quantitative trait loci for resistance to *Fusarium* ear rot in maize［J］. Molecular Breeding，2012，30（4）：1649-1656.

［22］CHEN J，SHRESTHA R，DING J，et al. Genome-wide association study and QTL mapping reveal genomic loci associated with fusarium ear rot resistance in tropical maize germplasm［J］. G3-GENES GENOMES GENETICS，2016，6（12）：3803-3815.

［23］DING J Q，WANG X M，CHANDER S，et al. QTL mapping of resistance to *Fusarium* ear rot using a RIL population in maize［J］. Molecular Breeding，2008，22（3）：395-403.

［24］DUTTON M F. Fumonisins，mycotoxins of increasing importance：Their nature and their effects［J］. Pharmacology & Therapeutics，1996，70（2）：137-161.

［25］GAIKPA D S，KESSEL B，PRESTERL T，et al. Exploiting genetic diversity in two European maize landraces for improving *Gibberella* ear rot resistance using genomic tools［J］. TAG. Theoretical and Applied Genetics. Theoretische Und Angewandte Genetik，2021，134（3）：793-805.

［26］GELDERBLOM W C，JASKIEWICZ K，MARASAS W F，et al. Fumonisins—novel mycotoxins with cancer-promoting activity produced by *Fusarium* moniliforme［J］. Applied and Environmental Microbiology，1988，54（7）：1806-1811.

［27］JU M，ZHOU Z J，MU C，et al. Dissecting the genetic architecture of *Fusarium verticillioides* seed rot resistance in maize by combining QTL mapping and genome-wide association analysis［J］. Scientific Reports，2017，7：46446.

［28］LI Z M，DING J Q，WANG R X，et al. A new QTL for resistance to *Fusarium* ear rot in maize［J］. Journal of Applied Genetics，2011，52（4）：403-406.

［29］MARASAS W F. Fumonisins：Their implications for human and animal health［J］. Natural Toxins，1995，3（4）：193-198；discussion221.

［30］MASCHIETTO V，COLOMBI C，PIRONA R，et al. QTL mapping and candidate genes for resistance to Fusarium ear rot and fumonisin contamination in maize［J］. BMC Plant Biology，2017，17（1）：20.

［31］MU C，GAO J Y，ZHOU Z J，et al. Genetic analysis of cob resistance to F. verticillioides：Another step towards the protection of maize from ear rot［J］. TAG. Theoretical and Applied Genetics. Theoretische Und Angewandte Genetik，2019，132（4）：1049-1059.

[32]OREN L,EZRATI S,COHEN D,et al. Early events in the *Fusarium verticillioides*−maize interaction characterized by using a green fluorescent protein−expressing transgenic isolate [J]. Applied and Environmental Microbiology,2003,69(3):1695−1701.

[33]ROSS P F,RICE L G,PLATTNER R D,et al. Concentrations of fumonisin B1 in feeds associated with animal health problems[J]. Mycopathologia,1991,114(3):129−135.

[34]SANTIAGO R,CAO A,BUTRÓN A. Genetic factors involved in fumonisin accumulation in maize kernels and their implications in maize agronomic management and breeding [J]. Toxins (Basel). 2015;7(8):3267−3296.

[35]Wu Y,Zhou Z,Dong C,et al. Linkage mapping and genome−wide association study reveals conservative QTL and candidate genes for Fusarium rot resistance in maize. BMC Genomics. 2020;21(1):357.

[36]YOSHIZAWA T,YAMASHITA A,LUO Y. Fumonisin occurrence in corn from high−and low−risk areas for human esophageal cancer in China[J]. Applied and Environmental Microbiology,1994,60(5):1626−1629.

[37]ZILA C T,OGUT F,ROMAY M C,et al. Genome−wide association study of fusarium ear rot disease in the U. S. A. maize inbred line collection[J]. BMC Plant Biology,2014,14:372.

[38]ZILA C T,SAMAYOA L F,SANTIAGO R,et al. A genome−wide association study reveals genes associated with fusarium ear rot resistance in a maize core diversity panel [J]. G3 Genes Genomes Genetics,2013,3(11):2095−2104.

第五章　玉米抗锈病遗传育种

玉米锈病作为较为流行的气传性叶部病害,近几年在我国玉米主产区不断蔓延。其主要危害玉米叶片、叶鞘,在后期影响玉米灌浆,对玉米生产构成严重威胁。本章将阐述我国玉米品种对南方锈病的抗性水平以及发生原因,进一步分析抗南方锈病的种质资源,探究抗病基因的挖掘和功能基因的应用,并提出抗病育种、加强病害的监测和预警等综合防治策略,以期为我国南方锈病的防治提供参考。

第一节　概　述

玉米锈病是玉米种植和生产过程中的最主要病害之一,其病原菌在分类上隶属于担子菌亚门冬孢菌纲锈菌目柄锈菌属真菌。玉米锈病在世界范围内有4种类型,其中包括由多堆柄锈菌(*Puccinia polysora* Underw.)引起的南方锈病(southern corn rust)、由玉米柄锈菌(*Puccinia sorghi* Schw.)引起的玉米普通锈病(common corn rust)、由玉米壳锈菌[*Physopella zeae*(mains)Cummins et Ramachar]引起的热带锈病(tropic corn rust)和仅发现于美国和坦桑尼亚的玉米秆锈病(stem corn rust)(图5-1)。我国玉米主产区发生的锈病只有玉米南方锈病和玉米普通锈病,以玉米南方锈病为主,对玉米生产构成了严重威胁。

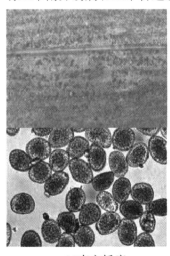

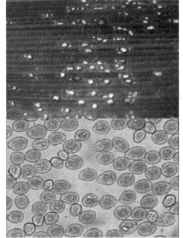

(a)南方锈病　　　　　　(b)普通锈病　　　　　　(c)热带锈病

图5-1　三种玉米锈病

一、病害的发生与危害

玉米南方锈病属于气传性病害，夏孢子随气流传播是病害传播的主要方式，其具有长距离传播的能力。玉米南方锈病的发生流行主要受病原、寄主和环境条件三方面因素的影响。病原菌多堆柄锈菌的生活史包括大、小循环两种形式，且以小循环侵染为主。小循环为孢子的无性生殖过程，以夏孢子形式在不同地区间完成循环侵染。大循环为有性生殖过程，随着气温降低，在玉米生长季末期会在叶片或秸秆组织上产生冬孢子，经过担孢子、性孢子、锈孢子等多种形式后完成有性生殖过程。冬孢子在田间很少被发现，有性生殖过程中的主研究也不明确，且难以通过人工接种方式获得，由此对于大循环的详细过程相关研究不够清晰。

引起玉米南方锈病的病原菌多堆柄锈菌，在非洲、亚洲、大洋洲、南美洲，美国南部、环南印度洋国家等地区均可发生。研究表明在国内不同的玉米产区，其初侵染源的来源和传播途径存在显著差异。多堆柄锈菌孢子在西南地区由西南季风携带传播，其他地区主要由西太平洋热带气旋所携带。一般认为多堆柄锈菌不能在中国北方玉米种植区越冬而形成一个完整的侵染链。

二、病害发生规律及其分布

在适宜的外界环境条件下，病原菌多堆柄锈菌在玉米不同生育期均可进行侵染发病。被侵染的玉米叶片上出现橙黄至棕黄色锈状病斑，发病早期叶片上会出现褪绿斑，随着时间推移夏孢子堆成熟，表皮破裂后呈粉状。在玉米生育期后期，随着孢子的扩散与侵染，玉米叶鞘、茎秆和苞叶等地上部位均会出现铁锈状病斑（图5-2）。

影响多堆柄锈菌侵染的因素主要为温度和湿度，其中夏孢子萌发的最适温度为20～28 ℃，致死温度为40 ℃，在有露水的湿度条件下只需6 h病原菌即可完成侵入和生长。当外界条件适宜时，多堆柄锈菌夏孢子最快会在7 d内侵染健康玉米并显症，形成重复侵染循环，从而使得玉米南方锈病短时间内达到暴发的程度。

多堆柄锈菌主要以夏孢子形式通过高空气流等方式进行远程流行传播，传播路径通常是从热带、亚热带的低纬度地区向中高纬度地区扩展。对比分析南方锈病发生状况的调查结果与同期影响该区域玉米生产形成的台风等热带气旋活动情况，认为我国黄淮海夏玉米区及辽宁、浙江与福建地区的病害主要受来自中国台湾方向的热带气旋影响，广东、广西与海南的玉米南方锈病发生主要受来自菲律宾方向的热带气旋影响，云南、贵州的南方锈病主要受来自泰国等东南亚国家方向的热带气旋影响。在多堆柄锈菌孢子短距离传播方面，夏孢子扩散数量白天略多于夜间，小雨天扩散数量多于晴天，且孢子密度随高度及菌源距离的增加而递减。

图 5-2　多堆柄锈菌侵染玉米的不同部位 (王新涛)

三、病原菌的分类与分布

1955 至 1961 年,研究人员在非洲相继发现 3 个玉米南方锈病生理小种,分别命名为 EA1、EA2、EA3;1962 年,在美国的中部和北部地区分离到 6 个生理小种,分别命名为 PP.3、PP.4、PP.5、PP.6、PP.7 和 PP.8。叶忠川在中国台湾地区鉴定出 13 个生理小种,这些小种的发现表明多堆柄锈菌存在生理小种或致病性分化。由于当时条件的限制和多堆柄锈菌的活体寄生特性,这些鉴定出的小种在后来被丢失和失活,无法在后续的研究中被验证和深入探究。由于国际上没有玉米南方锈病病原菌生理小种的统一鉴别寄主,该病原菌孢子寿命短且不能长时间脱离寄主,导致有较少关于该病原菌遗传变异和致病性分化方面的详细研究。

玉米南方锈病在世界各玉米种植区均有发生,主要分布在非洲、亚洲东南部、大洋洲、美洲中南部等热带、亚热带地区。1897 年,在采集于美国亚拉巴马州的鸭毛状摩擦禾

(*Tripsacum dactiloides*)样本中首次发现多堆柄锈菌,后发现其可侵染蔗茅属(*Erianthus*)、玉蜀黍属(*Zea*)和类蜀黍属(*Teosinte*),该病原菌才被正式定名。1949 年,南方锈病在非洲西部部分国家大暴发,并在刚果等地持续多年发生,严重威胁玉米生产安全。1959 年在大洋洲的澳大利亚被首次发现,1967 年蔓延至亚洲的泰国等国家。20 世纪 70 年代,南方锈病在美国玉米种植区频繁发生,其造成的产量损失最高可达 45%。19 世纪 80 年代后,在亚洲的菲律宾、印度南部、日本南部等都有南方锈病危害的报道。

中国发现玉米南方锈病的时间相对较晚。1972 年首次在海南省乐东黎族自治县发现南方锈病危害,随后在海南省陵水及崖县等地也有发现。1976 年,在中国台湾地区也发现了该病。20 世纪 90 年代后期,玉米南方锈病开始向我国夏玉米种植地区发展,并呈逐渐向北扩展的趋势,开始在我国多地多次暴发。1998 年玉米南方锈病首次在我国黄淮海玉米种植区的江苏、河南、山东、山西等省区暴发,造成了严重的产量损失。2000 年在西南地区的广西等地大暴发,危害面积广泛,产量损失严重。2004 年,在东北、西北、西南、黄淮海等玉米主产区大面积暴发,严重地区的病田发病率达 60%~90%。2015 年在我国再次暴发,黄淮海玉米区病害级别普遍在 5~7 级,占全国发生面积的 87.8%,造成极大的产量和经济损失。2020 年、2021 年连续两年黄淮海区域玉米南方锈病从南向北大面积发生。目前,我国已确定发生玉米南方锈病的省(自治区、直辖市)有海南、广东、广西、福建、江西、湖南、贵州、云南、重庆、湖北、浙江、安徽、江苏、河南、陕西、山西、上海、山东、河北、天津、北京和辽宁。受全球气候变化和极端天气影响,玉米南方锈病在我国玉米产区的发生频率和发病面积呈上升趋势,已成为黄淮海夏玉米区突发性、暴发性、生产危害性极大的病害,已由次要病害上升为主要病害。

四、病害发生原因

玉米南方锈病的发生、发展呈动态演变,受自然环境(温度、降雨和台风等)、人为因素(耕作制度、栽培方式、品种变化)和病原菌变异等多种因素的影响和制约。

(一)生产上应用的杂交种遗传基础狭窄、品种单一化

玉米种质遗传基础狭窄在各玉米主产区普遍存在,生产上推广的杂交种遗传基础狭窄、血缘相近。大面积连片种植、抗病谱相似、抗病类型相同的品种,使玉米南方锈病流行有了更好的寄主条件,存在着暴发的隐患。

(二)耕作栽培制度的改变

首先是玉米种植密度加大。目前生产上应用的玉米品种株型多为耐密性的紧凑型和半紧凑型,种植密度大,使得湿度增加,田间小气候发生变化,给气传病害的发生与流行创造了良好的环境条件。其次是施肥不科学,偏施氮肥,缺少磷、钾肥,造成植株徒长,抗病能力下降。

(三)气候条件变化

温度、湿度和光照等气候因素是导致病害流行的重要原因。种种迹象表明,近年来我国北方气候逐渐变暖,过去一些在热带、亚热带发生的病害有向北扩展的趋势。近年来,由于气候变暖以及台风等极端气候发生频率的增多,玉米南方锈病在我国玉米种植区的发生频率和传播强度呈现出加速增长趋势,再加之降雨带北移,降雨增多也有利于玉米南方锈病的流行与发生。

(四)病原菌生理小种的改变

当前,病原菌多堆柄锈菌变异频率加大,新的生理小种不断出现,原来的抗病品种抗性逐渐丧失,极易造成病害暴发,给生产造成重大损失。并且控制高抗水平的基因通常都是主效基因,这种基因转入育成品种中后,往往在短短几年便会由于其对病原菌的定向选择而使自身抗病性迅速降低甚至丧失,使抗病品种变为感病品种。

第二节　抗性鉴定与抗源筛选

玉米南方锈病是由多堆柄锈菌侵染引起的病害,可在植株叶片、叶鞘、茎秆和苞叶等地上部位产生铁锈状病斑,进而导致叶片提前干枯,植株活性衰退,造成严重减产。近年来,随着全球气候变暖以及台风等极端天气发生频率的增多,玉米南方锈病的发生频率和暴发强度呈现出加速增长趋势。

抗病性鉴定是玉米抗病育种的基础,是筛选病害抗源的基本方法。只有通过抗病性鉴定才能正确地研究和利用抗性材料,进而提高育种效率。目前南方锈病田间自然发病在病害筛选压力及时空分布上具有不确定性,育种单位需结合人工接菌进行针对性筛选,进而加快抗病育种进程。

一、接种方法

(一)多堆柄锈菌接种体制备

(1)接种体初繁。为了保证田间鉴定的时效性,可在继代有玉米南方锈病植株的温室或者南方沿海地区提前采集具有玉米南方锈病孢子堆的新鲜发病叶片,收集发病叶片病斑上的孢子。将收集到的新鲜孢子加入清水中(加入 0.01% 的吐温-20),利用涂抹法或者喷雾法接种到 6~7 叶期的感病植株叶片(提前用湿纱布擦拭叶片表面)上,置于 25 ℃ 左右的温室内黑暗保湿 16~24 h,接种过的玉米植株在 20~28 ℃ 正常管理,待接种 12~15 d 植株发病并产生孢子堆后,用刷子或刀片把叶片上的新鲜夏孢子收集到试管中备用。

(2)接种体扩繁。将初繁收集到的孢子加入清水中(加入 0.01% 的吐温-20),利用喷雾法接种到大量种植的 9～12 叶期的感病植株叶片上,保湿 16～24 h。前 3 d 注意喷水保湿,待 12～15 d 接种植株发病产孢后,收集孢子堆新鲜和密集的叶片直接保存备用或者将发病叶片上的孢子收集至试管中备用。

(二)玉米材料种植要求

(1)鉴定材料种植要求。鉴定材料随机排列种植,每 50 份鉴定材料设 1 组已知的高抗、高感对照材料。每份鉴定材料种植 1～2 行,行长 5～8 m,行距 0.6 m,株距根据鉴定材料推荐种植密度而定。

(2)保护行设定。鉴定材料周围应种植 4～6 行的抗病材料保护行,防止接种时病原孢子向周围田块传播扩散。

(三)多堆柄锈菌田间接种

(1)接种悬浮液制备。用清水将发病叶片上的孢子洗脱下来,或者将收集到的孢子直接配制成接种悬浮液,浓度为 1×10^5 conidia/mL,加入 0.01% 的吐温-20,搅拌均匀。

(2)接种时期。应选择大喇叭口期(V10～V12 叶)进行田间接种。具体接种时间应选择在傍晚或雨后进行,避免在中午高温或雨前接种。

(3)接种方法。可选用喷雾器将配制好的接种悬浮液均匀喷洒到玉米植株叶片上,接种量控制在每株 10 mL 左右。接种前如果田间干旱应先进行浇灌,接种后要及时进行叶面喷水 2～3 次增加湿度,以利于多堆柄锈菌侵染繁殖。接种玉米在整个生育期内避免使用杀菌剂,接种后耕作管理与大田生产相同。

二、抗性评价标准

(一)病情调查时间

(1)病情发展过程。田间发病程度和快慢情况与当地的气候因素密切相关,一般于接种后 12～15 d 后开始显症,病害从下部叶片开始迅速向上部蔓延直至全株染病。

(2)病情调查时间。在玉米进入乳熟期进行调查,此时发病株已全株染病,症状最为显著。

(二)病情调查方法

根据玉米南方锈病病情分级症状描述,调查每份鉴定玉米材料发病情况,对每份材料记录病情级别。

(三)病情分级标准

玉米南方锈病病情分为 5 个级别(图 5-3),田间病情分级及其相对应的症状描述见表 5-1。

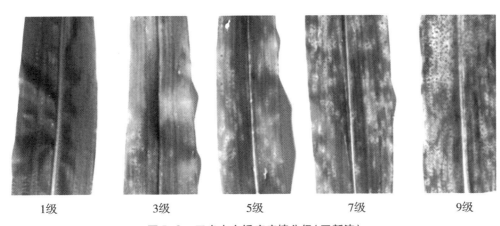

| 1级 | 3级 | 5级 | 7级 | 9级 |

图5-3　玉米南方锈病病情分级(王新涛)

表5-1　玉米南方锈病病情级别及症状描述

病情级别	症状描述
1	叶片上无病斑或仅有孢子堆的过敏性反应,孢子堆占整株叶面积5%以下
3	叶片上有少量孢子堆,孢子堆占整株叶面积5%~25%
5	叶片上有中量孢子堆,孢子堆占整株叶面积26%~50%
7	叶片上有大量孢子堆,孢子堆占整株叶面积51%~75%
9	叶片上有极大量孢子堆,孢子堆占整株叶面积76%~100%,叶片枯死

(四)抗性评价方法

依据鉴定材料发病程度(病情指数)确定其抗性水平,样品有重复的以调查的最高病情级别为准,划分标准见表5-2。

表5-2　玉米对南方锈病的抗性评价分级

病情级别	抗性评价
1	高抗(HR)
3	抗病(R)
5	中抗(MR)
7	感病(S)
9	高感(HS)

三、抗源筛选

丰富的种质资源是育种工作的物质基础,筛选和评价抗病种质是玉米抗病育种的前提和必要条件。通过玉米南方锈病抗性鉴定,筛选到部分抗病资源,有力地推动了玉米南方锈病的抗病育种工作。

相对单一的抗性遗传背景不利于抗性的持久性利用,因此在充分利用抗南方锈病材料的同时,要积极寻找不同遗传背景的抗源,以长期有效地通过抗病育种手段控制南方锈病。玉米南方锈病少数抗病种质材料主要来自含有热带或亚热带种质的 P 群(78599 类群),而 78599 种质与塘四平头、旅大红骨、Reid、Lancaster 群和其他 5 个种质类群间遗传距离远。尽管热带和亚热带种质、CIMMYT 自交系和 P 群也存在部分抗南方锈病资源,但在黄淮海地区引入以上类型种质进行抗锈育种时,应考虑引入的种质材料是否适宜我国黄淮海及北方地区的光周期和温热环境。为进一步拓宽玉米南方锈病的抗性遗传基础,有必要对国外种质、本地农家种和玉米野生近缘种等种质进行接种鉴定,筛选新的优良抗病基因。

不同玉米种质资源对南方锈病抗性存在明显差异,通过大量鉴定在不同玉米种植区筛选出一批不同抗性的种质资源(表 5-3)。陈翠霞等对 14 个玉米骨干系进行南方锈病接种鉴定,仅齐 319 高抗南方锈病,178、农大 381 中抗南方锈病。李石初等对 1218 份材料接种鉴定,发现高抗锈病种质 24 份,抗锈病种质 39 份。江凯等连续 5 年对 1589 份玉米种质进行抗性鉴定,筛选到高抗种质 26 份。蒙成等在广西通过对 76 份从国外引入的自交系进行南方锈病接种鉴定,筛选出 5 份高抗、5 份抗病和 21 份中抗材料。姚国旗等对 34 份热带、亚热带玉米自交系进行南方锈病抗性鉴定,发现 4 份高抗南方锈病种质。冒宇翔等在海南对 184 份普通和糯玉米自交系进行 2 年田间自然发病鉴定,共筛选出 18 份高抗、18 份抗病和 52 份中抗自交系。陈文娟等在广西和北京对 903 份玉米种质进行抗南方锈病鉴定,8 份自交系表现高抗、29 份自交系表现为抗病。田耀加等对 710 份甜糯玉米自交系进行了鉴定,筛选出 5 份高抗南方锈病玉米自交系。

表 5-3　国内种质玉米南方锈病抗源筛选

抗源	抗性	参考文献
齐 319	R	陈翠霞,2004
178、农大 381	MR	陈翠霞,2004
辽 2202、K36、85 白 16 等 24 份材料	HR	李石初,2010
辽 4271、中系 042、鲁单 981 等 39 份材料	R	李石初,2010
遵 90110、赤 556、八十天等 26 份材料	HR	江凯,2013
CML144、CML247、CML470 等 4 份材料	HR	姚国旗,2014
K22、N24、T178 等 18 份材料	HR	冒宇翔,2017

续表 5-3

抗源	抗性	参考文献
农大 1145、中 128、R-8 等 18 份材料	R	冒宇翔,2017
自 330、T812、丹 598 等 52 份材料	MR	冒宇翔,2017
冀 186、沈 11-17、丹 3130 等 8 份材料	HR	陈文娟,2018
辽 5088、赤 007、CI24 等 29 份材料	R	陈文娟,2018
宝 335、M36、华 168-1 等 5 份材料	HR	蒙成,2019
3104、泰 3-1、TS3926 等 5 份材料	R	蒙成,2019
华 168-2、S11、M28 等 21 份材料	MR	蒙成,2019
11N7-1-1、ZQN9-1-1-1、09N1-1-1 等 5 份材料	HR	田耀加,2021

分析各地区之间的抗病性差异,更进一步明确各品种的综合抗病水平,为抗病育种、亲本选配、品种推广、抗病品种科学种植和优化种植布局结构提供依据。

通过人工接种和自然诱发接种,对近年来当地种植的玉米品种田间病害抗性进行综合评价,对品种推广和农民增收意义重大。对当前主要玉米品种进行玉米南方锈病病害抗性鉴定表明(表 5-4),高抗和抗病品种占比较低,大部分品种属于感病和高感,其中郑单 958、先玉 335 和浚单 20 等优良品种抗性普遍较差,在玉米南方锈病暴发时具有一定的减产风险。

表 5-4 不同玉米品种南方锈病抗性鉴定

抗性级别	品种
高感(HS)	郑源玉 432、豫单 132
感病(S)	郑单 958、先玉 335、豫安 3 号、伟科 702、浚单 20、隆平 206、联创 808、中单 909、隆平 208、浚单 29、农大 372、迪卡 517、新单 58、大丰 30
中抗(MR)	迪卡 653、秋乐 368、鼎优 163、裕丰 303、中科玉 505、豫单 9953
抗病(R)	登海 605、德单 5 号
高抗(HR)	蠡玉 16

四、病害流行预测预警

玉米南方锈病的发生与流行和病原菌来源、气候条件和品种抗性等多种因素密切相关。豫南地区玉米南方锈病多发生在玉米生长的中、后期,该病发病速度快,防治窗口期短,田间防治困难。因此,对玉米南方锈病进行科学有效的预警并确定最佳防治时间,是减小其造成危害的有效手段。

(一)气候因素

玉米生长中、后期加强对当地温度、湿度和降雨的检测。一般情况下凉爽加上湿度较大特别是在有雨水或露水的条件下,多堆柄锈菌孢子容易萌发,玉米较易感病。

加强对生成台风的路径检测。一般情况下,6—9月台风或热带气旋从海洋上生成,如果横穿或者边缘扫过中国台湾及菲律宾等地,登陆后其风圈500 km范围内都可能携带多堆柄锈菌孢子。

(二)田间孢子实时监测

(1)田间初始菌源量监测。在当地设定5个以上的观测地点,利用孢子捕捉仪在玉米大喇叭口期以后每隔5~7 d检测一次空气中多堆柄锈菌孢子的数量。

(2)台风过境后菌源量监测。台风或热带气旋穿过当地或者位于其风圈500 km范围内,其过境当天和过境后及时检测空气中多堆柄锈菌孢子的数量。

(3)玉米成熟期监测。利用肉眼实时观测后期玉米叶片等部位的病斑症状。豫南地区一般进入8月下旬天气转凉后南方锈病开始发病,先从下部叶片开始向上发展,最后蔓延至整株。

(三)室内分子检测

利用分子检测技术对田间不同地区、不同发育阶段的未显症玉米叶片进行检测。如果扩增出目的条带,证明多堆柄锈菌已经侵入玉米,如果没有扩增出条带,则可能没有多堆柄锈菌。

特异性引物HN-SP2-F和HN-SP1-R对玉米南方锈病夏孢子DNA以及玉米叶片DNA进行PCR扩增,引物序列为HN-SP2-F:5-CTCCAAGAACTTCCTCCTC-3,HN-SP1-R:5-TGACATGAAGTAGAAATTCT-3,扩增片段为483 bp。

第三节　抗性遗传

围绕玉米南方锈病的抗性遗传规律,在经典遗传学研究的基础上,国内外开展了广泛的抗性遗传机制研究工作,并取得了重要进展。

一、抗病遗传机制

随着南方锈病在玉米生产上的危害不断加重,采用连锁分析或全基因组关联分析的方法对其抗病遗传机制进行研究,多个抗病位点被鉴定报道(表5-5)。Ullstrup最先从非洲品种PI 186208上鉴定出抗病基因*Rpp9*,并将其定位在第10号染色体短臂上。*Rpp9*对南方锈病的病原菌小种 *P. polysora 9* 具有主效抗性,近30年来在美国玉米生产上发挥了重要作用。Jines等利用NC300(抗)×B104(感)构建的重组自交系(RIL)群体,采用连

锁分析的方法在 *Rpp9* 抗病区域鉴定到一个单显性位点。此外,Holland 等认为南方锈病抗性由多基因控制,是水平抗性,分别在玉米第 3,4 和 10 染色体上鉴定到了主效抗病位点。刘章雄等对玉米自交系 P25 携带的抗病基因进行了遗传分析,发现 P25 携带的抗病基因为显性单基因,将抗病基因 *RppP25* 定位于玉米第 10 号染色体短臂上,与 SSR 标记 phi059 的遗传距离是 5.8 cM。Zhang 等又在自交系 W2D 上发现了显性单基因 *RppD*,同样其被定位在玉米第 10 号染色体短臂上。Chen 等通过对齐 319 所携带的抗病性的遗传分析,发现齐 319 携带的抗病基因为显性单基因且符合孟德尔遗传规律,并将其命名为 *RppQ*。*RppQ* 被定位于玉米第 10 号染色体上,距离 SSR 引物 phi041 和 phi118 分别为 7.69 cM 和 8.55 cM。

表 5-5　抗性基因在玉米第 10 染色体的遗传分析和基因定位

抗病亲本	感病亲本	抗性基因	标记区间	染色体
PI 186208		*Rpp9*		10
NC300	B104	*Rpp9*	SSR:umc1380-bnlg1451	10
1416-1	B73Ht * Mo17Ht		umc10	
1497-2	B73Ht * Mo17Ht			
P25	F349	*RppP25*	SSR:phi059	10
W2D	W222	*RppD*	SSR:umc1291-CAPS858	10
Qi319	340	*RppQ*	SSR:phi041-phi118	10
P178	G41	*qSCR10.01*	SSR:umc1380-SNP:C(10)3595071	10
S313	TS647、PHW52、ZD415 和 368M	*RppS313*	SNP:Affx-91298359-Affx-91182449	10
Jing2416K	Jing2416	*RppM*	InDel:I13-2 and I16-4	10

近些年,随着南方锈病在玉米生产上的危害不断加重,抗病遗传机制研究得到了更多科研工作者的关注,越来越多的抗病位点被报道。这些位点包括来自 P178 中的抗病位点 *qSCR10.01*,来自 S313 中的抗病位点 *RppS313*,来自京 2416K 的抗病位点 *RppM*,以及来自 L119A 的抗病位点 *QTL8*,这些主效抗病位点都定位在玉米第 10 染色体短臂上。此外,采用连锁分析或全基因组关联分析的方法,除玉米第 10 染色体外,在第 2、3、4、5、6、7、8 和 9 号染色体上也鉴定出多个 QTL 位点。这些抗性 QTL 定位研究表明玉米对南方锈病的抗性遗传机制较为复杂,在不同的环境中基因的表达模式不同。

上述研究初步解析了玉米南方锈病抗性的遗传基础,对进一步开展玉米南方锈病抗病分子育种工作有重要的指导意义。

二、抗病基因克隆

采用经典的图位克隆策略,结合抗病亲本 CML 496 的 *de novo* 组装,把 *RppCML496* 限定到 27.5 kb 的范围内,并从中鉴定到一个典型的 *NLR* 类抗病基因 *RppC*。转基因抗性鉴定结果表明,该基因高抗病原菌优势小种为 PP. CN1.0,而对新小种 PP. CN2.0 和 PP. CN3.0分别表现出中抗和感病反应。该基因的抗性分子机理研究表明,RppC 通过识别病原菌中的无毒基因 *AvrRppC* 产生抗病反应,而病原菌新小种则通过 AvrRppC 中的少数氨基酸变异来逃避 RppC 的识别。

从玉米自交系京 2416K 中鉴定并克隆到一个玉米南方锈病抗性基因 *RppM*,该基因编码典型的 CC-NBS-LRR 蛋白,定位于细胞核和细胞质。*RppM* 在玉米不同的发育阶段和所有组织中呈组成性表达,在成熟的叶片中表达最强。转录组分析进一步证明,其在京 2416K 中启动了多种防御系统,包括病原体相关分子模式触发免疫和效应器触发免疫、细胞壁强化、抗菌化合物积累和植物激素信号通路激活。利用两个保守的 SNP 位点开发了 *RppM* 的功能性等位基因的特异 PCR 标记,可应用于 *RppM* 的检测和抗性玉米品种的培育。

第四节 抗病品种选育

选育和推广抗病品种是控制玉米南方锈病病害最根本、经济、安全、环保的措施。在玉米南方锈病抗性育种实践中,正确和灵活运用不同的育种方法,才能不断地改良现有品种,提高品种的抗性水平,并创制新的综合性状优良、抗性突出的玉米品种。

一、常规育种

(一)应加强对现有种质的基础性研究

种质资源是育种工作的物质基础,玉米抗病育种成效的大小,在很大程度上取决于育种者掌握抗病种质资源数量的多少,而抗病鉴定是抗病育种中最基础的工作。为实现新的抗病育种目标,必须加强种质资源的抗性鉴定,从现有品种及引进品种中挖掘优良抗病基因,利用新发现的基因拓宽原有优良种质的遗传背景。

(二)有针对性地增加引种范围

外引品种的选系有许多国内常规系没有的优良抗性基因,可充分利用外引的玉米种质与当地种质结合。这样既拓宽了玉米的种质基础,又增加了玉米的抗性基因,提高了玉米的抗病性。如 20 世纪 90 年代,国内利用美国玉米杂交种 78599 选育出一批优良自交系(如沈 137、87-1 和齐 319 等)。这批自交系均具有配合力高、抗多种病害和抗逆性强等优点。扩大引种范围,引进新的抗病种质资源,丰富玉米种质抗源,对特有的地方种质和农家品种等抗病种质进行抗病转育,将充分利用其抗病性状,扩大高抗与多抗种质基因库,补充拓展现有的种质材料。

(三)加强玉米野生近缘种属抗南方锈病基因的转育

玉米近缘材料有墨西哥野生玉米、小颖玉米、繁茂玉米、二倍体和四倍体多年生玉米以及摩擦禾等,它们含有许多特异的优良基因,在抗病虫等方面有很高的利用价值。这些种质资源可以通过转育或其他途径加以利用。例如,利用回交育种技术把本地农家种和引进的品种进行回交,以此来扩充本地农家种的遗传背景。

(四)多基因聚合

近年来由于多堆炳锈菌生理小种及种植制度的改变,部分抗病基因抗性丧失或减弱,逐步失去利用价值。多个抗性基因的有效聚合对于玉米南方锈病的防治十分有效,可以延长品种使用年限,提高抗病基因(组合)的利用价值。因此,应尽可能鉴定抗源材料,并通过基因累加,借助分子标记辅助育种或其他分子技术,将抗谱上互补的基因进行聚合,培育出较为持久的抗性品种。

二、分子标记辅助育种

在本章第二节中列举出多份不同抗性等级的种质资源,这些抗性种质资源中部分材料通过 QTL 定位鉴定到多个 QTL 抗性位点,并开发出多对连锁标记或功能标记,为开展玉米南方锈病分子标记辅助育种奠定了良好的基础。

分子标记辅助育种利用紧密连锁的遗传标记进行基因型分析,在分离群体中筛选具有抗病基因的优良个体,同时对目标性状和遗传背景进行评价和筛选,通过回交转育加快育种进程。与转基因育种的区别是从现有的多样性种质资源中进行选择育种,无外源基因导入。在玉米南方抗病育种中也要注意分子标记辅助育种具有一定的局限性,即抗病位点定位的准确性及效应位点的效应大小,定位区间较大或微效基因控制的数量性状的 QTL 定位结果应用较为困难。其次,分子标记辅助育种中应用的标记的选择效率受环境因素和遗传背景的影响较大。

利用分子标记辅助选择技术,通过将 Rpp 的供体亲本 CML496 的抗性区域导入到对南方锈病高感的杂交品种鲁单 9002 的亲本 Lx9801 中。于南方锈病大暴发的环境下,评估了含有 Rpp 的改良鲁单 9002 对南方锈病的抗性表型,结果发现没有改良的鲁单 9002 相比于改良后的材料,具有大面积的南方锈病孢子堆,植株被侵染严重,表现为 7~9 级的严重感病表型。而改良后的鲁单 9002,叶片上只见少许孢子,抗病效果得到显著提升,表现为 3~4 级抗病表型。这些结果表明,Rpp 在对南方锈病的抗性方面发挥了作用。

三、转基因育种

采用外源 DNA 导入生物技术,以抗病种质或者玉米野生近缘种属与地理远缘品种为供体,分离其抗病性状基因片断,采用基因工程技术,将抗病基因构建转化载体,利用农杆菌或基因枪转化技术,将抗病基因导入改良种质,从后代中筛选出抗南方锈病目的植株,定向培育成抗病品种。传统的杂交和选择技术一般是在生物个体水平上进行,操作对象是整个基因组,不可能准确地对某个基因进行操作和选择,对后代的表现预见性较差。而转基因技术所操作和转移的一般是经过明确定义的基因,功能清楚,后代表现可准确预期。

四、诱变育种

利用物理、化学方法诱导玉米种质的遗传特性发生变异,再从变异群体中选择出对南方锈病具有抗性的单株,进而培育成新的抗病品种。物理诱变包括使用 α 射线、β 射线、γ 射线、X 射线、中子和其他粒子、紫外辐射以及微波辐射等物理因素诱发染色体和基因变异;化学诱变是指采用化学诱变剂如 EMS 等处理玉米,使其发生变异,从中选择具有抗性的单株进行抗病品种的选育。经诱变处理后,在 M_2 代会出现大量的分离植株,可以根据需要采用系谱法或混合法进行选择,至 M_3 代性状已基本稳定,可以在苗期接种多堆柄锈菌进行抗性鉴定,筛选出抗性突变植株,进而配制杂交组合进行南方锈病抗性育种。

五、单倍体育种

常规育种一般需要 6～8 个世代才能获得高度纯合的自交系,而单倍体育种技术只需 2 个世代即可获得纯系,极大缩短了育种周期和提高了育种效率。目前,国内外对玉米南方锈病的抗性遗传规律及功能基因定位方面已经取得了广泛进展。采用单倍体育种诱导技术与分子标记辅助技术相结合的方法,以含有抗性基因的优良材料为供体亲本,与待改良系或国内目前生产上的骨干育种材料杂交,并诱导 DH 群体,进而利用与目标基因紧密连锁的分子标记,对目标抗病基因进行选择;结合田间抗病性和农艺性状鉴定,保证目标基因的准确性。创制高抗南方锈病的骨干育种材料,加速玉米南方锈病抗病新品种培育进程。

六、基因编辑育种

基因编辑技术是对基因组进行定向编辑的一项新技术。其原理是通过序列特异性核酸酶对目标 DNA 片段进行剪切,在修复过程中使靶位点发生插入、缺失和替换等突变,人工使基因组发生定点改变而获得预期目标性状。其中 CRISPR/Cas9 基因编辑技术的研究和应用取得了重要进展,CRISPR/Cas9 基因编辑技术是由 RNA 介导的 DNA 精准定点切割和修饰,具有构建简便、精度高、周期短、成本低的优点。利用 CRISPR/Cas9 系统可以对感病玉米种质进行基因定点突变,敲除掉染色体中表现出玉米南方锈病的抗性功能缺失的基因,并借助 Cas9 基因序列的优化机制,降低源基因组的敏感性,结合单碱基编辑、基因替换和基因插入 3 种手段对基因进行精确编辑。通过有效控制基因组的修饰,进而将具有优良性状的基因整合到一起,定向增强玉米的抗病性进而提高其产量。也可以通过 CRISPR/Cas9 技术,使玉米的多个优良基因进行聚合表达,使玉米的综合性状不断改良提高显示出巨大的应用潜力。

在抗南方锈病育种过程中，首先要把握垂直抗性和水平抗性之间的关系，针对不同地区致病生理小种的类型多样性来确定抗病性品种选育目标，延缓生理小种的变异带来的品种抗病性的丧失。其次要充分利用现代生物技术手段，筛选不同来源或背景具备稳定抗性的优异种质资源。挖掘出新的抗南方锈病基因，对揭示玉米南方锈病抗性遗传机制具有重要的理论价值，增强抗性基因的多态性，解析更高的表型变异，为抗性育种提供更多可利用的基因资源。另外，在利用抗病种质材料改良核心种质材料过程中，要注重生育期、产量等与抗病基因紧密连锁的性状的选择，注重抗病免疫类种质材料和产量之间协调选择，才能培育出适合农业生产的耐病型高产玉米品种。

参考文献

[1] 艾堂顺，田志强，李会敏，等.玉米南方锈病抗病 QTL 鉴定和效应分析[J].河南农业大学学报，2018,52(4):514-518.

[2] 陈翠霞，赵延兵，刘保申，等.不同玉米自交系南方锈病的抗性评价[J].作物学报，2004,30(10):1053-1055+1069.

[3] 陈文娟，李万昌，杨知还，等.玉米抗南方锈病种质资源初步鉴定及遗传多样性分析[J].植物遗传资源学报，2018,19(2):225-231+242.

[4] 陈文娟，路璐，李万昌，等.玉米抗南方锈病基因的 QTL 定位[J].植物遗传资源学报，2019,20(3):521-529.

[5] 邓策.玉米南方锈病抗性 QTL 定位和抗病基因富集测序分析[D].河南农业大学，2019.

[6] 段灿星，董怀玉，李晓，等.玉米种质资源大规模多年多点多病害的自然发病抗性鉴定[J].作物学报，2020,46(8):1135-1145.

[7] 段定仁，何宏珍.海南岛玉米上的多堆柄锈菌[J].真菌学报，1984,3(2):125-126.

[8] 郭云燕，陈茂功，孙素丽，等.中国玉米南方锈病病原菌遗传多样性[J].中国农业科学，2013,46(21):4523-4533.

[9] 江凯，杜青，秦子惠，等.玉米种质资源抗南方锈病鉴定[J].植物遗传资源学报，2013,14(4):711-714.

[10] 李石初，杜青.玉米种质资源抗南方玉米锈病鉴定初报[J].现代农业科技，2010(21):187+189.

[11] 李雪华，张克瑜，李磊福，等.多堆柄锈菌孢子数量与病情以及气象因素的相关性分析[J].植物病理学报，2019,49(3):362-369.

[12] 刘杰，姜玉英，曾娟，等.2015 年我国玉米南方锈病重发特点和原因分析[J].中国植保导刊，2016,36(5):44-47.

[13] 刘章雄，王守才，戴景瑞，等.玉米 P_{25} 自交系抗锈病基因的遗传分析及 SSR 分子标记定位[J].遗传学报，2003,30(8):706-710.

[14] 马占鸿，孙秋玉，李磊福，等.我国玉米南方锈病研究进展[J].植物保护学报，2022,49(1):276-282.

[15]冒宇翔,薛林,王莉萍,等.玉米抗锈病自交系种质的发掘与评价[J].玉米科学, 2017,25(4):55—61.

[16]蒙成,黄艳花.外引改良玉米自交系对广西主要病害抗性鉴定[J].江苏农业科学, 2019,47(7):111—115.

[17]任转滩,马毅,任真真,等.南方玉米锈病的发生及防治对策[J].玉米科学,2005,13 (4):124—126.

[18]田耀加,王秋燕,吴蓓,等.鲜食玉米抗南方锈病种质资源鉴定筛选[J].广东农业科 学,2021,48(7):111—117.

[19]王兵伟,覃嘉明,时成俏,等.一个高抗玉米南方锈病基因的QTL定位及遗传分析 [J].中国农业科学,2019,52(12):2033—2041.

[20]王晓鸣,刘骏,郭云燕,等.中国玉米南方锈病初侵染源的多源性[J].玉米科学, 2020,28(3):1—14+30.

[21]邢国珍,魏馨,李晶晶,等.玉米南方锈病和普通锈病分子检测技术研究[J].中国农 业大学学报,2017,22(3):6—11.

[22]姚国旗,曹冰,单娟,等.玉米南方锈病抗性新种质的筛选[J].山东农业科学,2014, 46(7):112—116.

[23]于凯,马青,黄飞燕,等.多堆柄锈菌侵染不同抗性玉米的组织病理学研究[J].植物 保护,2011,37(3):76—79.

[24]赵猛.2021年黄淮海地区玉米南方锈病发生情况和为害损失调查[J].农业科技通 讯,2022(7):118—120.

[25]JINES M P,BALINT—KURTI P,ROBERTSON—HOYT L A,et al. Mapping resistance to Southern rust in a tropical by temperate maize recombinant inbred topcross population [J]. Theoretical and Applied Genetics,2007,114(4):659—667.

[26]CHEN C X,WANG Z L,YANG D E,et al. Molecular tagging and genetic mapping of the disease resistance gene RppQ to southern corn rust[J]. Theoretical and Applied Ge-netics,2004,108(5):945—950.

[27]CROUCH J A,SZABO L J. Real—time PCR detection and discrimination of the southern and common corn rust pathogens *Puccinia polysora* and *Puccinia sorghi*[J]. Plant Dis-ease,2011,95(6):624—632.

[28]DENG C,LEONARD A,CAHILL J,et al. The RppC — AvrRppC NLR — effector interaction mediates the resistance to southern corn rust in maize[J]. Molecular Plant, 2022,15(5):904—912.

[29]DENG C,LI H M,LI Z M,et al. New QTL for resistance to *Puccinia polysora* Underw in maize[J]. Journal of Applied Genetics,2019,60(2):147—150.

[30]DENG C,LV M,LI X,et al. Identification and Fine Mapping of *qSCR*4.01,a Novel Major QTL for Resistance to *Puccinia polysora* in Maize[J]. Plant Disease,2020,104(7): 1944—1948.

［31］JINES M P,BALINT-KURTI P,ROBERTSON-HOYT L A,et al. Mapping resistance to Southern rust in a tropical by temperate maize recombinant inbred topcross population ［J］. Theoretical and Applied Genetics,2007,114(4):659-667.

［32］LU L,XU Z N,SUN S L,et al. Discovery and fine mapping of *qSCR*6. 01,a novel major QTL conferring southern rust resistance in maize［J］. Plant Disease,2020,104(7):1918-1924.

［33］MU X H,DAI Z Z,GUO Z Y,et al. Systematic dissection of disease resistance to southern corn rust by bulked-segregant and transcriptome analysis［J］. The Crop Journal, 2022,10(2):426-435.

［34］MUELLER D S,WISE K A,SISSON A J,et al. Corn Yield Loss Estimates Due to Diseases in the United States and Ontario,Canada,from 2016 to 2019［J］. Plant Health Progress, 2020,21(4):238-247.

［35］RAID R N. Characterization of *Puccinia polysora* epidemics in pennsylvania and maryland ［J］. Phytopathology,1988,78(5):579.

［36］DOLEZAL W,TIWARI K,KEMERAIT R,et al. An unusual occurrence of southern rust,caused by Rpp9-virulent *Puccinia polysora*,on corn in southwestern Georgia［J］. Plant Disease,2009,93(6):676.

［37］SCHALL R A. Distribution of *Puccinia polysora* in *Indiana* and absence of a cool weather form as determined by comparison with *P. sorghi*［J］. Plant Disease,1983,67(7):767.

［38］ULLSTRUP A J. Inheritance and linkage of a gene determining resistance in Maize to an American race of Fuccinia polysora［J］. Phytopathology,1965

［39］WANG S,ZHANG R,SHI Z,et al. Identification and Fine Mapping of *RppM*,a Southern Corn Rust Resistance Gene in Maize［J］. Front Plant Sci,2020,11:1057.

［40］WANG S,WANG X,ZHANG R,et al. *RppM*,Encoding a Typical CC-NBS-LRR Protein, Confers Resistance to Southern Corn Rust in Maize［J］. Front Plant Sci,2022,13: 951318.

［41］ZHANG Y,XU L,ZHANG D F,et al. Mapping of southern corn rust-resistant genes in the W2D inbred line of maize(Zea mays L.)［J］. Molecular Breeding,2010,25(3): 433-439

第六章 玉米抗大斑病遗传育种

玉米大斑病是世界玉米产区主要的真菌性病害之一,该病害主要通过破坏玉米叶片组织,减少植株的受光面积,降低光合作用效率,进而影响玉米的产量和品质。本章概述了玉米大斑病的发生规律和防治方法、抗性鉴定与抗源筛选情况、抗性基因发掘以及抗病品种选育等。

第一节 概 述

一、大斑病的发生

大斑病是玉米生产上一种重要的叶部真菌病害,1876 年首次报道在意大利发生,是世界玉米生产中普遍发生并对产量造成严重损失的叶斑病,也是我国气候较冷凉的春玉米区最主要的病害。玉米生长中后期遇阴雨、高湿和低温等气候条件,常引起大斑病暴发,甚至大范围流行,严重威胁玉米的安全生产。我国曾在 20 世纪 70 年代初期和 90 年代初期、2003—2006 年、2012—2014 年以及 2021 年发生大斑病的流行,给玉米生产造成了极大的经济损失。在大斑病流行年份,感病品种的损失可达 30%,甚至超过 50%。1974 年吉林省发病面积达 267 万 hm^2,玉米减产 20%,仅长春地区就减产 1.6 亿 kg。黑龙江省每年因大斑病造成的玉米产量损失达 6000 万 ~9000 万 kg。

二、大斑病的症状

玉米大斑病病原菌主要侵染叶片,也侵染叶鞘和果穗苞叶,甚至玉米籽粒。玉米大斑病发病始于植株下部叶片,随着植株生长,下部叶片病斑增多,中上部叶片也逐渐出现病斑。玉米抽雄吐丝后,进入病害易发阶段。感病品种叶片被侵染后,初期出现水渍状或灰绿色的圆形小斑点,病斑沿叶脉逐渐扩大,形成黄褐色或灰褐色梭状的萎蔫型大病斑,病斑周围无显著的变色。在抗病品种上,病斑具有褐色边缘或褪绿变黄的区域。病斑一般宽 1~2 cm,长 5~10 cm,条件适宜时,病斑长度可扩大至 20 cm 以上,宽度超过3 cm。如果发病阶段降水多、田间湿度大,在病斑表面则会长出大量病原菌的分生孢子梗和分生孢子,形成一层黑色霉状物。叶鞘和苞叶上的病斑也多为梭形,灰褐色或黄褐色。发病严重时,玉米叶片布满病斑并枯死,造成籽粒灌浆不足,产量下降(图6-1、图6-2)。

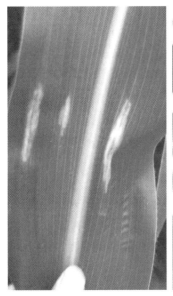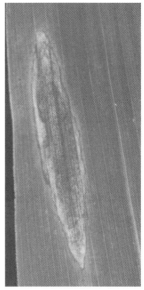

发病初期(段灿星)　　　　发病后期(段灿星)　　　抗病型反应病斑(王晓鸣)

图6-1　玉米大斑病症状

图6-2　玉米大斑病田间严重发生(段灿星)

在含有不同抗病基因的玉米材料中,存在不同病斑类型:含显性抗病基因 *Ht1*、*Ht2*、*Ht3*、*HtM*、*HtP* 和隐性抗病基因 *ht4* 的材料上,在病斑周围有褐色坏死条纹,或黄褐色的褪绿区,称为褪绿斑。在含 *HtN* 基因的材料上病斑形成缓慢,病害潜育期延长,称为无病斑型抗性。

三、大斑病的分布

在世界上,玉米大斑病分布非常广泛,亚洲、非洲、北美洲、南美洲、欧洲和大洋洲的许多国家都有发生,特别是在高纬度或高海拔的玉米种植区发生较重。大斑病在我国的分布也十分广泛,在 30 个省(自治区、直辖市)均有发生,主要分布在黑龙江、吉林、辽宁、内蒙古东部和中部、甘肃东部、宁夏、陕西中部和北部、山西中部和北部、河北北部、北京北部、天津北部、湖北西部、湖南西部、四川、重庆、云南、贵州等以春玉米种植为主的地区。

四、病害发生规律

(一)病害循环

大斑病病原菌主要以潜伏在发病的玉米组织(病残体)中的休眠菌丝体或厚垣孢子越冬。因此,田间地表的病残体和堆放在田边、村庄与院落周边的秸秆是重要的初侵染源。病原菌也能在堆沤中未腐烂的病残体中越冬,若病残体被机械粉碎并翻入田土中,易在土壤中腐烂,则病原菌不能越冬而最终死亡。大斑病病原菌也可以通过种子黏附携带的方式越冬,但对于大斑病的流行不具有明显作用。当病原菌越冬后遇到适宜的环境条件,病残体中存活的休眠菌丝体或厚垣孢子萌发,从病残体中生长并产生新的分生孢子,通过风雨传入田间,形成新的初侵染并引起病害流行。

田间大斑病的发生常常具有侵染中心,少量先发病植株产生较多的病斑。当环境温度为 20~25 ℃、田间相对湿度高于 90% 时,大斑病病原菌从侵染至形成新的分生孢子仅需 10~14 d,因而先发病植株通过不断在病斑上产生分生孢子而成为田间病害扩散中心(图 6-3)。

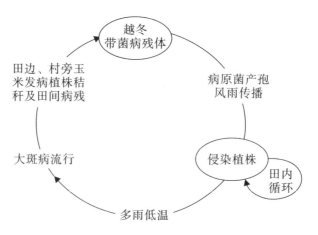

图 6-3 玉米大斑病的侵染循环(王晓鸣)

(二)流行规律

玉米大斑病属于气传病害,病原菌主要通过风雨在田间和地区间扩散传播,导致侵染不断发生。气候适宜时,易引发病害大流行。种子也可携带大斑病病原菌,但对病害流行影响很小。大斑病流行的适宜条件为高湿低温环境。在适宜的环境条件下,落在叶片上的病原菌孢子最快 2 h 即可萌发。从孢子端部细胞或中间细胞长出芽管并开始延伸,当与寄主组织接触后,芽管顶端形成附着胞,然后产生侵入丝并穿透玉米表皮细胞侵入组织。当田间温度为 20~25 ℃、相对湿度高于 90% 时,利于大斑病病原菌孢子的生成、萌发和入侵,也有利于病害的发展和流行。在春玉米种植区,当玉米进入大喇叭口至灌浆期时,如果田间温度较低并遇阴雨天气,在感病材料上,病原菌从孢子萌发→侵染叶片→形成病斑→产生新分生孢子的一个完整病害循环仅需要 10 d 左右。

大斑病的流行也与玉米抗病性水平以及病原菌群体数量和生理小种变异有密切关系。我国发生的数次玉米大斑病流行,主要原因是大斑病病原菌群体在抗病品种的定向选择作用下,出现对抗病品种具有毒力的新生理小种。例如,在 20 世纪 90 年代,美国抗大斑病自交系 Mo17 的引进和育种利用多年后,引起了大斑病 1 号生理小种的产生,造成了病害大流行,使带有 *Ht1* 基因的许多品种失去了田间抗性。玉米的抗病背景与病害流行也存在密切关系。2012 年和 2013 年大斑病在黑龙江、吉林、辽宁、山西等春玉米区大流行的主要原因是各地普遍种植了大斑病感病品种。感病品种连续多年种植后,使玉米病残体上携带有大量的病原菌,形成了翌年的初侵染菌源。同时,研究表明,大斑病病原菌在我国各地的生理小种组成已趋于多元化。因此,丰富而致病性多样的菌源、感病品种大面积种植以及温度持续偏低和降雨偏多的环境条件是导致大斑病在我国春玉米区反复暴发与流行的重要原因。

五、病原菌的生物学特性

(一)病原菌形态特征

无性态为大斑凸脐蠕孢[*Exserohilum turcicum*(Pass.)Leonard et Suggs],属于真菌界无性型真菌类丝孢纲丝孢目凸脐蠕孢属,是病原菌在田间侵染和完成病害循环以及世代传递的基本形态;有性态为大斑刚毛球腔菌[*Setosphaeria turcica*(Luttrell)Leonard et Suggs],属于真菌界子囊菌门核菌纲球腔菌目球腔菌属,在自然中极少发现,仅在培养中偶见。大斑凸脐蠕孢在病斑上形成单生或数根丛生的分生孢子梗,不分枝。孢子梗直或呈现膝状弯曲,深褐色,有多个分隔,长可达 300 μm,宽 7~11 μm,在顶端或膝状弯曲处产孢并留有明显的孢痕。分生孢子直,长梭形,浅褐色或灰橄榄色,中部宽两端渐狭小,有 2~7 个假隔膜,在基部细胞底部有向外突出的脐点,分生孢子大小约为(50~140)μm ×(15~20)μm(图 6-4)。

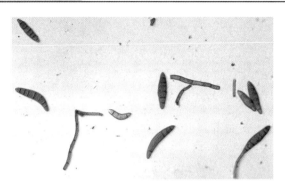

图6-4 玉米大斑病病原菌的形态特征(段灿星)

(二)生理小种分化

玉米大斑病病原菌存在明显的生理分化现象,在寄主水平被划分为两个专化型,即玉米专化型(*Setosphaeria turcica* f. sp. *zeae*)和高粱专化型(*S. turcica* f. sp. *sorghi*),其中玉米专化型病原菌只侵染玉米,而高粱专化型既侵染玉米,也侵染高粱以及苏丹草和约翰逊草。在玉米水平,又根据对玉米携带的抗病基因 *Ht1*、*Ht2*、*Ht3* 和 *HtN* 的毒性差异划分为不同的生理小种。

1989 年,Leonard 对玉米大斑病病原菌生理小种的命名进行了修正,采用以无效寄主基因的序号作为该生理小种的名称,根据小种名称即可知小种的致病性(表6-1)。该命名法目前一直为各国研究者所采用。

表 6-1 玉米大斑病病原菌的生理小种命名(引自 Leonard,1989)

新命名法* 小种名称	原小种名称	玉米反应型				毒力公式 (有效抗性基因/无效寄主基因)
0	1	R	R	R	R	*Ht1 Ht2 Ht3 HtN/0*
1	2	S	R	R	R	*Ht2 Ht3 HtN/Ht1*
23	3	R	S	S	R	*Ht1 HtN/Ht2 Ht3*
23N	4	R	S	S	S	*Ht1/Ht2 Ht3 HtN*
2N	5	R	S	R	S	*Ht1 Ht3/Ht2 HtN*

注:*按照 Leonard(1989)的小种命名方法:S 为萎蔫斑,R 为褪绿斑。

0 号小种对具有 *Ht1*、*Ht2*、*Ht3*、*HtN* 显性单抗病基因背景的玉米毒力弱,侵染后仅在叶片上引起褪绿型病斑,在病斑上不产生或产生很少的分生孢子。1 号小种对具有 *Ht1* 基因背景的玉米有毒力,引起萎蔫型病斑并大量产生分生孢子,但对有 *Ht2*、*Ht3*、*HtN* 基因背景的玉米无毒力。23 号小种对带 *Ht2*、*Ht3* 基因的玉米有毒力,但对带 *Ht1*、*HtN* 基因的玉米无毒力。23N 号小种对具有 *Ht2*、*Ht3*、*HtN* 基因的玉米有毒力,但对具有 *Ht1* 基因的玉米无毒力。根据玉米大斑病病原菌与已知抗性基因(*Ht1*、*Ht2*、*Ht3*、*HtN*)的互作关系,理论上可能存在16个生理小种。近年来,玉米生产品种的更替和抗性遗传单一化加速了大斑病病原菌的定向选择和复杂小种群的形成,导致田间小种组成趋于多元化。目前,我国已报道存在16个生理小种(0、1、2、3、N、12、13、1N、23、2N、3N、12N、123、13N、23N、123N),表明中国生理小种分化程度已十分复杂,其中0号和1号仍是我国分布最广泛的生理小种,但其分离频率呈下降趋势。

六、防治方法

大斑病主要发生在玉米生长的中、后期,田间施药防治难度较大,且防治效果不甚理想。因此,玉米大斑病的综合防治应采取以推广和使用抗(耐)病品种为主,加强栽培管理,同时结合应用“后期病害防治前移”的化学药剂防治策略。

(一)选用抗(耐)大斑病品种

在生产中选用和推广抗大斑病品种,是控制大斑病的经济有效措施。在20世纪70年代中后期,北方春玉米区大斑病严重发生,导致玉米减产约17亿kg。20世纪80年代后,因推广应用抗大斑病品种沈单7号、掖单13和丹玉13等,大斑病危害基本得到控制。后因抗病品种的抗源较为单一,抗性被新的生理小种克服,导致大斑病再次大范围严重发生。在国家玉米新品种审定标准中,对东北春玉米区和西南春玉米区的高感大斑病品种实行“一票否决”,即国家审定的在这两个区域中可以推广的品种,其对大斑病的人工接种鉴定和自然发病鉴定均不得为高感。这个标准在一些省级审定中也被采纳。目前,经过国家和省级审定的玉米品种中,多数具有中抗以上的抗大斑病水平。种植这些品种,在生产上引发大斑病流行的风险较小。在东华北地区,具有较好抗性的品种有龙单38、乐农86、大民6609、龙垦1701、龙育3号、东单165、辽单565、吉单261、迪卡3号、辽单129、吉东7号、屯玉42、先玉698、丹玉603等。在西南地区,抗大斑病品种有渝单11、川单23、川单416、海禾2号、云优78、益玉5号等。

(二)农业防治

通过调节玉米种植方式可以减轻病害的发生。采用宽窄行种植或与矮秆作物间作等方式,增加植株间的通风透光,降低田间湿度,创造不利于病原菌侵染和发病的条件,减轻病害的发生与危害。适期早播可以缩短玉米生长后期处于病害高发阶段的时间,降低病害发生程度。

合理的栽培措施有利于玉米的健康生长,减轻病害发生。合理密植,施足基肥,增施磷钾肥,生长中期追施氮肥,保证后期不脱肥,提高玉米植株的抗病能力。玉米收获后及时清理田园,减少遗留在田间的病株。收获后的秸秆力争在春季前处理完毕,不要使堆放在田边、村边的秸秆形成次年的发病侵染源。冬前深松土地,促进植株病残体腐烂,减少越冬的病原菌。

利用田间作物多样性控制植物病害是一种有效方法。例如,通过玉米与花生的多样性种植,既控制了花生褐斑病,也可减轻玉米大斑病,具有显著的经济、社会和生态效益。

采用玉米与辣椒间作,利用辣椒与玉米株高差异,形成不利于病害发生的环境,减轻了玉米各种叶斑病,同时降低了夏季辣椒的日灼病。

(三)化学防治

在大斑病常发区,于大喇叭口后期及时喷施杀菌剂,连续喷药 1~2 次,每次间隔 7~10 d。防治大斑病的有效药剂有 32.5% 苯醚甲环唑·嘧菌酯悬浮剂(阿米妙收)、25% 丙环唑乳油、25% 嘧菌酯悬浮剂(阿米西达)、25% 吡唑醚菌酯乳油、10% 苯醚甲环唑水分散粒剂(世高)、70% 氢氧化铜可湿性粉剂(可杀得 3000)、50% 异菌脲可湿性粉剂(扑海因)、25% 苯醚甲环唑乳油等,用法与用量参照相关药剂的使用说明书。

第二节　抗性鉴定与抗源筛选

一、抗性鉴定方法

玉米品种和种质资源对大斑病的抗性鉴定参照《玉米抗病虫性鉴定技术规范　第 1 部分:玉米抗大斑病鉴定技术规范》(NY/T 1248.1—2006)进行。

(一)病原菌培养

在接种前需要进行病原菌接种体的繁殖。常用繁殖方法为将培养基平板培养的病原菌接种于经高压灭菌的高粱粒上(高粱粒培养基制备方法:将高粱粒煮 30~40 min 后,装入三角瓶中于 121 ℃下灭菌 1 h,冷却后备用),在 23~25 ℃下黑暗培养。培养 5~7 d 后,菌丝布满高粱粒。以水洗去高粱粒表面菌丝体,然后将其摊铺于洁净瓷盘中,保持高湿度,在室温和黑暗条件下培养。镜检确认大量产生分生孢子后,直接用水淘洗高粱粒,配制接种悬浮液。悬浮液中分生孢子浓度调至 1×10^5 个/mL ~ 1×10^6 个/mL。若暂时不接种,将产孢高粱粒逐渐阴干,在干燥条件下保存或冷藏保存。在接种前取出保存高粱粒,保湿,促使大斑病病原菌产孢(图 6-5)。

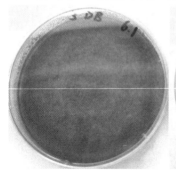 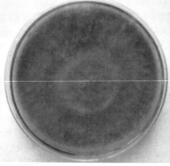 

| (a)PDA 菌落正面 | (b)PDA 菌落背面 | (c)高粱粒培养 |

图 6-5　玉米大斑病病原菌培养(段灿星)

(二)田间接种

接种时期为玉米展 13 叶期至抽雄初期。早熟类型品种宜在展 10 叶期接种。接种时间选择在傍晚。采用喷雾法进行接种,在接种用的孢子悬浮液中加入 0.01%(v/v)吐温-20,喷雾接种植株叶片,接种量控制在 5~10 mL/株(图 6-6)。

图 6-6 玉米大斑病喷雾接种(段灿星)

(三)调查标准

根据中华人民共和国农业行业标准 NY/T 1248.1—2006,玉米抗大斑病病害调查应在乳熟后期进行。目测每份鉴定材料群体的发病状况,重点部位为玉米果穗的上方和下方各 3 叶,根据病害症状描述,对每份材料记载病情级别。田间病情分级和对应的症状描述见图 6-7 和表 6-2。

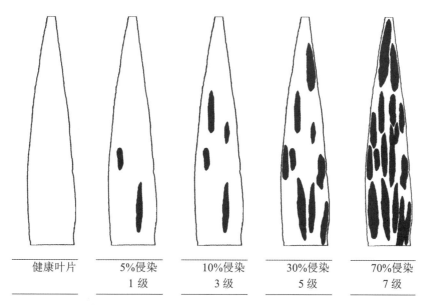

| 健康叶片 | 5%侵染
1 级 | 10%侵染
3 级 | 30%侵染
5 级 | 70%侵染
7 级 |

图 6-7 玉米大斑病发病叶片面积比例及对应发病级别示意图(王晓鸣)

表 6-2　玉米抗大斑病鉴定病情级别划分

病情级别	症状描述
1	叶片上无病斑或仅在穗位下部叶片上有零星病斑,病斑占叶面积少于或等于5%
3	穗位下部叶片上有少量病斑,占叶面积6%～10%,穗位上部叶片有零星病斑
5	穗位下部叶片上病斑较多,占叶面积11%～30%,穗位上部叶片有少量病斑
7	穗位下部叶片或穗位上部叶片有大量病斑,病斑相连,占叶面积31%～70%
9	全株叶片基本为病斑覆盖,叶片枯死

依据鉴定材料发病程度(病情级别)确定抗性水平,划分标准见表6-3。

表 6-3　玉米对大斑病抗性的评价标准

病情级别	抗性
1	高抗(HR)
3	抗(R)
5	中抗(MR)
7	感(S)
9	高感(HS)

除常用的田间成株期喷雾接种鉴定之外,2017 年 Yang 等建立了玉米大斑病室内苗期喷雾接种的鉴定方法。该方法试验周期较短,占用空间较小,通量较高,可用于玉米种质资源的大规模初步筛选鉴定。

二、抗病资源筛选与鉴定

抗病种质资源的筛选与鉴定是进行抗大斑病品种选育的前提和基础。自 1986 年以来,我国开展了玉米种质资源抗大斑病的鉴定评价工作,包括混合小种的抗性鉴定以及分小种的抗性鉴定。迄今已鉴定各类玉米资源(自交系、农家种、群体、引进材料等)10000 余份,筛选出一批对多小种具有突出抗性的种质。同时,对东华北春玉米区、西北春玉米区和西南春玉米区的大量育成品种进行了抗大斑病鉴定评价,淘汰了一批高感大斑病的品种,为育种和品种推广提供了重要的信息和材料。鉴定发现,自交系陇 0207 高抗 1、2 和 N 号生理小种;HT48、粤 89B-1、9920 和 LY112 高抗 1 和 N 号生理小种;遵 90110 高抗 0 和 1 号小种;抗 N 号小种,沈 5003、吉 412、吉 419、吉 465、K22、CA339 和丹 9046 等对大斑病抗性也较好。国外也十分重视玉米种质资源抗大斑病的筛选与鉴定工作,为开展玉米抗大斑病基因挖掘和抗病育种提供了重要基础材料。

第三节 抗性遗传

玉米对大斑病的抗性遗传包括两种类型,即质量性状抗性遗传和数量性状抗性遗传,这两种抗性均广泛应用于玉米抗病育种实践中。

质量抗性,也叫小种专化抗性,是受显性单基因控制的垂直抗性。质量抗性基因在控制玉米大斑病危害方面具有显著成效。但长期大面积种植同一抗源选育的品种,由于病原菌与寄主互作的基因对基因关系,容易使抗病基因随着病原菌对定向选择压力的适应性变异而失去作用,导致"抗性"丧失。因此,挖掘新的、具有广谱抗性的基因资源对于玉米抗病育种具有重要的意义。迄今,已报道的抗玉米大斑病的质量抗性单基因有 11 个,包括 9 个显性单基因(*Ht1*、*Ht2*、*Ht3*、*Htn1*、*Htm1*、*HtNB*、*HtP*、*NN*^{c} 和 *St*)和两个隐性基因(*ht4* 和 *rt*)。*Ht1* 和 *Ht2* 基因通过限制病斑扩大和抑制大斑病病原菌产孢量等作用达到抗病效果;*HtN* 基因的抗病作用表现为延长病害潜育期和推迟病斑产生;*ht4* 对多个生理小种表现褪绿斑抗性。通过回交 *Ht* 基因已经被导入到很多的自交系中,在有的自交系中 *Ht* 基因表现为部分显性,不同的遗传背景下基因的表达水平不同。另外 *Ht* 基因的抗性水平受环境条件影响,尤其是温度和光照强度对基因表达的影响较大。比较研究 *Ht1*、*Ht2* 和 *HtN* 这三个基因对大斑病的抗性,发现 *HtN* 的抗性受环境影响最显著,*Ht2* 次之,*Ht1* 最小。

目前,除 *NN*^{c} 外,其他基因均已被定位到玉米染色体上的特定区间。*Ht1*、*Ht2*、*Ht3*、*Htn1*、*Htm1*、*HtNB*、*HtP*、*rt* 分别定位于 bin2.08、bin8.06、bin7.04、bin8.06、bin8.06、bin8.07、bin2.08、bin3.06;*St* 定位于 2 号染色体上;*ht4* 定位于 1 号染色体短臂的着丝粒附近。*Ht2*、*Ht3*、*Htn1* 和 *St* 基因已被克隆,其中 *Ht2*、*Ht3* 和 *Htn1* 基因均编码细胞壁相关类受体激酶 ZmWAK-RLK1,*St* 是由 CC-NB-LRR 保守结构域编码的抗病基因,成簇存在玉米的 2 号染色体和高粱的 5 号染色体上,且在高粱、玉米、水稻和谷子中都有拷贝。上述基因的克隆将促进这些基因在抗病育种上的快速应用。

20 世纪 60—70 年代,*Ht1* 基因已在 90% 商业玉米杂交种中应用,而 *Ht2*、*Ht3* 和 *HtN* 的利用相对有限。正是由于 *Ht1* 基因的大规模应用,使得 1 号小种成为优势小种。

数量性状抗病性是由多基因遗传的,属水平抗性,其抗性不针对某个生理小种,可能对所有的生理小种均有抗性,主要表现为叶片病斑减少、产孢量少、潜育期长和延缓病害发展,其抗性变化幅度较宽,且呈连续分布,减少了寄主植物对病原菌生理小种的选择压力,降低了病原菌遗传变异的频率,进而达到持久抗病的效果。目前,已在玉米的 10 条染色体上均定位到大斑病抗性 QTL 位点,因数量性状抗性具有广谱和持久抗病性,其在育种上具有重要作用。

第四节 抗病品种选育

国内外大量的生产实践和研究表明,抗性品种的应用是防治玉米病害的经济有效措施。在 20 世纪 70 年代中后期,北方春玉米区大斑病严重发生。育种人员成功地转育出抗甸 11、单 891Ht1、铁 13Ht1 等一批骨干自交系,基本控制了玉米大斑病的流行。20 世纪 80 年代后,采用回交法、复合杂交、轮回选择等方法进行群体改良,育成了 178、P138、齐 319、丹 599、沈 137、18-599 等优良抗病自交系。推广应用抗大斑病品种沈单 7 号、掖单 13 和丹玉 13 等,有效控制了大斑病的危害。但由于抗病品种的抗源较为单一,抗性被新的生理小种克服,20 世纪 90 年代初、2003—2004 年以及 2012—2014 年,大斑病再次大范围严重发生,给玉米生产造成重大损失。因此,培育具有多抗性、持久抗性的品种显得尤为重要。

玉米种质中存在不同的抗大斑病基因,包括小种专化抗性基因和非小种专化抗性基因,因此,合理利用不同的抗性基因和基因组合,将能够确保田间大斑病的控制效果。小种专化的抗性主要由显性或隐性单基因控制,在抗病育种中易被利用,但随着小种分化和变异,品种抗性容易丧失。我国的大斑病病原菌生理小种从最初的 1 号和 2 号,到现在分化为 16 个不同小种,给抗病育种带来了很大的挑战。非小种专化的抗性则为多基因调控,不会因新小种产生而迅速丧失抗性,同时对光温条件不敏感,抗性比较稳定,多与减缓病害的发展速度和减少叶片病斑面积有关,对于降低大斑病的田间流行速度具有重要意义,因此在生产上具有较高的利用价值。

有关大斑病 Ht 基因组合效应的研究表明,单基因的组合在病斑数、病斑大小和单位面积产孢量等方面均表现出显著的抗病作用,Ht 基因间具有累加效应。因此,开展抗病多基因聚合育种,将单基因抗性与多基因抗性有效结合,可有效延缓病原菌毒力的变异,增强品种抗病的稳定性和持久性。

丰富的抗病种质资源是有效进行抗病育种的前提和基础,要进一步收集、鉴定、引进、改良和创制优异的抗病种质,不断挖掘新的抗病资源。坚持国外引进和自主选育相结合的策略,加强自主选育的力度。利用国外引进的优良抗病自交系或地方品种抗性资源,采用群体改良、回交转育等方法,对我国一些高、中感大斑病,但综合性状优良的自交系进行抗性改良,创造新的抗病种质。结合各生态区的气候条件、大斑病生理小种的分布情况,兼顾各稳产性状,选育出适合该生态区的抗病自交系和优良品种。

利用现代分子生物学技术开展抗大斑病分子育种。进一步挖掘大斑病抗病新基因,并对其进行精细定位、克隆和功能解析,开发抗性基因的功能标记,采用分子标记辅助选择、单倍体育种、转基因技术和基因编辑等方法对综合性状优良的感病种质进行遗传改良,创制新的抗病种质和育种中间材料,加快抗病基因在育种上的应用,大大缩短育种历程。

参考文献

［1］白金铠,潘顺法,姜晶春.玉米大斑病的病菌变异与抗病育种［J］.吉林农业科学,1985,10(1):37-44.

［2］段灿星,朱振东,武小菲,等.玉米种质资源对六种重要病虫害的抗性鉴定与评价［J］.植物遗传资源学报,2012,13(2):169-174.

［3］马立功,孟庆林,石风梅,等.黑龙江省玉米大斑病菌生理小种组成及变化动态分析［J］.玉米科学,2022,30(5):143-148.

［4］王晓鸣,戴法超,朱振东,等.玉米抗病虫性鉴定技术规范,第1部分:玉米抗大斑病鉴定技术规范:NY/T 1248.1—2006［S］.北京:中国农业出版社,2007.

［5］王晓鸣,石洁,晋齐鸣,等.玉米病虫害田间手册:病虫害鉴别与抗性鉴定［M］.北京:中国农业科学技术出版社,2010:1-6.

［6］尹小燕,王庆华,王飞,等.玉米大斑病抗性基因 *Ht2* 的精细定位［J］.科学通报,2002,47(23):1811-1814.

［7］中国农业科学院植物保护研究所,中国植物保护学会.中国农作物病虫害-中册,Vol.II［M］.3版.北京:中国农业出版社,2015:570-577.

［8］BADU-APRAKU B,BANKOLE F A,AJAYO B S,et al. Identification of early and extra-early maturing tropical maize inbred lines resistant to *Exserohilum turcicum* in sub-Saharan Africa［J］. Crop Protection,2021,139:105386.

［9］BALINT-KURTI P,YANG J Y,ESBROECK G,et al. Use of a maize advanced intercross line for mapping of QTL for northern leaf blight resistance and multiple disease resistance［J］. Crop Science,2010,50:458-466.

［10］BANKOLE F A,BADU-APRAKU B,SALAMI A O,et al. Variation in the morphology and effector profiles of *Exserohilum turcicum* isolates associated with the Northern Corn Leaf Blight of maize in Nigeria［J］. BMC Plant Biology,2023,23(1):386.

［11］CAMPAÑA A,PATAKY J K. Frequency of the Ht1 gene in populations of sweet corn selected for resistance to *Exserohilum turcicum* race 1［J］. Phytopathology,2005,95(1):85-91.

［12］Ceballos H,Gracen VE.(1989). A dominant inhibitor gene inhibits the expression of*Ht2* against *Exserohilum turcicum* race 2 in corn inbred lines related to B14［J］. Plant Breed,1989,102:35-44.

［13］CHUNG C L,JAMANN T,LONGFELLOW J,et al. Characterization and fine-mapping of a resistance locus for northern leaf blight in maize Bin 8.06［J］. Theoretical and Applied Genetics,2010,121(2):205-227.

［14］CHUNG C L,POLAND J,KUMP K,et al. Targeted discovery of quantitative trait loci for resistance to northern leaf blight and other diseases of maize［J］. Theoretical and Applied Genetics,2011,123(2):307-326.

［15］DING J，ALI F，CHEN G，et al. Genome－wide association mapping reveals novel sources of resistance to northern corn leaf blight in maize［J］. BMC Plant Biology，2015，15：206.

［16］FERGUSON L M，CARSON M L. Temporal variation in *Setosphaeria* turcica between 1974 and 1994 and origin of races 1，23，and 23N in the United States［J］. Phytopathology，2007，97（11）：1501－1511.

［17］GALIANO－CARNEIRO AL，MIEDANER T. Genetics of resistance and pathogenicity in the maize/*Setosphaeria turcica* pathosystem and implications for breeding［J］. Fionties in Plant Science，2017，8：1490.

［18］HURNI S，SCHEUERMANN D，KRATTINGER S G，et al. The maize disease resistance gene Htn1 against northern corn leaf blight encodes a wall－associated receptor－like kinase ［J］. Proceedings of the National Academy of Sciences of the United States of America，2015，112（28）：8780－8785.

［19］LIPPS P E，PRATT R C，HAKIZA J J. Interaction of ht and partial resistance to *Exserohilum turcicum* in maize［J］. Plant Disease，1997，81（3）：277－282.

［20］NAVARRO BL，HANEKAMP H，KOOPMANN B，VON TIEDEMANN A. Diversity of expression types of *Ht* genes conferring resistance in maize to *Exserohilum turcicum*［J］. Fionties in Plant Science，2020，11：607850.

［21］YANG P，HERREN G，KRATTINGER S G，et al. Large－scale maize seedling infection with *Exserohilum turcicum* in the greenhouse［J］. Bio－protocol，2017，7（19）：e2567.

［22］YANG P，SCHEUERMANN D，KESSEL B，et al. Alleles of a wall－associated kinase gene account for three of the major northern corn leaf blight resistance loci in maize［J］. The Plant Journal，2021，106（2）：526－535.

［23］ZHU M，MA J，LIU X F，et al. High－resolution mapping reveals a *Ht3*－like locus against northern corn leaf blight［J］. Frontiers in Plant Science，2022，13：968924.

第七章 玉米抗灰斑病遗传育种

灰斑病是我国最重要的玉米叶部病害之一,极具破坏性。在适宜的条件下,该病害可造成 60% 以上的产量损失。该病害在我国普遍发生,尤其以东北玉米种植区和西南玉米种植区发病最为普遍也最为严重。本章主要从灰斑病的发生与危害、抗性表型鉴定、抗灰斑病种质资源筛选以及抗性遗传机制等几个方面阐述国内外相关研究进展。

第一节 概 述

一、病害的发生与分布

灰斑病(gray leaf spot,GLS)是全世界最重要的玉米叶部病害之一。该病害于 1924 年在美国伊利诺伊州首次发现,并于 1970 年成为美国玉米产区的主要病害之一。20 世纪 90 年代,在欧洲、南美洲、非洲和亚洲等多个地区陆续出现灰斑病大面积发生的报道,这也表明灰斑病已经在全世界范围内传播。在我国,灰斑病首次报道发生于 1991 年辽宁省丹东地区。1996 年开始,灰斑病在我国北方春玉米区普遍发生。2003 年,西南玉米产区也出现灰斑病大面积暴发,尤其是在云南、湖北、贵州和四川等省的高海拔玉米种植区发病最为严重。由于该病害发病的最严重期在玉米开花和授粉之后,严重影响玉米籽粒灌浆,使得该病害极具破坏性,对玉米产量和品质造成极大的影响。而且,灰斑病发病严重情况下还会导致玉米倒伏和早衰。在不同地区、不同条件下,该病害可造成最低 20% 的减产,严重情况下减产超过 50%。

灰斑病主要侵染玉米叶片,产生短矩形病斑(图 7-1),重病田会出现叶片全部枯萎、植株倒伏、果穗下垂等症状。田间湿度大时,病斑表面生出病原菌的分生孢子,呈灰白色霉状物。病原菌侵染苞叶或叶鞘引起褐色斑点或斑块。灰斑病发病流行的典型气候条件是早晨有露水,中午高温高湿,晚上气温偏低。

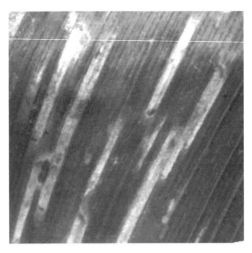

图7-1 玉米灰斑病的发病症状

二、病原菌种类

常见的引起玉米灰斑病的病原菌有四种尾孢属真菌:玉米尾孢(*Cercospora zeina*)、玉蜀黍尾孢(*C. zeae-maydis*)、高粱尾孢玉米变种(*C. sorghi* var. *maydis*)和在美国分离到的未确定种,其中玉米尾孢和玉蜀黍尾孢为最主要致病菌。

玉米尾孢主要分布在我国西南地区(云南、贵州、湖南、四川、湖北)、河南和陕西的少数地区,东南亚和非洲的玉米种植区。该病原菌通常在海拔800 m以上地区发病较重,低海拔地区和平原地区发病较轻或者不发病。玉蜀黍尾孢主要分布在我国春玉米区(辽宁、黑龙江、吉林和内蒙古)、黄淮海夏玉米种植区(山东、河南、河北和安徽),美国、加拿大和拉丁美洲的玉米种植区。此外,在我国多个省份(河南、陕西、湖北、四川和湖南)出现了玉米尾孢和玉蜀黍尾孢混合发病的情况。到目前,灰斑病在我国西南玉米种植区(云南、四川、湖北和贵州)已经呈现多年流行的趋势,也是西南玉米种植区的第一大病害,在东北玉米种植区,也呈现灰斑病持续发生,部分地区呈流行趋势的严重形势。在美国、加拿大和巴西玉米种植区,玉米灰斑病已经成为这些地区最主要的玉米病害之一。

三、病害循环

玉米尾孢和玉蜀黍尾孢都是半活体营养型病原真菌,以菌丝体在玉米残体上越冬,来年早春时期,作为初侵染源的病残体上的菌丝体首先产生分生孢子。在风和水的作用下,分生孢子在玉米下部叶片上入侵形成病斑并产生新的分生孢子,完成初侵染过程,新分生孢子在风和雨水作用下逐渐侵染上部叶片。每个生长季节,灰斑病病原菌可完成多次侵染,每次侵染周期大约为15~28 d。灰斑病发病前期病害发展很慢,病斑也比较小。但是玉米开花授粉之后,病原菌开始快速向上部叶片发展,同时叶片上的病斑也加速拓展合并,造成叶片大面积坏死,光合作用显著下降。玉米收获后,灰斑病病原菌以菌丝形式在田间病残体上越冬成为下一年的初侵染源(图7-2)。近年来,随着新的耕作制度的推广(免耕和玉米秆还田等措施)使得病残体在田间大量累积,直接导致灰斑病病原菌的初侵染源急剧增加,进一步加重了灰斑病的发生。

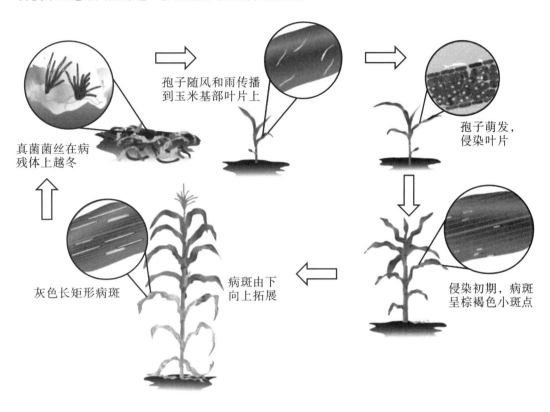

真菌菌丝在病残体上越冬

孢子随风和雨传播到玉米基部叶片上

孢子萌发,侵染叶片

侵染初期,病斑呈棕褐色小斑点

病斑由下向上拓展

灰色长矩形病斑

图7-2　玉米灰斑病病原菌的生活史

第二节　抗性鉴定与抗源筛选

一、病原菌的鉴定

为了明确田间玉米灰斑病的病原菌,通常采用组织分离法和显微镜单孢分离法从发病玉米叶片上获得病原菌。将病叶沿病斑附件剪开成小块,用70%乙醇浸泡2 min,再用2%次氯酸钠溶液浸泡2 min进行消毒处理。用无菌水冲洗3次后,将叶片小块平铺在琼脂培养基平板上,25 ℃黑暗培养。待叶片上长出菌落后,在显微镜下挑取单孢,并将单孢转移到PDA培养基平板上进行纯培养。平板置于25 ℃黑暗培养15 d后,从平板上刮取病原菌的分生孢子和分生孢子梗,在显微镜下进行形态学观察,并记录分生孢子和分生孢子梗的形态特征。玉米尾孢的分生孢子梗稀疏簇生,一般3～14根,呈淡橄榄至中度棕色,直或膝状弯曲,无分支,在弯曲处有清晰的孢痕,孢痕处明显增厚。分生孢子多为倒棍棒状,无色,壁薄,顶端钝,基部倒圆锥形平截,脐点有时加厚,颜色变深。玉蜀黍尾孢的分生孢子梗单生或丛生,通常3~10根,呈暗褐色,多为1~2个隔膜,直立活稍弯,有1~3个膝状节,无分支,孢痕明显。分生孢子倒棍棒状,正直活弯曲,无色,多为5~6个隔膜,基部倒圆锥形,脐点明显,顶端较细,但尖端较钝。

为了对病原菌进行分子生物学鉴定,将分离到的菌株转接到玉米叶煎汁液体培养基中,振荡培养(25 ℃,180 r/min)15 d后收集菌丝,利用CTAB法提取基因组DNA,再利用特异性引物进行PCR检测。首先利用尾孢属特异性引物(CylH3F:AGGTCCACTGGTGGCAAG;CylH3R:AGCTGGATGTCCTTGGACTG)进行PCR扩增,PCR产物大小为389 bp。之后利用3组扩增组蛋白基因 *H3* 的特异性引物CzeaeHIST/CylH3R(CzeaeHIST:TCGACTCGTCTTTCACTTG;CylH3R:AGCTGGATGTCCTTGGACTG),CzeinaHIST/CylH3R(CzinaHIST:TCGAGTGGCCCTCACCGT;CylH3R:AGCTGGATGTCCTT-GGACTG)和CmaizeHIST/CylH3R(CmaizeHIST:TCGAGTCACTTCGACTTCC;CylH3R:AGCTGGATGTCCTTGGACTG)分别鉴定玉蜀黍尾孢、玉米尾孢和未确定种,扩增片段大小均为284 bp。进一步用一对特异性扩增核糖体DNA内转录间隔区(ITS)的引物CZM2F/CZM2R(CZM2F:GCGACCCTGCCGTTT;CZM2R:CTCAGCCGGAGACTTCG)鉴定玉蜀黍尾孢、玉米尾孢和高粱尾孢玉米变种,扩增产物分别是760 bp、310 bp和1020 bp。此外,PCR产物也可测序后在NCBI网站进行BLAST分析,进一步确定所分离的菌株。

二、抗性表型鉴定

玉米尾孢虽然可以在人工培养基上进行纯培养和分生孢子的繁殖,但是玉米尾孢人工接种的效率不高。因此,大规模抗病表型鉴定通常需要通过田间自然接种来完成。目前,湖北省野山关和云南省德宏州海拔1200 m以上地区都是玉米灰斑病常年高发地区,可以作为抗玉米尾孢菌表型鉴定的优良基地。为了保障发病,通常在每年4月下旬进行玉米播种,并进行常规的田间管理。大约在8月底至9月初(玉米授粉后一个月至一个半月),玉米灰斑病表型最重的时期进行玉米抗灰斑病表型鉴定。

玉蜀黍尾孢也可以在培养基上进行纯培养和分生孢子的繁殖,而且玉蜀黍尾孢的人工接种体系比较完善。因此,玉米抗玉蜀黍尾孢的表型鉴定实验通常在玉米11~12叶期(即大喇叭口期)采取高粱粒灌心进行接种。具体方法:首先,在玉米叶煎汁平板培养基(配方为感病材料成株期的鲜玉米叶片200 g,马铃薯20 g,胡萝卜20 g,番茄20 g,葡萄糖20 g、$CaCO_3$ 3 g、琼脂20 g、水1 L。高压灭菌;鲜玉米叶片、马铃薯和胡萝卜用组织捣碎机捣碎,两层纱布过滤。)上培养玉蜀黍尾孢菌株生长5 d。然后,用无菌水将孢子从平板上洗脱配制成浓度为3.2×10^{10} ~4.8×10^{10}孢子/L的孢子悬浮液,并将其接入高粱粒培养基(配方:将带壳的高粱粒用水浸泡24 h,煮软,装入三角瓶中,每瓶装至100 mL,高压灭菌90 min)中,每瓶接种5 mL孢子悬浮液,摇匀。之后,在25 ℃、光照:黑暗=16:8的条件下培养15 d,每天振荡摇匀一次。最后,将长满菌丝的高粱粒晾干,接种到玉米喇叭口中,每株抗病表型调查通常在玉米授粉后一个月到一个半月进行。

　　玉米尾孢和玉蜀黍尾孢的表型比较相似:在发病初期,该病害在玉米叶片上形成淡褐色具有褪色晕圈的病斑,之后逐渐拓展并沿叶脉平行延伸形成典型的长矩形坏死斑,发病后期,多个病斑聚合导致叶片大面积坏死。玉米灰斑病表型评价主要依据玉米穗位叶及穗位上下两片叶的病斑面积,同时参考整株玉米发病情况,将灰斑病病情从高抗表型到高感表型划分为 5 个等级(1 级、3 级、5 级、7 级、9 级)。具体表型分级评价参考表7-1 和图 7-3。

表 7-1　玉米灰斑病表型分级标准

病情评级	症状描述
1	叶片上无病斑或仅在穗位下部叶片上有零星病斑,且病斑面积占叶片总面积小于或等于5%
3	穗位下部叶片有少量病斑,且病斑面积占叶面积6%~10%,同时穗位上部叶片有零星病斑
5	穗位下部叶片病斑较多,病斑面积占叶面积11%~30%,同时穗位上部叶片也有少量病斑
7	穗位下部叶片有大量病斑,病斑汇合相连,占叶面积31%~70%,同时穗位上部叶片有中量病斑
9	整株所有叶片基本由病斑覆盖,大部分叶片枯死

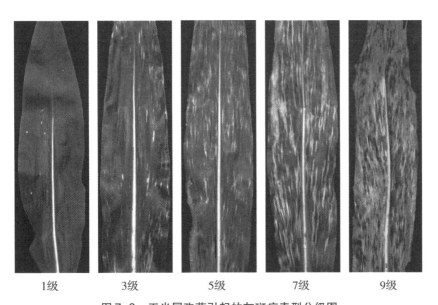

1级　　　　3级　　　　5级　　　　7级　　　　9级

图 7-3　玉米尾孢菌引起的灰斑病表型分级图

三、抗源筛选

对于玉米尾孢引起的灰斑病的抗源筛选工作主要依赖于田间自然发病。理想抗灰斑病筛选基地为湖北省恩施或者云南省德宏州灰斑病高发地区,尽量选择海拔在 1200 m 以上的病圃,播种时间选在每年的 4 月底或者 5 月初(提前播种或者推迟播种都有可能避开灰斑病发病高峰)。对于玉蜀黍尾孢引起的灰斑病的抗源筛选工作主要通过田间接种来进行,实验地可以选在东北春玉米种植区,发病时期的环境条件尽量保持温暖(23 ~ 30 ℃)高湿的条件。

田间设计方面需要注意以下几点:①筛选材料中每 5 ~ 10 行中间应该插入 1 行高感灰斑病材料,以此增加田间灰斑病发病的均匀性;②抗性筛选需要至少 2 年 2 点的实验进行检测;③每个地点至少需要做 3 个以上的重复,每个重复中每个材料不得少于 20 个单株;④浇水尽量采取滴灌的方式进行。

根据大规模材料筛选的结果,热带、亚热带种质和 PB 种质(以 20 世纪 70 年代从美国引进的杂交种 78599 为基础材料,与在北方和南方分别选育出的齐 319、18599 等自交系形成的新的种质,即 PB 种质群)的高抗或者抗性自交系的比例要明显高于 BSSS(衣阿华坚秆综合种)、Reid 和 PA 种质(以 20 世纪 70 年代从美国引进的杂交种 3147 和 3382 为基础材料,与在北方和南方分别选育出的沈 5003、掖 478 等自交系形成的新种质,即 PA 种质群),且其中热带或者亚热带种质中的高抗材料占比最高。因此,抗灰斑病抗源的筛选工作应该主要加强热带或者亚热带种质的收集和抗性鉴定。但是热带材料在湖北恩施和东北的花期都比较晚,因此需要考虑热带材料对灰斑病的抗病性是否由于花期延长导致的避病而表现为抗病表型。

第三节　抗性遗传

利用抗病基因培育抗病玉米品种是防治灰斑病最经济有效的方法。当前鉴定玉米抗灰斑病基因主要依赖于正向遗传学方法,其中又以利用双亲遗传群体进行 QTL 分析和利用自然群体进行 GWAS 分析为主。

目前已鉴定到超过 100 个抗灰斑病 QTL 位点,在玉米的 10 条染色体上均有分布,其中有 9 个 QTL 能解释 20% 以上的抗病表型。在所有已定位的玉米抗灰斑病 QTL 中,最大效应值(35%)的 QTL 是 Maroof 等人利用 Va14×B73 F_2 和 F_3 群体定位在第 1 条染色体上的位点。Lehmensiek 等通过南非玉米材料构建而来的 F_2 群体检测到 5 个抗灰斑病 QTL 位点(bin1.05、bin1.06、bin3.04、bin5.05 和 bin5.06),其中 bin1.05 和 bin1.06 位点分别能解释 31% 和 27.4% 的抗病表型。而能解释 27.1% 抗病表型的 QTL 是 Pozar 等人利用热带玉米材料 Mon323 与 Mon402 杂交构建的群体鉴定到的位于 bin3.07 的位点。Mammadov 等人结合连锁群体分析和关联群体分析鉴定到 5 个抗灰斑病 QTL 位点(bin1.07-1.09、bin6.01-6.04、bin7.01-7.02、bin8.02 和 bin8.03),其中 bin8.02 位点能解释 26% 的抗灰斑病表型。其次,能解释 23% 和 24% 的表型的两个 QTL 是 Gordon 等在 Vo613Y×Pa504 $F_{2:4}$ 群体中鉴定而来,区间跨度很大,分别为 bin2.08-bin2.09 和 bin4.08-bin4.11。再有三个效应值高于 20% 但来自不同的玉米材料抗灰斑病的 QTL,即 Clements 等报道的 061×FR1141 BCP1S1 群体 chr1-130,该 QTL 效应值为 20.9%。另外是 Asea 等从 VP31×CML202 群体发现的 $F_{2:3}$ 中位于 bin2.09 和 bin4.08 的两个 QTL,效应值均大于 20%。

在这 100 多个玉米抗灰斑病 QTL 中,有五个 QTL 位点被不同课题组从不同遗传材料中重复鉴定到,这些位点又称为抗灰斑病热点区。这五个位点分别是 bins 1.05-1.06、bins 2.03-2.05、bins 4.05-4.08、bins 5.03-5.06、bins 7.02-7.03。

目前,这些抗灰斑病 QTL 位点中只有 7 个 QTL 位点被精细定位:来源于抗病材料 Qi319 的 *qGLS1.02* 被精细定位到 bin 1.02 的 314 kb 区段;从高抗灰斑病材料 WGR 中鉴定到的 *qRgls1.06* 被精细定位到 bin 1.06 的 2.38 Mb 区段;来源于抗病材料 Ye478 的 *qGLS_YZ2-1* 被精细定位到 bin 2.02 的 2.4 Mb 区段;从高抗材料 T32 和大刍草中鉴定到的 *qGLS8* 和 *Qgls8* 分别被精细定位到第 8 号染色体的 124 kb 区段和 130 kb 区段中;来源于抗病亲本 Y32 的两个主效 QTL 位点 *qRgls1* 和 *qRgls2* 分别被精细定位在第 8 条染色体的 1.4 Mb 和第 5 染色体的 1 Mb 的区段。但是,这些 QTL 的克隆工作都没有完成或者没有发表。

此外,基于热带玉米自然群体的 GWAS 分析也鉴定到三个抗灰斑病基因:编码半胱氨酸蛋白酶 3 的 GRMZM2G073465、编码类糖基化因子蛋白的 GRMZM2GG007188 和编码 armadillo 重复蛋白的 GRMZM2G476902。但是这些基因的抗病功能和对应的抗病单倍型都还有待验证。

基于以上 QTL 分析和 GWAS 分析可知:玉米对灰斑病的抗病性主要是由调控数量性状的基因调控,而且这些基因在遗传上主要表现为加性效应、部分显性和显性效应。

目前,已克隆的针对玉米灰斑病的抗性基因有 *ZmWAK02* 和 *ZmWAKL*。*ZmWAK02* 基因是通过正向遗传学方法从主效抗灰斑病位点 *qRglsSB* 中克隆到的。该基因在遗传上表现显性效应。将该基因导入到杂交种先玉 335 和郑丹 958,可以显著增强玉米对灰斑病的抗病性,提高玉米产量而不改变其他重要农艺性状(如:花期、株高、穗位高等)。在不发病地区种植,由 *ZmWAK02* 基因改良的杂交种在农艺性状上与原杂交种无差异。*ZmWAKL* 基因是从抗灰斑病主效 QTL 位点 *qRgls1* 中克隆到的抗病基因。与 *ZmWAK02* 基因相同,该基因也编码一个细胞壁相关蛋白激酶。该基因的抗病单倍型编码的 ZmWAKL^Y 蛋白能够形成二聚体;当病原菌入侵时,ZmWAKL^Y 蛋白被磷酸化激活;激活的 ZmWAKL^Y 蛋白在细胞膜上与其共受体 ZmWIK 互作,形成 ZmWAKL^Y/ZmWIK 免疫复合体。该复合体通过与 ZmBLK1 互作,将信号传递给细胞膜上的 NADPH 氧化酶 ZmRBOH4,激发活性氧的积累增强玉米抗病性。总体而言,已克隆的玉米抗灰斑病基因很少,玉米抗灰斑病的分子机制的研究还很匮乏。此外,已克隆两个玉米多病害抗病基因 *ZmCCoAOMT2* 和 *ZmMM1^{C117}* 都对灰斑病有抗病功能。*ZmCCoAOMT2* 基因抗病分子机制与苯丙酸途径和木质素合成相关,而 *ZmMM1^{C117}* 基因则通过调控活性氧的积累增强玉米抗病性。基于转录组数据分析发现,ROS、SA 和类胡萝卜素代谢途径在抗灰斑病材料中特异性诱导表达。zealexins 和 kauralexins 的合成基因在抗灰斑病和感灰斑病材料中都被诱导表达,且抗病材料积累更多的 kauralexin B 系列代谢产物,感病材料积累更多的 kauralexin A 代谢产物。这些都表明次生代谢产物在玉米抗灰斑病中极有可能起非常重要的作用。

第四节 抗病品种选育

抗病品种的选育是将抗病基因导入到骨干玉米自交系中,然后从中选育出高产优质且抗病的自交种,用于杂交育种组配新品种。对于玉米抗灰斑病品种的选育包括以下几个方面:

(1)自交系材料的收集和抗病表型鉴定。通过多年多点的田间表型鉴定,从大量的材料中筛选出高抗灰斑病的自交系材料,作为后续抗病基因鉴定和抗病供体材料。

(2)抗病基因的鉴定。利用遗传群体或者自然群体通过 QTL 分析或者全基因组关联分析,鉴定抗病位点;在此基础上,通过精细定位和基于遗传转化的功能验证最终确定抗病基因。

(3)抗病基因优良单倍型的鉴定和验证。基于自然群体材料中抗病基因的基因型数据和对抗病表型数据进行候选基因关联分析,获得抗病基因的优良单倍型。

(4)分子标记的筛选和鉴定。根据抗病基因的优良单倍型的 DNA 序列,设计可用于育种的功能性分子标记。该分子标记将在后续育种过程中跟踪抗病基因,防止该基因在遗传材料筛选过程中丢失。

(5)将抗病材料与目标受体自交系材料杂交,并以目标受体材料为轮回亲本获得 BC_3F_1 材料。在每次回交过程中,对花粉供体材料需要利用分子标记进行基因型鉴定,确保花粉供体材料含有目标抗病基因。之后,利用 30 KSNP 芯片对 BC_3F_2 材料进行全基因组基因型分析,确保背景恢复率大于 95%。

(6)利用改良好的 BC_3F_2 材料与其他自交系材料进行组配获得一系列的杂交种,再对这些杂交种的抗病表型和其他重要农艺性状进行鉴定,从中筛选有价值的组配品种。

玉米抗灰斑病育种过程中需要注意以下几点:

(1)花期问题。大多数高抗灰斑病材料带有热带或者亚热带血缘,而热带和亚热带材料在中国北方地区的花期都偏长,严重影响产量。因此,在筛选过程中应该筛选与原始未改良自交系材料的花期一致的材料作为花粉供体材料。

(2)利用大效应值抗病位点。根据已有的研究成果,玉米自交系中存在很多大效应值的抗病位点(解析大于 20% 以上抗病表型);应该充分利用这个优势,并将多个大效应的抗病位点进行聚合。

(3)灰斑病病原菌的多样性问题。在我国玉米种植区存在两种不同的灰斑病病原菌:玉米尾孢和玉蜀黍尾孢。大体上,玉米尾孢主要分布在西南玉米种植区,玉蜀黍尾孢主要分布在东北春玉米种植区。但是最近几年的病原菌跟踪测试发现,玉米尾孢正在由西南向东和向北扩张,而玉蜀黍尾孢也在向西和向南发展。预计未来,这两类菌将在全国各玉米种植区同时存在。由于不同抗灰斑病基因对这两类菌的抗性效果存在很大差异(未发表数据),因此抗灰斑病品种改良应该聚合至少一个对玉米尾孢具有高抗功能的基因和一个对玉蜀黍尾孢具有高抗功能的基因。由于目前关于这两类菌的生理小种还缺少研究,将来还需要针对不同生理小种聚合更多的抗灰斑病基因,以避免由于优势生理小种的改变导致抗病性丧失的问题。

参考文献

[1]常佳迎,刘莉,刘树森,等.黄淮海地区夏玉米灰斑病病原菌鉴定及主栽品种抗性分析[J].植物病理学报,2019,49(6):808-817.

[2]刘可杰,董怀玉,王丽娟.我国玉米灰斑病菌的种类及其分布调查[J].植物保护,2021,47(5):266-270.

[3]ASEA G,VIVEK B S,BIGIRWA G,et al. Validation of consensus quantitative trait loci associated with resistance to multiple foliar pathogens of maize[J]. Phytopathology,2009,99(5):540-547.

[4]BENSON J M,POLAND J A,BENSON B M,et al. Resistance to gray leaf spot of maize:genetic architecture and mechanisms elucidated through nested association mapping and near-isogenic line analysis[J]. PLoS Genetics,2015,11(3):e1005045.

[5]BERGER D K,CARSTENS M,KORSMAN J N,et al. Mapping QTL conferring resistance in maize to gray leaf spot disease caused by *Cercospora zeina*[J]. BMC Genetics,2014,15(1):60.

[6]DAI Z K,PI Q Y,LIU Y T,et al. ZmWAK02 encoding an RD-WAK protein confers maize resistance against gray leaf spot[J]. New Phytologist,2024,241(4):1780-1793.

[7]DU L,YU F,ZHANG H,et al. Genetic mapping of quantitative trait loci and a major locus for resistance to grey leaf spot in maize[J]. Theoretical and Applied Genetics,2020,133(8):2521-2533.

[8]LEHMENSIEK A,ESTERHUIZEN A M,VAN STADEN D,et al. Genetic mapping of gray leaf spot (GLS) resistance genes in maize[J]. Theoretical and Applied Genetics,2001,103(5):797-803.

[9]MAMMADOV J,SUN X,GAO Y,et al. Combining powers of linkage and association mapping for precise dissection of QTL controlling resistance to gray leaf spot disease in maize(*Zea mays* L.)[J]. BMC Genomics,2015,16:916.

[10]MEYER J,BERGER D K,CHRISTENSEN S A,et al. RNA-Seq analysis of resistant and susceptible sub-tropical maize lines reveals a role for kauralexins in resistance to grey leaf spot disease,caused by *Cercospora zeina*[J]. BMC Plant Biology,2017,17(1):197.

[11]POZAR G,BUTRUILLE D,SILVA H D,et al. Mapping and validation of quantitative trait

loci for resistance to *Cercospora zeae−maydis* infection in tropical maize (*Zea mays* L.)
[J]. Theoretical and Applied Genetics,2009,118(3):553−564.

[12]QIU H,LI C,YANG W,et al. Fine Mapping of a New Major QTL−*qGLS*8 for Gray Leaf
Spot Resistance in Maize[J]. Front in Plant Sciense,2021,12:743869.

[13]WANG H Z,HOU J B,YE P,et al. A teosinte−derived allele of a MYB transcription repressor confers multiple disease resistance in maize[J]. Molecular Plant,2021,14(11):
1846−1863.

[14]XU L,ZHANG Y,SHAO S Q,et al. High−resolution mapping and characterization of qRgls2,a major quantitative trait locus involved in maize resistance to gray leaf spot[J].
BMC Plant Biology,2014,14(1):230.

[15]YANG Q,HE Y J,KABAHUMA M,et al. A gene encoding maize caffeoyl−CoA O−methy
ltransferase confers quantitative resistance to multiple pathogens[J]. Nature Genetics,
2017,49(9):1364−1372.

[16]Yu Y,Shi J,Li X,et al. Transcriptome analysis reveals the molecular mechanisms of
the defense response to gray leaf spot disease in maize[J]. BMC Genomics,2018,19(1):
742.

[17]ZHANG X Y,YANG Q,RUCKER E,et al. Fine mapping of a quantitative resistance gene
for gray leaf spot of maize (*Zea mays* L.) derived from teosinte (Z. mays ssp. parviglumis)[J]. Theoretical and Applied Genetics,2017,130(6):1285−1295.

[18] ZHONG T,ZHU M,ZHANG Q Q,et al. The ZmWAKL − ZmWIK − ZmBLK1 −
ZmRBOH4 module provides quantitative resistance to gray leaf spot in maize[J]. Nature
Genetics,2024,56(2):315−326.

[19]ZWONITZER J C,COLES N D,KRAKOWSKY M D,et al. Mapping resistance quantitative trait Loci for three foliar diseases in a maize recombinant inbred line population−evidence for multiple disease resistance? [J]. Phytopathology,2010,100(1):72−79.

第八章　玉米抗丝黑穗病遗传育种

玉米丝黑穗病是苗期侵入的一种系统性侵染病害。一般在成株期表现典型症状,主要危害雌穗和雄穗,一旦发病,几乎颗粒无收。本章系统梳理了玉米丝黑穗病病害的发生与侵染循环、病害的防治方法以及抗性鉴定与抗源筛选等相关内容,归纳了抗性遗传机制以及抗病品种选育方面的研究进展。

第一节　概　　述

一、病害的发生及危害

玉米丝黑穗病是由丝轴黑粉菌(*Sporisorium reilianum* f. sp. *zeae*)引起的真菌性土传病害,属担子菌亚门,轴黑粉菌属,可侵染玉米、高粱和苏丹草等。玉米丝黑穗病发病于玉米的花器官,常造成绝产,对玉米生产危害严重。玉米丝黑穗病是世界春播干旱、冷凉玉米产区普遍发生的绝产型病害,也是危害我国春玉米产区的重要病害之一。

玉米丝黑穗病首次报道于 1876 年的意大利。1975 年美国 Texas 的 9 个县均报道有丝黑穗病发生,部分地块减产达到一半以上,1980 年玉米丝黑穗病在加拿大 Ontario 地区的发生也造成了巨大的损失,1992 年法国西南部种子田和大田的丝黑穗病严重。1993 年该病害在德国出现,成为 Rhine valley 地区杂交玉米种子生产的潜在危害。1995—1996 年在巴西种植的玉米品种丝黑穗病发病率从 0.82%(先锋 3069)到 46.16%(Colorado6255)。2012 年丝黑穗病的暴发造成了美国和加拿大约 7.6 万 t 玉米的损失。100 多年来玉米丝黑穗病几乎遍布了世界主要玉米生产国,如欧洲的俄罗斯、德国、法国,亚洲的日本、菲律宾、印度尼西亚,美洲的美国、加拿大、墨西哥、巴西,大洋洲的澳大利亚、新西兰等诸多国家。

在我国,玉米丝黑穗病也是玉米产区的主要病害之一。自 1919 年在东北首次报道后,在东北、华北、西北以及南方冷凉山区等均有不同程度的发生,尤以东北地区最为严重。其中北方春播玉米区和丘陵山地玉米区受害较重,一般发病率在 2%~8%,个别重病地块发病率可达 60%~70%。20 世纪 70 年代中期,在我国吉林、黑龙江、辽宁、内蒙古、河北、山西、陕西、广西等地的春玉米区,因丝黑穗病危害玉米每年减产达 3 亿 kg 以上。20 世纪 70 年代后期,由于大量感病品种的种植,造成中国东北、华北、西南及西北地区玉米丝黑穗病大流行。目前该病在东北地区、华北地区、西北东部及西南丘陵山区发生普遍,包括黑龙江、吉林、辽宁、内蒙古、河北、山西、四川、广西、甘肃、陕西等地。2002年东北春玉米产区丝黑穗病暴发,发病面积达 107.3 万 hm^2,玉米产量损失约 $10\% \sim 15\%$。此外在吉林、黑龙江、辽宁、内蒙古、河北、山西、陕西、四川、广西的春玉米区,每年因丝黑穗病的发生减产约达 30 万 t,感病率每增加 1%,玉米约减产 100.6 kg/hm^2。

二、病害症状

玉米丝黑穗病一般在出穗后显症,但也有部分自交系在苗期显症。早期症状变化较大,且因材料特性及外界条件不同而有差异。主要表现为叶形异常,叶上有纵行黄条;在某些染病幼苗第四叶至第五叶叶片和沿中脉上出现褪绿小斑点,直径 $1 \sim 2$ mm,数目由 $3 \sim 4$ 个至数百个,叶硬挺厚、叶色深、叶面不平;顶叶打卷型,雄穗抽不出、顶叶扭卷。有的感病幼苗表现矮缩丛生、黄条形、顶叶扭曲等特异症状;成株期只在果穗和雄穗上表现典型症状。当雄穗的侵染只限于个别小穗时,表现为枝状;当整个雄穗被侵染时,表现为叶状。雄穗可形成病瘿,病瘿内充满孢子堆。含有病瘿的雄穗植株会严重矮化,叶片上产生细条状孢子堆,患病植株不产生花粉。如果雌穗感染,则不吐花丝,除苞叶外整个果穗变成黑粉苞。随着生长生育,感染丝黑穗病的植株大约有一半矮缩丛生,矮缩丛生的植株往往是多分蘖的,其中的一个或多个雄穗和雌穗产生孢子囊。进入抽雄和开花期之后,感染丝黑穗病的成株在雄穗和雌穗上产生黑粉孢子,这是丝黑穗病的典型症状(图 8-1)。

图 8-1　玉米丝黑穗病的典型症状

雄穗染病有的整个花序被破坏变黑,有的花器官变形增生,颖片增多、延长,有的部分花序受侵害,雄花变成黑粉(图 8-2)。雌穗受感染后,一般较短小,基部大而顶端小,不吐花丝,除苞叶外,整个果穗变成一个大的黑粉包。在生育后期有些苞叶破裂散出黑粉孢子,黑粉黏结成块,不易飞散,内部夹杂丝状寄生维管束组织,这是丝黑穗病病原菌的典型特征。

图 8-2 玉米丝黑穗病发病不同类型

在诊断玉米丝黑穗病时,要注意与玉米瘤黑粉病的区别。玉米丝黑穗病只危害果穗和雄花序,而玉米瘤黑粉病则危害玉米的各个部位。两种病害虽然共同都产生大量黑粉,但在玉米丝黑穗病的黑粉中有丝状物,外观不呈瘤状;玉米瘤黑粉病瘤内没有丝状物,受害部位产生肿瘤。

三、病害的侵染循环

玉米丝黑穗病的病原丝轴黑粉菌主要通过土壤传播。初侵染源为丝轴黑粉菌的病瘿释放出在土壤中越冬的冬孢子,也通过牲畜消化后的带菌粪肥、带菌种子传播,但是带菌种子不是病区的主要接种源,而是该病在新区蔓延的主要原因。病原菌在土壤、粪肥或种子上越冬,成为翌年初侵染源。

土壤里的病原菌是主要的初侵染源,其次是粪肥,种子最少,但种子表面携带的病原菌是远距离传播的主要途径。厚垣孢子抵抗不良环境的能力很强,一般能在土壤中存活3年甚至更长的时间,即使经过牲畜体内消化后,在粪便里仍能保持很强的活力。玉米播种后,厚垣孢子与种子同时发芽,从胚芽鞘、根颈以下部位及根部侵入并蔓延至玉米苗的生长点,随玉米植株一起向上生长扩散。病原菌从玉米种子萌发开始至5叶期甚至更长时期都可侵染,但最适侵染的时期是种子萌发至3叶期前,特别是幼芽期最易侵染,4叶以后侵染力显著下降。该病只有苗期的初侵染,田间植株间并不互相传染。玉米丝黑穗病病原菌和高粱丝黑穗病病原菌虽能互相侵染,但侵染率极低。中国各地收集的丝黑穗病病原菌致病力无明显差异,目前在玉米上仅有1个生理小种。

该病每年的发病程度取决于土壤里的病原菌数量、材料抗病性、种子质量、整地播种质量以及玉米5叶期以前土壤的温湿度条件。玉米材料间抗病性差异显著,品种抗病性的强弱不仅影响当年发病的轻重,而且在很大程度上决定着土壤病原菌的逐年累积速度。玉米重茬种植年头越多,土壤里积累的病原菌量就越多,发病就越重。如之前种过抗病性弱的玉米品种,则地里病原菌量就多。玉米播种至出苗期间的土壤温湿度条件与病害发生程度关系最为密切,当土壤温度在21～28 ℃,相对湿度在15%～25%时,最适于病原菌侵染。病原菌与幼苗的生长适温一致,春季干旱或低温延迟了玉米种子出苗时间,从种子萌发到出苗时间越长,幼苗感病就越多。此外,阴冷的地块和墒情差的地块发病较重,春旱年份常为病害的流行年。总体来说,玉米连作时间长及早播玉米发病较重,高寒冷凉地块易发病,沙壤地发病轻,旱地墒情差的发病重。

四、病原菌的生物学特性

玉米丝轴黑粉菌冬孢子通过土壤地表、病残体和种子表面三种形式越冬,越冬的冬孢子变成第二年的侵染源。冬孢子为褐色、暗紫色或赤褐色,球形或近球形,大小为 7 ~ 15 μm,壁表面具有明显细刺,在电镜下刺之间还有小而密集的疣。冬孢子在成熟前常集合成孢子球并由菌丝组成的薄膜所包围,成熟后分散(图 8-3)。冬孢子的萌发不需要生理后熟休眠过程,在适宜的条件下即可萌发形成担孢子和侧生担孢子,担孢子呈无色、单孢、椭圆形。担孢子中存在着数目相当的"+"和"-"两种亲和交配型,只有亲和交配型才可以相互融合形成双核侵染菌丝。两种亲和交配型融合形成双核菌丝后,可通过寄主的胚芽鞘、胚根等部位侵染寄主,这种侵染一般在玉米的 7 叶期之前完成。

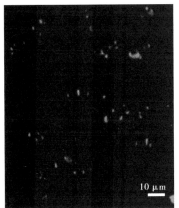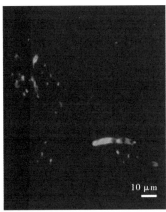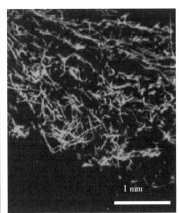

(a)单倍型担孢子　　　　(b)不同单倍型担孢子交配　　(c)地中茎表面的侵染菌丝
　　　　　　　　　　　　　形成侵染菌丝

图 8-3　玉米丝黑穗病病原丝轴黑粉菌

丝轴黑粉菌的生活周期可分为单倍体的孢子体世代和二倍体的有性世代,只有在二倍体状态下才具有侵染能力。二倍体的菌丝在寄主体内向上生长,最终到达玉米的顶端分生组织,在花器官部位大量繁殖黑色的厚垣孢子,完成整个生命周期。丝轴黑粉菌的侵染会造成花器官发育调控基因 A、B、C、D、E 异常表达,改变分生组织分化,在植物穗部形成典型病症。在整个侵染过程中,丝轴黑粉菌与玉米处于共生状态,属于典型的活体营养型致病菌。随着寄主植株的生长,蔓延于寄主植物体内的菌丝,在形成孢子前,聚集在寄主体内形成孢子的部位,通常聚集在雌、雄穗部位。形成孢子时,菌丝体在寄主体内的雌、雄穗部位集中繁殖,产生隔膜,形成大量的群集菌丝,原生质向某些细胞集中,使这些细胞不断膨大,原有细胞壁胶化成胶质膜,内膜增厚,形成新的厚壁,使得每一个含有双核的菌丝细胞发育成为一个冬孢子,最终感病植株呈现出黑粉的症状。

在抗病机制和抗病育种上,明确病原菌是否具有生理分化现象是十分必要的。Schirawski 等的研究表明,丝轴黑粉菌存在两个生理专化 *num* 基因组的比较。

五、防治方法

玉米丝黑穗病的发病与材料抗病性、菌源数量、播种至出苗时土壤温度、水分和播种有关。对玉米丝黑穗的防治主要从以下途径着手。

(一)选育和应用抗病品种

玉米不同品种以及杂交种和自交系间的抗病性差异显著,选用抗病品种是防治丝黑穗病的最根本措施,如吉单 180、四单 19、吉单 156、铁单 10、铁单 16、丹玉 39 和丹玉 2151 等抗病性较好。根据玉米丝黑穗病的发生规律,运用农业措施和药剂处理,这只是停留在对感病品种防治的水平上,不能从根本上解决丝黑穗病的危害。从可持续发展的观点出发,防治玉米丝黑穗病的基础工作是选育抗病品种。研究发现,玉米中存在抗丝黑穗病的种质资源,种植抗病品种可以有效控制玉米丝黑穗病病害流行。实践表明具有稳定抗病性的品种,即使在病害严重发生年份发病率也很低。

(二)切断传播途径

有计划地实行轮作倒茬,避免重茬、迎茬种植。在种植形式上,要变等行距播种为宽、窄行种植,改善田间通风、透光条件,促进玉米健壮生长。玉米收获后,平川区要积极组织深耕。山坡丘陵区要及时刨拾根茬,清除秸秆、落叶,集中高温沤肥;在秋耕的基础上,抓住冬、春季节多次碾压土地。无论平川还是丘陵山区,都要努力杜绝白茬地过冬,施足底肥,特别是要增施农家肥,优化配方施肥,推广地膜覆盖,适期早播,可使玉米最危险的感病期大部分时间都避开高温多雨的季节,为提高植株抗病力创造良好的生态环境。

(三)农艺措施

合理施肥,N、P、K 均衡;播种后加强管理,及时追肥、浇水、除草,促进玉米健壮生长,增强玉米抗耐病能力;晚定苗,间病苗,合理密植,及时防治病虫害等,对该病有一定的控制作用。施足基肥,增加腐熟有机肥,N、P、K 配合施用,根据土壤肥力情况实行测土配方施肥。播种时以硫酸锌做种肥,用量 45 kg/hm²,或增施钾肥(氯化钾 120 kg/hm²),可提高植株抗病性,有效降低植株发病率。减少初侵染来源,如适时播种、合理轮作、避免连作、浅种快出、及时拔除病株等。玉米收获后及时清除田间遗留的病株茎叶,深翻土地,促使植株病残体腐烂。将玉米秸秆粉碎、腐熟,促使病原菌死亡,既能减少毒源,又能减低越冬虫源基数。

(四)化学防治

坚持在播种前用药剂处理种子。最常用的处理方法是药剂拌种。可用15%三唑酮可湿性粉剂或50%甲基硫菌灵可湿性粉剂按种子重量的0.3%～0.5%拌种。也可用12.5%的烯唑醇可湿性粉剂或2%戊唑醇拌种剂按种子重量的0.2%拌种。用15%腈菌唑EC种衣剂按种子重量的0.1%～0.2%拌种,防效优于三唑酮,具有缓释性和较长的持久性。但要注意的是,低温或播深超3 cm时,烯唑醇类种衣剂易产生药害。市场上防治玉米丝黑穗病的种衣剂主要含有戊唑醇、烯唑醇、三唑醇、三唑酮等成分,但是含戊唑醇的种衣剂防治效果最好,安全性最高,可作为防治玉米丝黑穗病的首选药剂。

第二节　抗性鉴定与抗源筛选

一、抗性鉴定方法

在研究玉米丝黑穗病时,往往采用人工接种的方法进行鉴定,其中包含田间接种与室内接种。

田间接种通常采集上一季典型病株的菌种,置通风处越冬,用40目铜筛筛出冬孢子,配成0.1%的菌土,在种子上覆盖100 g菌土,然后覆盖田土,苗期避免灌水,提高侵染率。田间接种方法工作量较小,适合大面积接种,但受环境影响严重,个别年份接种发病率较低。为了更好地提高侵染率,接种条件在不断改良。接种效率主要受温度、土壤湿度和菌土浓度等因素影响。一般认为病原菌最佳侵染温度为22 ℃左右,土壤湿度低有利于病原菌侵染,菌土浓度的增加会提高发病率,但到达一定浓度后发病率不再增加。结合以上三种因素,确定了丝轴黑粉菌侵染玉米的最佳条件:20 ℃光照培养8 h和15 ℃暗培养16 h变温培养,土壤湿度20%,菌土浓度1%。该条件下接种的玉米自交系移栽入田间后发病率均高于历年田间直接接种发病率。

室内接种方法也在不断改良,早期研究人员采用真空抽滤接种冬孢子悬液法,取干燥后的冬孢子,经2%氯氨T表面消毒、无菌水漂洗后,制备成106 cfu浓度的冬孢子悬液,然后将苗的接种部位浸入冬孢子悬液,负压条件下进行接种处理。该方法不能够保证冬孢子的萌发率与侵染效果,于是后人将干燥的冬孢子消毒后,用2%蔗糖于28 ℃条件下暗处理48 h以促进冬孢子的萌发,然后将萌发的冬孢子在培养液中继续培养2 d制备冬孢子菌悬液。注射接种法也是提高侵染率常用的接种手段之一,利用丝轴黑粉菌菌液对玉米幼苗的茎基部直接进行注射接种。在此基础上,由于主效抗病基因在中胚轴中表达量最高,因此改进为针刺中胚轴法,另外同时采用浸泡胚根法。浸泡胚根法和针刺法既能够确保病原菌的顺利侵入,又不会对植物造成太大的创伤,同时接菌成功率高,并能做到定量接菌,所以更适合于研究玉米丝黑穗病的抗扩展机制。

丝轴黑粉菌混合交配型菌液的制备和人工接种具体如下:

（一）病原菌的制备

将−80 ℃保存的丝轴黑粉菌交配型菌株 SRZ1、SRZ2 分别划线培养于 PDA 培养基上,28 ℃暗培养 2 d,分别挑取单菌落接种于马铃薯葡萄糖液体培养基 PDB 中,28 ℃、200 r/min摇菌至 $OD_{600}=0.5\sim1.0$,3500 r/min 离心 5 min 收集细胞,用灭菌蒸馏水重悬细胞,再次离心收集;用灭菌蒸馏水重悬细胞至 $OD_{600}=2.0$,将 SRZ1 和 SRZ2 菌液混匀制成接种液。

（二）幼苗的培养

取玉米种子用 75% 乙醇消毒 5 min,然后置于无菌蒸馏水中 12 h,种于无菌沙中,在光照培养箱里发苗,培养条件为温度 25 ℃、空气相对湿度 80%、15 h 光照（10000 lx）/9 h 暗培养,常规管理。

（三）接种方法

（1）浸泡胚根法。当种苗胚芽鞘长约 1~2 cm 时,从沙土中取出种苗,选择长势一致的材料用混合交配型菌液浸泡胚根 30 min,然后重新置于发芽盒中继续培养。

（2）针刺中胚轴法。当种苗胚芽鞘长约 1~2 cm 时,从沙土中取出种苗,选择长势一致的材料用混合交配型菌液针刺中胚轴下部,然后重新置于发芽盒中继续培养。

随着对玉米丝黑穗病病原菌研究的深入,发现玉米丝轴黑粉菌属四极型异宗配合真菌,其亲和性由两个交配型基因控制（即 a 和 b）,只有亲和交配型基因的担孢子相互配对融合形成的双核菌丝才有侵染力,而冬孢子萌发时产生 4 种交配型担孢子的比例较为随机,无法保证每次萌发产生的 4 种交配型担孢子的比例都是 1∶1∶1∶1,经常出现 0∶1∶1∶0 或 4∶2∶1∶0 的情况,因而采用冬孢子菌悬液接种存在试验重复性差的问题。2005 年,德国哥廷根大学的 Schirawski 教授分离并纯化了丝轴黑粉菌的 4 种交配型担孢子,并鉴定出其中具有亲和性的交配型是 a1b1（SRZ1）和 a2b2（SRZ2）。因此,采用亲和交配型菌株（SRZ1、SRZ2）进行人工接种能够在确保侵染率的同时保证试验的可重复性。

（四）调查标准

根据玉米丝黑穗病病症与丝轴黑粉菌的分子特征,人们研究了很多丝黑穗病鉴定方法,如玉米幼苗的叶片退绿斑点鉴定、乳酚油棉兰染色玉米生长锥鉴定、质壁分离法鉴定等,但都有一定的局限性。

接种丝轴黑粉菌后的植株叶片表面早期会产生褪绿斑点（图 8-4）,抗性表型调查主要在乳熟期,以田间发病率为指标进行鉴定,根据发病率划分为高抗（0%~1.0%）、抗病（1.1%~5.0%）、中抗（5.1%~10.0%）、感病（10.1%~40.0%）、高感（40.1%~100%）五个级别。

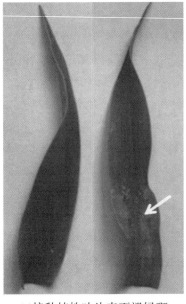

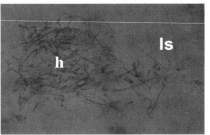

(b)接种叶片表面菌丝，h：菌丝，
ls：叶片表面，×400

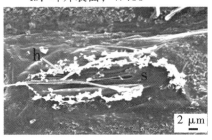

(a)接种植株叶片表面褪绿斑
点（右），对照（左）

(c)气孔周围聚集的菌丝，h：菌丝，
s：气孔

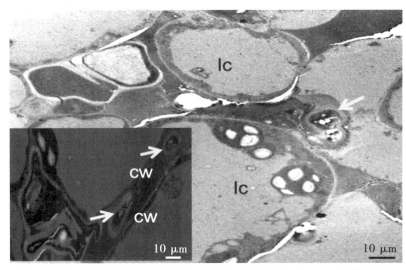

(d)植物细胞间隙的菌丝，箭头：菌丝，cw：细胞壁，lc：植物细胞

图8-4　接种丝轴黑粉菌后叶片症状及菌丝观察

二、抗源筛选

选育和推广抗病品种是防治玉米丝黑穗病的关键措施，是进一步研究丝黑穗病抗性遗传的基础。因此，为了加强抗病品种的选育，国内外玉米遗传育种者做了大量抗源筛选工作。在我国玉米种质中存在从高抗到高感的各种类型，并且感病类型和高感类型占

较大比例,其中包括我国的一些常用自交系,如黄早四及其改良系等,这可能是我国近年来丝黑穗病频发的原因之一。

1981—1982 年,有研究人员对 238 份美国杂交种或自交系进行抗性鉴定,其中 136 份表现高抗,占鉴定材料的 58%。此外,对 8 个欧洲优良玉米自交系进行抗丝黑穗病鉴定,表现稳定高抗的为 D408,106589,KWA,RZ01;高抗或抗病的为 D145;感病或高感的为 D32,KWB,KWC,而且其发病率与地域和鉴定年份有关。

1976—1982 年,陕西省植保所对 750 份玉米自交系、杂交种及农家种的鉴定表明,抗病材料仅占 23.6%,表现稳定抗性的自交系主要包括 Mo17、武 107、辽 1311、获白、7091、B70、吉 63;高感系有 525、埃及 205、塘四平头、武 206、武 110 等。1984—1989 年,通过在公主岭、丹东、杨陵、毕节、昭通 5 个地点对 2687 份玉米资源鉴定表明,仅有 43 份表现高抗(占总数的 2.13%),包括香河白磁、金顶子、白鹤、黄马牙、白马牙子、红瓢玉米、大八趟、老八行、红沟子、马牙子、英粒子、杂红骨、火苞米、老来瘪、黄金塔、八趟子、白玉米、牛尾巴黄、红苞米、玉河刺玉米、二早子旱地黄、铁河白、火玉米、FUNDULEA420、Sc3444、Sze Dc 488、FIRST CL600、南 23-35、晋穗 36、82 黄 10、82 黄 8、82 黄 6、大 W1024、铁 13Ht、罗双莱、单 892A、罗 31 长、W70、H109、H309、RCL64Ht、KH2。1992 年全国玉米丝黑穗病防治研究协作组前期研究指出辽 1311、Mo17、B7、B37、E28、5005、旅 9 为高抗材料,黄早四、铁 78 为高感材料。

2003 年王振华等采用人工接种鉴定法研究了黑龙江省常用玉米自交系和部分国内骨干系对丝黑穗病的抗性。在 54 份自交系中,鉴定出 4 份高抗系和 8 份抗病系,感病和高感系占 64.9%。随后有人通过对 80 份玉米自交系两年的接种鉴定,筛选到齐 319、吉 853、铁 9010、莫群 17、吉 495 和吉 846 共 6 份高抗丝黑穗病自交系,综 31、Mo17、合 344 和东 91 等 18 份抗丝黑穗病自交系,以及郑 58、东 108、B73、黄 C 和 81162 等 11 份中抗丝黑穗病的自交系。其中,绝大多数骨干自交系感或高感玉米丝黑穗病,占供试材料的 56.25%。血缘分析结果表明,供试自交系中,Ried 血缘材料多数属于中抗或感病材料,没有发现高抗材料;Mo17 和自 330 亚群的材料多数抗或高抗玉米丝黑穗病;尤其是 Mo17 亚群含高抗材料最多,其抗性更强,说明 Mo17 是一个优良的抗源;塘四平头群的材料均感或高感玉米丝黑穗病,如黄早四、444 和 502 等;旅大红骨群既有高抗玉米丝黑穗病材料,如铁 9010,也有高感材料,如 E28 和丹黄 02;PN 种质中也是高抗材料和高感材料并存,如齐 319、海 9-21 等;黑龙江省地方玉米优势类群中,长 3 群的 K10、东 237 和长 3 均表现为感病,红玉米群中只有红玉米为抗病材料。此外,有研究人员于 2002—2006 年对 893 份来自国家农作物种质资源库保存的玉米种质进行抗丝黑穗病的鉴定与评价,在 205 份供鉴玉米自交系中筛选出 917、7144、P12、8913、育系 549、育系 560、育系 1065、育系 1066、KLI、哲 341、哲 357、哲 5731、哲 5735、哲 4679 共 14 份高抗的自交系材料,占供鉴定自交系材料总数的 6.8%;在 688 份供鉴定的地方品种(农家种)、群体材料和国外引进资源中筛选出 3 份高抗丝黑穗病的玉米材料,分别为 C-276、Kneja-3920 和 A107,占供鉴定资源材料的 0.4%。高树仁等鉴定了 133 份当前玉米育种中常用的自交系,如 Mo17、齐 319、丹 340、掖 478、掖 178、黄早四及其改良系,基本上可以代表我国当前常用玉米种质对丝黑穗病的抗性水平。在133份自交系中表现高抗的有8个自交系,占供测试自交系的6.0%;表现抗病的玉米自交系有26个,占19.5%;中抗自交系有25个,占18.8%;其余有40份玉米自交系表现感病,占30.1%,34份玉米自交系表现高感,占25.5%,二者合计55.6%。2003年有研究人员对近年辽宁省玉米育种界广泛应用的骨干自交系(旅大红骨和塘四平头血缘)导入热带及亚热带种质Suwan1、墨黄965等血缘获得抗病性强的材料。塘四平头血缘热导种质后代材料对丝黑穗病的抗性改良也取得了很好的效果。除极个别材料外,这些热导种质后代材料均有较好的抗病性表现。2003~2006年,有人在田间采用人工接种的方法,对我国153份玉米自交系及24份玉米群体材料进行了抗丝黑穗病的鉴定评价。结果表明,对玉米丝黑穗病表现高抗的自交系有P138、4F1、200B、鲁原92、齐319、吉412、合344、东91、CD13和吉495共10份。左淑珍等评价了72份玉米自交系对丝黑穗病的抗性,鉴定出吉846、齐319、4F1、82黄6、917-1、郑58、黄C、吉877、红玉米、荒11、合344、龙系53、Mo17、(Roh43×春英)-2、H504、吉876、L508008、BCILgu共18份高抗自交系,占总数的25%。

热带和亚热带种质中也有一些抗丝黑穗病的资源,近几年使用频率较高的来自美国的含有热带种质血缘的P系对丝黑穗病的抗性较好,如P138属于中抗。山西农科院从美国杂交种混合群体中选育出的sh-21是丝黑穗病的重要抗源。我国在利用热带、亚热带玉米种质方面取得了显著成效。从1985年开始,中国农业科学院作物所采用控制双亲的混合选择法改良两个CIMMYT玉米基因库Poo133 QPM和Pool34 QPM,结果表明这种方法能有效地提高热带、亚热带群体对温带长日照条件的适应性。除此之外,一些育种单位将热带、亚热带种质导入温带种质中,组建了一些温热复合群体,经改良后从中选取了一些优良自交系。如四川农业大学玉米所从亚热带群体Suwan-1中选出的优良自交系S37,并由它组配的玉米品种雅玉2号(7922×S37)在西南山区得到大面积的推广;四川绵阳市农科所间接利用热带种质选育的绵单1号在四川西南山区被广泛种植。山西农科院育成的太113自交系;沈阳农科院选育的沈118、沈218、沈219等自交系;河南农科院育成的苏2自交系、泰8085自交系等,均是以热带、亚热带种质为基础材料选育的,并组配了一批配合力高、杂种优势强、产量高的优良组合,在我国玉米生产上发挥着重要作用。

第三节　抗性遗传

一、抗性生理响应

通过利用不同抗病性的玉米自交系,从细胞水平上对玉米丝黑穗病的病原菌侵染进行研究。当菌丝侵入玉米胚芽鞘后,不仅影响胚芽鞘内表皮细胞的细胞质和细胞膜特性的异常变化,使其丧失正常的生理功能,还影响到细胞壁,使其变薄、破裂或增厚产生瘤状突起,寄主细胞膜透性增加,丧失质壁分离能力。有些细胞的叶绿体变黄,叶绿素被破坏,但叶绿体的直径无明显变化,即玉米芽鞘细胞对丝黑穗病病原菌表现出固有的抗性。

进一步的相关分析表明,幼芽鞘组织的透性和自交系的田间发病率呈显著正相关(R = 0.71),丧失质壁分离能力的细胞百分率与田间发病率呈显著正相关(R = 0.73)。还有人通过观察玉米自交系黄早四受丝轴黑粉菌侵染 11 d 后的细胞结构变化发现,寄主细胞结构被破坏,出现质壁分离、细胞壁消解、叶绿体结构紊乱或解体、“花环结构”被破坏等现象。同时侵染的丝轴黑粉菌在玉米根细胞的诱导下也会产生细胞形态的改变,会在玉米根系表层形成厚的菌丝层,但不会大量地损伤寄主细胞,且不引起寄主细胞强烈的免疫反应。

Martinez 等对玉米丝黑穗病的早期入侵过程进行了细胞学观察研究,发现菌丝在早期入侵的过程中,并不会大量地损伤甚至破坏掉寄主细胞,从而避免了引起寄主强烈的防卫反应,表明了在侵染早期,半活体营养的玉米丝黑穗病与寄主之间具有未知的互作机制。还有研究人员对接种后抗、感不同材料中的病原菌的生长情况进行监控,发现 8 叶期前,菌丝侵入生长点后,在寄主顶端分生组织中潜伏在细胞间生长,进而有效地避免寄主防卫反应发生。而进入到玉米从营养生长向生殖生长转换的过渡时期,高感材料中潜伏的菌丝会大量分支扩增从而产生病症,而高抗材料则可以通过一系列抗病途径,对菌丝的分支扩增进行抑制,从而表现出对体内菌丝的扩增和病症的暴发产生抗性。于滔等对比了抗、感品种受丝轴黑粉菌侵染后叶片超微结构的差异,表明病原菌侵染后,感病品种细胞结构遭到严重破坏,出现质壁分离、细胞壁消解、叶绿体瓦解现象,甚至“花环型结构”遭到破坏,而抗病品种细胞结构完整,说明丝轴黑粉菌引起细胞超微结构在抗、感品种间存在明显差异。

总的来看,不同抗性的玉米种质对丝轴黑粉菌冬孢子的萌发和侵染反应有差异,玉米对丝黑穗病的抗性既表现为抗侵入也表现为抗扩展,玉米对丝黑穗病的抗性是多种因子综合作用的结果。因此,分离现有种质资源的主效抗丝黑穗病 QTL/基因,将有利于研究玉米对丝黑穗病的抗性机制。

玉米对丝轴黑粉菌侵染的反应取决于两者之间相互作用的遗传基础。一般是从玉米和丝轴黑粉菌接触开始,通过表面分子相互作用,把信号传递到寄主植物细胞内,启动寄主一系列相关联的生理、生化反应,从而改变寄主体内的生理生化代谢而起作用。研究发现过氧化物酶活性与田间发病率呈现极显著的正相关(R = 0.89),过氧化物酶主要存在于膜系统上,丝轴黑粉菌侵入时,膜系统遭到破坏,过氧化物酶活性显著提高以增强植株抗性。

受丝轴黑粉菌侵染的玉米体内活性氧含量提高,寄主体内的 POD(过氧化物酶)、SOD(超氧化物歧化酶)、CAT(过氧化氢酶)、PAL(苯丙氨酸解氨酶)、PPO(多酚氧化酶)等相关防御酶活性变化明显,进而激活寄主防御系统。POD 作为细胞内重要的组成成分,可将酚类物质氧化为醌类物质,提高植物抗病能力,参与活性氧代谢、木质素形成、生长素降解等过程并与细胞壁伸展蛋白的偶联有关。贺字典等通过对玉米接种丝轴黑粉菌后酶活性研究发现,病原菌侵染后玉米体内 PAL、SOD、EST(脂酶)和 PPO 等相关防御酶活性有不同程度的提高,其中 PAL 酶活性变化最为显著。PAL 是苯丙烷代谢途径即酚类物质、植保素、水杨酸和木质素等抗菌物质合成过程中的关键酶和限速酶,对增强植物抗性具有重要的生理意义。

玉米接种丝轴黑粉菌后体内生长素、赤霉素、玉米核苷等含量降低，而脱落酸含量升高，内源激素变化可能是导致植株矮化、节间缩短、丛生等玉米丝黑穗病病症的主要原因。赤霉素含量的降低往往会造成植物矮化。生长素在植物新器官的形成和发育中起到重要作用，是导致感病雄穗花器官形态建成紊乱的关键因素。脱落酸是植物抗逆反应的重要信号因子，与 POD、SOD 等活性密切相关。在高抗丝黑穗病玉米自交系 Mo17 中黄酮类物质大量累积，抑制了生长素的运输和菌丝的扩增，有效减少了丝黑穗病病症的暴发。张绍鹏等通过双酶切数字表达图谱技术对 Mo17 与黄早四8叶期生长点基因转录表达变化分析发现，丝轴黑粉菌的侵染改变了宿主谷胱甘肽 S-转移酶活性、咖啡酰辅酶 A 甲基转移酶活性、活性氧累积程度及木质素总含量和沉积模式等。利用体外吲哚乙酸和黄酮类代谢产物培养丝轴黑粉菌后发现，吲哚乙酸会刺激菌丝大量分支，菌丝末端逐渐成簇状生长，而黄酮类代谢产物则抑制菌丝生长。丝轴黑粉菌改变寄主代谢调节的同时，也受到了寄主代谢产物的影响，玉米与丝轴黑粉菌间复杂的互作过程共同决定了病症的形成。

二、抗性细胞学变化

（一）病原的侵染

亲和交配型形成的二倍体侵染菌丝可通过玉米的胚芽鞘、胚根等部位侵入玉米细胞中，进行半活体营养的生活史。随着玉米植株的生长，蔓延于玉米植物体内的菌丝，在形成孢子前，聚集在玉米体内形成孢子的部位，通常聚集在雌、雄穗部位。形成孢子时，菌丝体在玉米体内的雌、雄穗部位集中繁殖，产生隔膜，形成大量的群集菌丝，原生质向某些细胞集中，使这些细胞不断膨大，原有细胞壁胶化成胶质膜，内膜增厚，形成新的厚壁，使得每一个含有双核的菌丝细胞发育成为一个冬孢子，最终感病植株呈现出黑粉的症状（图 8-5）。

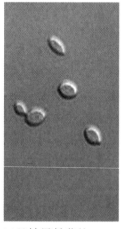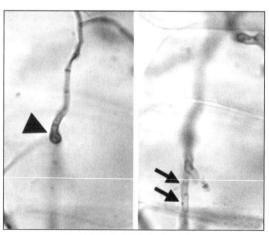

(a)丝轴黑粉菌的单倍体孢子　(b)在植物表面，丝轴黑粉菌的双核菌丝在感染后1 d形成附着胞，用于植物渗透　(c)丝轴黑粉菌的附着孢子穿透叶面

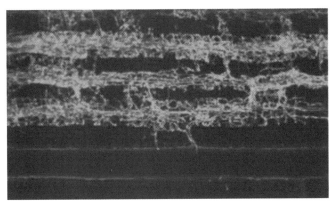

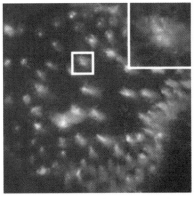

(d)通过共聚焦显微镜观察到的染色后样品的Z堆叠　　　(e)真菌菌丝定植束鞘细胞的特写

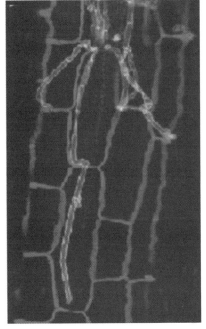

(f)通过共聚焦显微镜观察染色后
样品的横截面

(g)在玉米雌穗和雄穗上形成的丝轴黑粉菌孢子

图8-5　玉米外部、上部、内部丝黑穗病病原菌的形态阶段

(二)寄主与病原的关系

在寄主中,丝轴黑粉菌形成产孢菌丝,将菌丝分隔在孢子球和非产孢细胞间菌丝之间。通过电子显微镜在玉米和高粱种的产孢菌丝周围观察到凝胶状基质。丝轴黑粉菌主要在细胞内通过裂解和机械压力穿过宿主细胞壁。菌丝被一层无定形的富含囊泡的层所包围,该层被一层与玉米质膜有关的膜所限制,包裹层被认为是植物和真菌之间的交换区。研究表明在营养茎尖中包埋丝轴黑粉菌菌丝的物质为多糖基质,受感染的宿主

细胞表现正常,丝轴黑粉菌起着类似于生物营养内生菌的作用。在寄主体内的丝轴黑粉菌的菌丝,一种形式是菌丝透过寄主组织细胞壁,伸入到寄主体的细胞内;另一种形式是菌丝不伸入到寄主体的细胞内,而只在寄主组织的细胞间蔓延。伸入细胞内的菌丝可直接从寄主体细胞内吸收 N 和 C 源等营养物质,而蔓延于寄主体细胞间的菌丝则产生头状等不同形式的吸器,用吸器来吸收细胞内的营养物质(图 8-6)。对于一种生物营养性病原体,细胞间生长是一种有效的策略,以避免造成细胞损伤,从而在感染的早期引发侵袭性宿主防御反应。

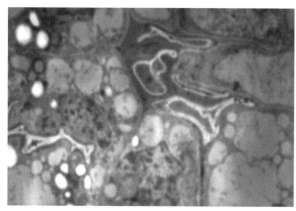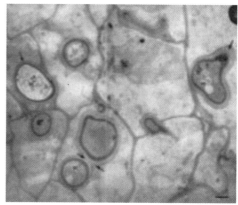

(a)分生组织伸长区的细胞间和细胞内菌丝的横切面　(b)用蛋白盐染色的分生组织顶端区的横切面

图 8-6　被丝轴黑粉菌感染的营养茎尖的透射电子显微照片

进一步研究表明,丝轴黑粉菌的菌丝生长导致在玉米根表面定殖的真菌层的形成,这种结构是丝轴黑粉菌与植物相互作用的原始方式。在真菌层中观察到菌毛插入宿主细胞壁,表明这些纤维状结构在细胞黏附和感染过程中的直接作用。通过这种方式,真菌在感染的初始步骤中充当生物营养内生菌。另有研究表明,玉米根部渗出的成分与丝轴黑粉菌相互作用,寄生在真菌与根部接触之前影响其生长。在寄主中,丝轴黑粉菌作为生物营养内生菌直到孢子发生,最后发生在玉米的花分生组织中。根部的穿透从未伴随宿主细胞的剧烈损伤,细胞也并无增厚或附着以加强壁结构。此外,真菌被嵌入无定形基质中,因此与宿主细胞分离。丝轴黑粉菌在玉米花分生组织发生了根本性的变化,在孢子发生过程中玉米细胞被真菌完全侵入(图 8-7)。

Ghareeb 等 2011 年的研究发现,被侵染植株雄穗状花序的分枝具有类似于健康雄穗的小穗对,但被叶状结构包围(图 8-8)。对比抗、感玉米品种受丝轴黑粉菌侵染后叶片超微结构的差异,发现病原菌侵染后,感病品种细胞的结构遭到严重破坏,出现质壁分离、细胞壁消解、叶绿体瓦解现象,甚至"花环型结构"遭到破坏。而抗病品种细胞结构完整,说明丝轴黑粉菌引起细胞超微结构在抗、感品种间存在明显差异。进一步研究表明,丝轴黑粉菌成功感染玉米的时间约为接菌后 12 h。在接种后 6 d,丝轴黑粉菌菌丝在感病自交系中稳定扩展,但在抗病自交系中除开始侵入少量丝轴黑粉菌外,之后菌丝的扩展受到阻碍。此外丝轴黑粉菌菌丝在感病自交系中更加分散,而在抗病自交系的组织中分布更密集。

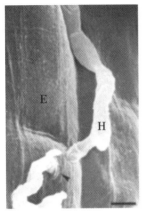 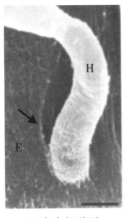 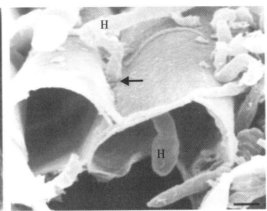

(a)在表皮细胞壁穿孔处   (b)表皮细胞壁   (c)一个受感染的玉米根的横切面显示菌丝(H)
    形成一个小垫   凹陷(E)   通过两个表皮细胞之间的连接处标尺

图8-7 穿透菌丝的细胞学观察

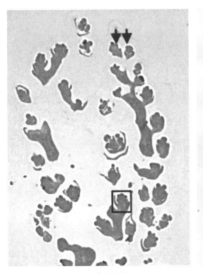 

(a)抗病植株   (b)感病植株

图8-8 玉米丝黑穗病抗病及感病植株流苏花序的纵向切面

(三)抗性遗传

有报道称玉米对丝黑穗病的抗性属于细胞核遗传,正反交抗性差异不显著(白W20×双四例外),抗病对感病呈不完全显性。1983年,马秉元等报道了玉米对丝黑穗病的抗性属数量遗传,表现为多种遗传方式,主要为基因加性效应。Bernardo 等用 A632×A188 和 LH74×LMZ66 的 F_1、F_2 代和回交后代群体及其亲本研究玉米丝黑穗病的抗性遗传,采用世代均方分析法,发现加性基因效应在抗性遗传中起决定作用,显性和上位性效应较小。

通过对"永久 F_3 家系"在吉林公主岭和黑龙江东北农业大学的抗病接种鉴定发现,绝大部分"永久 F_3 家系"的发病率介于两亲本之间,且基本呈正态分布,而且玉米丝黑穗病发病率的遗传力较高,两地点的广义遗传力均在 80% 以上,进一步说明玉米对丝黑穗病的抗性属于遗传能力较高的数量性状遗传。

美国和德国学者对玉米丝黑穗病的抗性基因进行了 QTL 分析,利用 SC325(抗)×RTX7078(感)的分离群体,从 132 个 RFLP 标记和 168 个 RAPD 标记中分别找到了 1 个与抗丝黑穗病连锁的标记,其中 RFLP 标记 taml294 和 RAPD 标记 OPG5-2 与抗病基因连锁距离分别为 13.5 cM 和 11.2 cM。用 100 个重组近交系 RILs(来自 Hi34X 和 TZi17 组合)为作图群体,构建玉米遗传连锁图谱(含 116 个 RFLP 标记和 4 个 SSR 标记),结合在南非自然条件下的抗病性评价,对玉米抗丝黑穗病 QTL 进行分析。采用单一标记法确定在染色体第 1、2、9、10 上含有抗性基因位点。以 D32×D145(220 个 F_2 单株)为作图群体,构建玉米标记连锁图谱(含 87 个 RFLP 和 7 个 SSR 标记位点),将 220 个 F_3 家系分别在法国和中国进行抗病性评价,采用复合区间作图法分别定位 3 个和 8 个抗性 QTL,可解释 13% 和 44% 的表型变异。

姜艳喜以黄早四(高感)×Mo17(高抗)构建的 F_2 分离群体中 184 个单株为试验材料,采用复合区间法,利用 87 个 SSR 标记,分别于黑龙江省哈尔滨和吉林两个地点进行人工接种丝黑穗菌抗性鉴定,在哈尔滨点检测到 5 个(第 1、2、3、4、7 染色体)QTL,可解释的表型变异分别为 15.1%、13.21%、13.1%、11.4% 和 7.1%,第 1、3、4 染色体上表现为部分显性和加性效应,第 2、7 染色体上的 QTL 表现为超显性;在吉林点检测到 6 个(第 1、2、3、6、8、9 染色体)QTL。通过比较两地的结果发现,两地中在第 1、2 两条染色体上检测到的 QTL 位置及表型贡献率基本相同,这说明控制玉米丝黑穗病的基因具有一致性和环境稳定性。石红良等以 Mo17(高抗)×黄早四(高感)的 F_2 分离群体为作图群体(191 个单株)构建遗传连锁图谱,定位到 6 个 QTL,分别位于第 1、2、3、4、8、9 条染色体上,解释的表型变异率为 4.6%~16.3%。其中第 2 染色体上的表现为超显性效应,第 3 染色体上的表现为加性效应。Chen 等采用吉 1037(高抗)×黄早四(高感)的 BC2 群体进行了玉米丝黑穗病的抗病 QTL 精细定位,利用 113 个 SSR 标记在玉米染色体的 bins 1.02/1.03、2.08/2.09、4.01、5.03、6.07 和 10.03/10.04 区域,共检测到 9 个 QTL,其中位于 bin2.09 区域的为 1 个主效抗丝黑穗病 QTL(qHSR1),能够解释 36% 的表型变异。

(四)玉米抗病基因克隆

以高抗丝黑穗病自交系 Mo17 和高感丝黑穗病自交系黄早四为材料,采用 SSH 和 cDNA 芯片技术检测到一些受丝黑穗病病原菌侵染诱导表达的基因,主要为赤霉素激发转录蛋白、类成熟蛋白和衰老相关蛋白。前期已发掘到玉米丝黑穗病抗性 QTL、抗病基因类似物(resistance gene analog,RGA)以及丝黑穗病抗性相关候选基因(tentative uniquegenes,TUGs)。除 7 号染色体外,在玉米 10 对染色体中的 9 对上检测到与丝黑穗病抗性相关的 QTL,并且在 bin2.09 中发现了一个主要的抗性 QTL,并克隆了主效抗病基因 *ZmWAK*,该基因可在苗期玉米中胚轴大量表达,诱导寄主植株产生程序性细胞死亡

（AL-PCD），将菌丝限制在死亡细胞内并抑制其扩展，进而提高抗性。此外借助基因芯片技术发现参与调控的抗病相关基因主要通过植物与真菌互作代谢途径、细胞自然死亡途径、糖代谢途径和丁布合成途径完成对丝黑穗病的抗性反应。并通过生物信息学手段，预测到 *YC1*、*YC2*、*YC3*、*YC4* 是含有抗病保守结构域 NBS/LRR 的 4 条序列的抗性候选基因，并利用 TA-克隆方法，成功克隆出 4 个抗病候选序列，在 *YC4* 中确定了一个玉米主效抗丝黑穗病区域内与抗丝黑穗病相关的 SNP 位点。在此基础上，从玉米抗丝黑穗病近等基因系 L282 中克隆获得抗病候选基因 *ZmNL* 的 cDNA 全长序列，并通过生物信息学分析，证明其为 NBS-LRR 类抗病基因，同时结合体外抑菌试验发现 *ZmNL* 基因编码蛋白对丝轴黑粉菌具有一定的抑制作用。

第四节　抗病品种选育

一、抗性育种现状

自 20 世纪 70 年代以来，玉米丝黑穗腐病一直是美国、墨西哥、澳大利亚、南非和法国的严重问题，部分地区发病率可达 80%。由于丝轴黑粉菌冬孢子可在土壤中越冬，厚垣孢子存活时间长，随着土壤中孢子的积累，适宜条件时，丝黑穗病可大量暴发。在我国辽宁、吉林、黑龙江等部分地区，发病率严重时可造成 20% 以上的产量损失。近年来，玉米丝黑穗病的发生因包衣技术的利用有所降低，年际间因气候条件及包衣质量的差异，在部分地块仍有发生，而且利用包衣技术防治植物病害存在生产成本高和污染环境等问题。玉米丝黑穗病的防治以种子包衣和拌种预防为主，但化学防治不能从根本上解决玉米丝黑穗病的发生和流行，且一旦病原菌侵入，将无法防治。选育和推广抗病品种是防治玉米丝黑穗病的关键措施，是进一步研究丝黑穗病抗性遗传的基础，因此为了加强抗病品种的选育，国内外玉米遗传育种者做了大量抗源筛选工作。

对近年来全国各主要玉米产区如河南、辽宁、黑龙江等地玉米育种的种质进行了详细分析，发现我国玉米种质基础相对狭窄，主要集中在少数几个骨干系上，而这些骨干系中有的自交系高感丝黑穗病，因此抗病资源严重缺乏。在品种审定中，国内对玉米杂交种的丝黑穗病抗性评价缺乏统一标准，导致部分感病品种在市场流通，造成个别年份丝黑穗病的大发生。因此，在品种审定时全国应统一丝黑穗病的抗性评价标准。品种审定中应严把丝黑穗病的抗性，杜绝高感品种在市场的流通。

二、抗性种质资源来源

为明确 629 份国内外玉米种质及杂交种（表 8-1）抗丝黑穗病差异，有研究人员于2016—2018 年间采用人工接种法对其进行了田间抗性鉴定。研究结果表明，在鉴定的629 份玉米种质及杂交种中，25 份材料表现高抗、34 份材料表现抗、55 份材料表现中抗、

322 份材料表现感、193 份材料表现高感,分别占总材料的 3.97%、5.41%、8.74%、51.20% 和 30.68%(图 8-9)。此外,表现中抗及中抗以上自交系共 32 份,占 266 份供试自交系的 12.03%;表现中抗及中抗以上杂交种共 23 份,占 142 份供试杂交种的 16.20%;而表现中抗及中抗以上农家种 59 份,占 216 份供试农家种的 27.31%。

表 8-1　供试玉米材料来源与数量

来源	鉴定材料数量	来源	鉴定材料数量
俄罗斯	124	中国四川	60
乌拉圭	75	中国江西	13
巴西	72	越南	4
中国云南	72	老挝	3
墨西哥	71	中国广西	2
中国内蒙古	66	中国河北	1
中国贵州	65	秘鲁	1

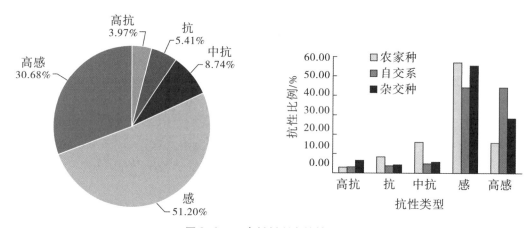

图 8-9　玉米材料所占抗性比例

　　相关研究人员在丝黑穗病抗性鉴定筛选方面已做了大量工作,筛选出了一批抗玉米丝黑穗病的自交系、农家种和杂交品种,但高抗丝黑穗病的玉米种质仍相对较少。近年来引进的外来种质可分为 3 类:一是从国外引入经过现代育种技术选育的温带杂交种、自交系或群体材料;二是从热带、亚热带低纬度地区引入并不完全适应温带种植的杂交种、自交系和群体材料;三是从玉米遗传多样性中心及世界各地引入的野生近缘种。根据对玉米种质资源的丝黑穗病抗性鉴定结果,含有 Mo17 血缘和自 330 血缘的材料多数抗或中抗,尤其是含有 Mo17 血缘的材料抗性较好,说明 Mo17 是一个优良的抗源,许多含 Mo17 血缘的自交系如合 344 和吉 846 都表现抗病。近年来,我国对引进的外来种质资源抗丝黑穗病的分析,为玉米育种家抗丝黑穗病育种提供了宝贵的原始材料,为科学研究提供了重要的参考资料。一般抗丝黑穗病的品种资源都来自山区或丘陵的玉米产区。在此基础上选育出许多抗丝黑穗病的自交系,为配制高产、优质、多抗性玉米杂交种创造了条件。我国从"七五"至"九五"期间,经各级植保部门筛选和多年抗病鉴定结果显示,表现稳定的高抗玉米丝黑穗病的自交系有齐319、吉818、龙抗11、SH15、P138、丹599、吉495和Mo17,抗玉米丝黑穗病的自交系有吉419、吉63、合344、沈137、B73、吉465、黄C、丹340、吉412、吉846、综31、81162和4F1(表8-2)。

表8-2　国内21份玉米自交系抗丝黑穗病的评价

序号	自交系	系谱	类群	抗性评价
1	齐319	Derivd from synthetic BSSS	PB	HR
2	吉818	(VT157×吉63)×吉63BC4	PA	HR
3	龙抗11	Mo17×自330	Lan	HR
4	SH15	Derivd from synthetic BSSS	PB	HR
5	P138	Derived from OPV Lüda Red Cob	PB	HR
6	丹599	Recycled fromhybrid 78599	PB	HR
7	吉495	(Mo17×L105)×Mo17	Lan	HR
8	Mo17	C103×187	Lancaster	HR
9	吉419	Recycled from hybrid P3382	Lan	R
10	吉63	(127-32×铁84)(W24×W20)	LRC	R
11	合344	OPV Baitoushuang×Mo17	Lan	R
12	沈137	Recycled from hybrid 6JK111	PB	R
13	B73	Derivd from synthetic BSSS	Reid	R
14	吉465	Derived from Mo17	Kan	R
15	黄C	(黄小162/o2×自330/o2)×Tuxpeno-1	PA	R
16	丹340	白骨旅九×有稃玉米	LRC	R
17	吉412	Recycled from hybrid 78599	Lan	R
18	吉846	Ji63×Mo17	Lan	R
19	综31	自330系统综合种	LRC	MR
20	81162	522×掖107	Reid	MR
21	4F1	Mo17辐射处理	Lan	MR

不同种质来源的自交系对丝黑穗病的抗病能力存在很大差异。研究发现,Lancaster群体综合抗性最好,高抗丝黑穗病,抗性位居各群之首;旅大红骨群体抗丝黑穗病;塘四平头群体重感丝黑穗病。目前广泛应用的来源塘四平头群体的自交系黄早四、K12、吉853等都重感丝黑穗病。其他群中的PN78599亚群对丝黑穗病的抗性不一致,从中选育

的自交系间差异较大,P178 和 P126 等重感丝黑穗病,而齐 319、丹黄 25 又高抗丝黑穗病。

三、抗病自交系的选育

利用高抗丝黑穗病优良玉米群体的改良与轮回选择,复合杂交技术等创新的玉米育种新素材,在接种鉴定条件下,通过自交、回交等方法选育出高抗丝黑穗病、高配合力、优质、农艺性状优良的玉米自交系。高抗丝黑穗病优良单株,进行 2~3 代株系内自交,接着进行配合力测定与抗病性鉴定,把高抗、高配合力材料自交 3~4 代,再次进行抗病性鉴定,稳定材料进行组配。在自交系的改良上,可采用轮回选择的方法逐渐积累抗性基因,不断提高群体的抗病性,采用混合选择法既可提高群体抗性,又不影响产量。原始群体可以是优良自交系组成的群体,也可以是由抗病性较强的自交系组成的群体。因此,改良现有优良自交系类群,选育新的抗病、配合力高的优良自交系是抗病育种的重要任务。王振华等选用黑龙江省自育玉米自交系和部分国内骨干系 54 份自交系进行人工接种抗病性鉴定。在 54 份自交系中,鉴定出 4 份高抗系和 8 份抗病系,感病和高感系占64.9%。PB 血缘材料中既有高抗材料,也有感或高感材料;含 Mo17 和自 330 血缘的材料多数抗或高抗玉米丝黑穗病,尤其是含 Mo17 血缘材料抗性更强;而含黄早四血缘的材料多高感玉米丝黑穗病;Ried 血缘材料多属于中抗或感病类型。东北自育材料中仅有吉846 一个自交系高抗玉米丝黑穗病。

四、抗病杂交种选育

1980—1994 年中国玉米主要生产用种杂优模式分析和中国"八五"审(认)定主要玉米杂交种杂优模式分析得到中国利用的 5 种主要杂优模式,分别为改良 Reid 群×塘四平头群,改良 Reid 群×旅大红骨群,Mo17 亚群×塘四平头群,Mo17 亚群×旅大红骨群,Mo17亚群×自 330 亚群。不同杂优模式抗病性研究为以后的育种工作做了铺垫。根据王振华等对 54 份自交系(包括 PB 血缘、Mol7 血缘、330 血缘)进行 2 年接种鉴定,划分出各自交系的抗病情况,再进行不同抗性自交系杂交试验验证 Fi 的抗性。结果表明:中抗以上类型杂交种的杂交方式应为高抗×高抗、高抗×抗病、高抗×中抗、高抗×感病、抗病×抗病、抗病×中抗,其他杂交方式中,个别虽然也有中抗病杂交种出现,如有黄早四参与的一些组合表现为抗病或中抗,但规律性不强。因此,要把杂优模式与抗病杂交方式结合起来选育新品种。

利用已进行丝黑穗病抗性改良的自交系组配成高产质优的新品种,杂优模式有:①Mo17 改良系×塘四平头改良系;②Mol7 改良系×旅大红骨类群改良系;③Reid 改良系×塘四平头改良系;④Reid 改良系×旅大红骨改良系;⑤外杂选×塘四平头改良系;⑥外杂选×旅大红骨改良系;⑦外杂选×Reid 类群改良系。杂交种的抗病性与自交系关系密切,只有双亲是高抗或抗性材料,才能使其杂交组合具有高度抗性。当双亲中有一感病亲本时,其杂交组合的抗性将明显降低。因此,在亲本组配上,必须对所采用材料的抗病能力有一个定性的认识。

LY2211 是从综 31 杂株中选育的二环系,抗病性强,具有较高的配合力,87-1 抗病性强,活秆成熟,配合力高,雄穗较发达,花粉量大,适宜做父本。LY2211 和 87-1 的自身产量均可达到 6000 kg/hm² 以上,LY2211 的吐丝期和 87-1 的散粉期同期,花期相遇,制种产量高,制种技术简单可行。2003 年以 LY2211×87-1 配制杂交组合,2004 年进行新杂交组合观察试验,鉴定新组合的丰产性,在 526 个参试组合中,该组合表现突出,产量位居第一。

参考文献

[1]董玲,金益,王振华.玉米资源抗丝黑穗病快速鉴定方法的初步研究[J].西南农业学报,2005,18(5):653-657.

[2]郭满库,刘永刚,王晓鸣.玉米自交系及群体材料抗丝黑穗病鉴定与评价[J].玉米科学,2007,15(5):30-33.

[3]郭然,金益,董玲,等.玉米改良自交系对丝黑穗病的抗性研究[J].东北农业大学学报,2009,40(5):1-6.

[4]贺字典,常连生,高玉峰,等.玉米对丝黑穗病菌抗性影响因子研究[J].玉米科学,2009,17(4):127-131.

[5]姜艳喜.玉米抗丝黑穗病及重要相关性状的 QTL 分析[D].哈尔滨:东北农业大学,2004.

[6]刘长华,王振华,张林,等.玉米自交系可溶性糖含量及过氧化物酶活性与丝黑穗病抗性关系的研究[J].玉米科学,2009,17(6):56-59.

[7]刘长华,王振华.玉米丝黑穗病田间接种浓度与发病率关系的研究[J].玉米科学,2008,16(1):119-121.

[8]鲁宝良,刘日尊,赵文媛.玉米丝黑穗病发生趋于严重的原因及抗病育种对策[J].辽宁农业科学,2004(2):27-28.

[9]马秉元,李亚玲,段双科.玉米对丝黑穗病的抗性与遗传初步研究[J].中国农业科学,1983,16(4):12-17.

[10]石红良,姜艳喜,王振华,等.玉米抗丝黑穗病 QTL 分析[J].作物学报,2005,31(11):65-70.

[11]王春明,郭成,周天旺,等.629 份国内外玉米种质及杂交种对丝黑穗病的抗性评价[J].草地学报,2019,27(4):1075-1082.

[12]王晓鸣,戴法超,朱振东,等.玉米自交系和杂交种的抗病特性研究[J].中国农业科学,2000,33(0z1):132-140.

[13]王晓鸣,王振营.中国玉米病虫草害图鉴[M].北京:中国农业出版社,2018.

[14]王振华,姜艳喜,王立丰,等.玉米丝黑穗病的研究进展[J].玉米科学,2002,10(4):61-64.

[15]王振华,李新海,鄂文弟,等.玉米抗丝黑穗病种质鉴定及遗传研究[J].东北农业大学学报,2004,35(3):261-267.

[16]谢志军,郭满库,刘永刚,等.玉米种质资源抗丝黑穗病鉴定与评价[J].植物保护,2008,34(6):92-95.

[17]于滔,王振华,胡英迎,等.玉米丝黑穗病菌侵染抗感品种苗期叶片细胞结构变化[J].玉米科学,2014,22(1):149-153+158.

[18]赵羹梅,王淑芳,刘聪莉.玉米丝黑穗病原菌侵染的一些细胞学研究[J].植物病理学报,1991,21(4):29-32.

[19]郑铁军,李宝英,郭玉莲.玉米丝黑穗病菌致病力分化研究[J].玉米科学,2006,14(3):165-166+169.

[20]邹晓威,夏蕾,王娜,等.玉米瘤黑粉病与丝黑穗病高效接种方法的筛选[J].东北农业科学,2017,42(1):28-30.

[21]左淑珍,靳学慧,李洪雨,等.玉米丝黑穗病的抗源鉴定及抗性遗传研究[J].黑龙江农业科学,2012(4):8-12.

[22]BERNARDO R,BOURRIER M,OLIVIER J. Generation means analysis of resistance to head smut in maize[J]. Agronomie,1992,12(4):303-306.

[23]CHEN Y S,CHAO Q,TAN G Q,et al. Identification and fine-mapping of a major QTL conferring resistance against head smut in maize[J]. Theoretical and Applied Genetics,2008,117(8):1241-1252.

[24]GHAREEB H,BECKER A,IVEN T,et al. *Sporisorium reilianum* infection changes inflorescence and branching architectures of maize[J]. Plant Physiology,2011,156(4):2037-2052.

[25]LAURIE J D,ALI S,LINNING R,et al. Genome comparison of barley and maize smut fungi reveals targeted loss of RNA silencing components and species-specific presence of transposable elements[J]. The Plant Cell,2012,24(5):1733-1745.

[26]LEFEBVRE F,JOLY D L,LABBÉ C,et al. The transition from a phytopathogenic smut ancestor to an anamorphic biocontrol agent deciphered by comparative whole-genome analysis[J]. The Plant Cell,2013,25(6):1946-1959.

[27]MARTINEZ C,ROUX C,JAUNEAU A,et al. The biological cycle of *Sporisorium reilianum* f. sp. Zeae:An overview using microscopy[J]. Mycologia,2002,94(3):505-514.

[28]MARTÍNEZ-SOTO D,VELEZ-HARO J M,LEÓN-RAMÍREZ C G,et al. Multicellular growth of the Basidiomycota phytopathogen fungus *Sporisorium reilianum* induced by acid conditions[J]. Folia Microbiologica,2020,65(3):511-521.

[29]QI F K,ZHANG L,DONG X J,et al. Analysis of cytology and expression of resistance genes in maize infected with *Sporisorium reilianum*[J]. Plant Disease,2019,103(8):2100-2107.

[30]SCHIRAWSKI J,HEINZE B,WAGENKNECHT M,et al. Mating type loci of *Sporisorium reilianum*:Novel pattern with three a and multiple b specificities[J]. Eukaryotic Cell,2005,4(8):1317-1327.

［31］SCHIRAWSKI J，MANNHAUPT G，MÜNCH K，et al. Pathogenicity determinants in smut fungi revealed by genome comparison［J］. Science，2010，330（6010）：1546-1548.

［32］VERGNET C. A new disease：Head smut of maize［J］. Phytoma，1989，31：34-35.

［33］XU M L，MELCHINGER A E，LÜBBERSTEDT T. Species-specific detection of the maize pathogens *Sporisorium* reiliana and *Ustilago maydis* by dot blot hybridization and PCR-Based assays［J］. Plant Disease，1999，83（4）：390-395.

［34］ZHANG S P，XIAO Y N，ZHAO J R，et al. Digital gene expression analysis of early root infection resistance to *Sporisorium reilianum* f. sp. Zeae in maize［J］. Molecular Genetics and Genomics，2013，288（1/2）：21-37.

［35］ZUO W L，CHAO Q，ZHANG N，et al. A maize wall-associated kinase confers quantitative resistance to head smut［J］. Nature Genetics，2015，47（2）：151-157.

第九章　玉米抗小斑病遗传育种

玉米小斑病是影响玉米高产与稳产的重要病害之一。近年来,该病害在夏玉米区的发生和危害呈加重趋势,对我国玉米安全生产构成较大的威胁。本章将综述玉米小斑病发生状况、发生规律和防治措施;概述国内外玉米抗小斑病的鉴定方法、抗病基因挖掘和抗病品种选育的相关研究进展,以期为玉米小斑病可持续治理提供理论参考。

第一节　概　述

一、病害的发生与危害

玉米小斑病是玉米生产上的重要真菌病害之一,1925 年首次报道发生,是世界性的玉米病害。小斑病主要发生在气候温暖湿润的地区,属于典型的气流传播病害,是我国夏玉米区最具有流行风险性的病害。在玉米生长中后期,如果遇到温度较高、降雨较多的气候条件,极易导致小斑病的发生和流行,严重影响玉米的产量和品质。感病品种一般减产 10% 以上,病害流行时可引起减产 20%~30%。1970 年,由于 T 小种的流行,美国许多田块产量损失达到 80% 以上,导致全国玉米减产 1650 万 t,直接经济损失超 10 亿美元。在非洲的喀麦隆,因小斑病引起的玉米减产也高达 68%。由于育种家重视品种的抗性选择,小斑病在我国尚未出现过大流行,但每年在局部地区仍有严重发生的情况。

二、病害症状

玉米小斑病主要发生在玉米叶片上,以产生小型病斑为主,但病原菌也侵染叶鞘、苞叶和果穗,发病严重时,叶片布满病斑,导致叶片早枯而减产。叶片发病初期,可见零散的水渍状病斑或褪绿斑。随着病害发展,叶片上病斑扩大,但一般受到叶脉的限制,病斑沿叶脉方向扩展,呈现长椭圆或不规则的长方形,黄褐色,有时具有深褐色边缘。病斑大小多为(10~15)mm×(3~4)mm,但在一些品种上,由于病斑扩展不受叶脉限制,因而其宽度可达 5~8 mm,多为椭圆形,灰褐色。也有一些品种上的病斑为褐色线状或长条状,长达 20~40 mm,是较典型狭窄病斑(图 9-1)。

(a)发病初期　　　　　　(b发病中期　　　　　　　(c)发病后期

图9-1　玉米小斑病症状（段灿星）

　　在抗小斑病品种上,病斑多为点状坏死的小型斑。病原菌侵染叶鞘后,能够形成较大的病斑。在茎上亦可形成病斑,严重时引起茎秆内的组织腐烂。果穗被侵染后,导致雌穗上籽粒表面布满病原菌的黑褐色菌丝和分生孢子,引起籽粒霉变和穗轴腐烂,带菌种子播后出土时,幼苗会发生萎蔫甚至死苗(图9-2)。

(a)感病材料　　　　　　　　　　(b)抗病材料

图9-2　玉米小斑病田间发病情况（段灿星）

三、病害分布

　　玉米小斑病在世界上分布广泛,在各大洲玉米产区均有较普遍的发生,但在高纬度地区发生较轻。在我国,大部分玉米种植区都有小斑病发生,发生病害的省(区、市)达到29个,以气候温暖湿润的夏玉米区发生为重,河北中南部及河南、山东、辽宁、山西南部、陕西、安徽和江苏等地为病害常发区。2003年和2004年,河北南部、山东、河南以及安徽北部玉米区小斑病发生较重。近年,在夏玉米种植区的局部区域,小斑病的发生仍然十分严重。

四、发生规律

(一)病害循环

玉米小斑病病原菌主要以深褐色、具有厚壁的休眠菌丝体和分生孢子在残留于地表和堆放在地头、村边的玉米植株病残体中越冬,被侵染的籽粒也是越冬场所之一。翌年春天,当出现适宜的温度与湿度条件时,休眠的病原菌萌动生长并产生新的分生孢子,形成田间小斑病发生的初侵染源。分生孢子通过气流和风雨进行田间和较远距离的传播,侵染田间的玉米植株。病原菌侵染需要高的大气湿度和叶片表面存在游离水的条件,一般当环境中相对湿度达到90%~100%时,病原菌能够完成侵染。在高温高湿的条件下,小斑病病原菌只需3~5 d即可完成一个侵染循环。因此,不断地再侵染极易导致在种植感病品种的地区形成田间小斑病的流行(图9-3)。

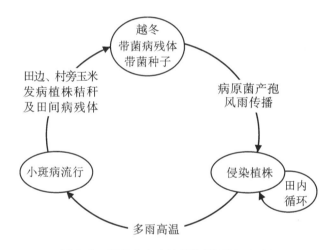

图9-3　玉米小斑病的侵染循环(王晓鸣)

(二)流行规律

玉米小斑病病原菌主要通过气流进行田间传播,在玉米整个生育期内,只要条件适宜,就能不断形成新的侵染。借助风力,病原菌的孢子可以被传播到10 km以外。小斑病病原菌也可以通过种子带菌的方式进行远距离传播。在种子上,病原菌可以存活4~12个月,但对病害流行的作用较小。病原菌孢子通过风和雨水飞溅传播到玉米植株下部叶片,当叶片表面形成水膜、田间温度在20~30 ℃时,病原菌在6 h内即可萌发并侵染玉米叶片。

小斑病流行主要受到品种抗病性水平的影响。大量感病品种的种植是田间玉米小斑病流行的重要因素,同时,病害的流行必须具备大的病原菌群体,要有足够的初侵染源。病原菌还需具备强的侵袭力，才能有效地完成对敏感品种的侵染，并快速形成更大的群体，在短时间内达到病害流行所需的菌源量。高温高湿的环境条件也是该病害流行的重要因素。研究表明，小斑病病原菌侵染的适宜温度为 16～27 ℃，病斑快速扩展的适宜温度为 30 ℃，病原菌产孢的适宜温度为 20～30 ℃，26 ℃时产孢最好。在玉米生长中后期，在日平均温度 25 ℃以上的条件下，降水量和雨日多少将决定病害的严重程度，多雨寡照天气导致田间湿度大、玉米生长势弱，小斑病发生重。

五、病原菌的生物学特性

（一）病原菌形态特征

无性态为玉蜀黍平脐蠕孢［*Bipolaris maydis*（Nisikado et Miyake）Shoemaker］，属于真菌界无性型真菌类丝孢纲丝孢目平脐蠕孢属；有性态为异旋孢腔菌［*Cochliobolus heterostrophus*（Drechsler）Drechsler］，属子囊菌亚门腔菌纲格孢腔菌目异旋孢腔菌属。病原菌以无性态方式完成全部侵染循环过程和世代传递，有性态仅在人工培养条件下可见。

玉蜀黍平脐蠕孢的分生孢子梗散生在病斑表面，从发病组织的气孔或细胞间隙伸出，单生或数根成束，直立或曲膝状，褐色，有 3～15 个隔膜，无分枝，长度约 60～160 μm，基细胞略膨大，顶端细胞略细并且颜色变浅，在顶端或膝状弯曲处有明显的孢痕。分生孢子长椭圆形，淡褐色，向两端渐细，端部钝圆，多向一侧弯曲，具有 3～13 个隔膜，大小为（30～110）μm×（10～17）μm，基部脐点明显，凹陷于基细胞内（图 9-4）。分生孢子萌发时多从两端长出芽管。

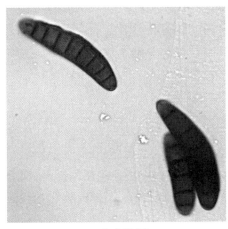 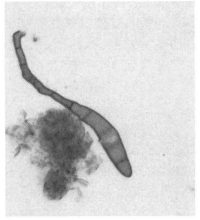

(a)分生孢子　　　　　　　　(b)分生孢子与分生孢子梗

图 9-4　玉米小斑病病原菌形态特征（段灿星）

（二）生理小种分化

根据玉米小斑病病原菌对不同细胞质类型玉米在致病性方面的差异，将病原菌划分为 3 个生理小种，分别为 O 小种、T 小种和 C 小种。O 小种对普通细胞质类型玉米有致病性,没有明显的细胞质专化致病性;T 小种和 C 小种则分别对 T 细胞质类型玉米和 C 细胞质类型玉米致病性强,表现为专化致病性。在中国,由于未过度使用 T 细胞质和 C 细胞质玉米,O 小种为中国小斑病病原菌的优势小种,分离频率约为 85%,而 T 小种和 C 小种出现频率较低。

1961 年,在菲律宾发现 T 细胞质类型玉米在田间表现较重的小斑病。1970 年,美国小斑病大暴发,造成了高达 10 亿美元的经济损失。随后,美国相关研究发现,针对美国广泛种植的 T 型雄性不育细胞质类型的玉米,在小斑病病原菌中分化出 T 细胞质专化的新小种,对 T 细胞质类型玉米毒力非常强,命名为 T 小种,将原致病菌株命名为 O 小种。1983 年,我国观察到 C 细胞质类型的玉米有发病较重的趋势,1988 年正式报道了小斑病病原菌 C 小种的存在。目前,C 小种只在中国存在。田间调查和相关研究表明,O 小种一直为中国小斑病病原菌的优势小种,但在 O 小种内,也存在致病力分化现象,一些强致病力菌株能引起以往的小斑病抗性品种出现感病反应。

六、防治方法

(一)选用抗病品种

不同品种抗病性差异显著,种植抗病品种是当前控制小斑病最为经济有效的措施。多年的生产实践表明,通过选育和推广抗病品种,能够有效抵御小斑病的流行与危害。

玉米小斑病作为我国夏玉米生产中的重要病害,新品种对小斑病的抗性是育种家选育品种的重要目标性状。在国家玉米新品种审定标准中,对黄淮海夏玉米区和京津冀早熟夏玉米区的高感小斑病品种实行"一票否决",即国家审定的在这两个生态区可以推广种植的品种,其对小斑病的人工接种鉴定和自然发病鉴定均需未达高感,否则不予以审定。正是由于育种家和玉米品种主管部门对小斑病抗性的重视,使得在夏玉米区审定和推广的品种对小斑病都有一定水平的抗病性,避免了生产风险,这是小斑病至今尚未在我国夏玉米区发生大流行的重要因素。

(二)农业防治

(1)通过调节玉米种植方式能减轻小斑病的发生。调整播期能错开植株发育中对小斑病的敏感时期与病原菌产孢高峰时期,减少病原菌的侵染。采用与矮秆作物套种的方式,可以提高玉米植株间的通风透光率,增强植株长势,提高植株抗病性,同时降低玉米田间湿度,减少病原菌的侵染。

(2)利用栽培技术提高玉米植株的抗病性。栽培措施能直接影响病原菌入侵的环境和玉米的生长状况,因而对小斑病的防控具有重要作用。田间种植密度高,郁闭,通风透光差,导致田间湿度提高,为病原菌的侵染提供了良好的湿度条件。光照不足也会使植株长势减弱,降低抗病性。因此,要合理密植,增强田间的通风透光,避免过量施用氮肥和高密度种植,提倡氮、磷、钾配合施用,提高植株抗病性。在发病初期,打掉植株底部病叶并带出田间销毁,减少病原菌再侵染。秋收后及时清除田间遗留的病株茎叶,冬前进行深翻,促进植株病残体腐烂,将玉米秸秆粉碎、腐熟,促使病原菌死亡,控制翌年初侵染菌源。

(三)化学防治

在病害常发区,于玉米大喇叭口后期喷施内吸性杀菌剂。例如:25% 丙环唑乳油 75 ~ 150 g/hm²,32.5% 苯醚甲环唑・嘧菌酯悬浮剂(阿米妙收),25% 嘧菌酯悬浮剂(阿米西达)300 mL/hm²,70% 代森锰锌可湿性粉剂 1500 ~ 2000 倍液,25% 吡唑醚菌酯乳油 75 ~ 110 g/hm²,10% 苯醚甲环唑水分散粒剂(世高)150 g/hm²,75% 百菌清可湿性粉剂 600 倍液等,用法与用量参照相关药剂的使用说明书。

第二节　抗性鉴定与抗源筛选

一、抗性鉴定方法

玉米品种和种质资源对小斑病的抗性鉴定参照《玉米抗病虫性鉴定技术规范　第 2 部分:玉米抗小斑病鉴定技术规范》(NY/T 1248.2—2006)进行。

(一)病原菌培养

在接种前需要进行病原菌接种体的繁殖。常用繁殖方法是将培养基平板培养的小斑病病原菌接种于经高压灭菌的高粱粒上(高粱粒培养基制备方法:高粱粒经煮 30 ~ 40 min 后,装入三角瓶中于 121 ℃下灭菌 1 h,冷却后备用),在 25 ~ 28 ℃下黑暗培养。培养 5 ~ 7 d 后,菌丝布满高粱粒。以水洗去高粱粒表面菌丝体,然后将其摊铺于洁净瓷盘中,保持高湿度,在室温和黑暗条件下培养。镜检确认大量产生分生孢子后,直接用水淘洗高粱粒,配制接种悬浮液。悬浮液中分生孢子浓度调至 $1×10^5 ~ 1×10^6$ 个/mL。若暂时不接种,将产孢高粱粒逐渐阴干,在干燥条件下保存或冷藏保存。在接种前取出保存高粱粒,保湿,促使小斑病病原菌产孢(图 9-5)。

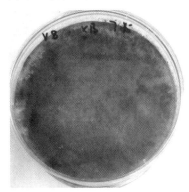 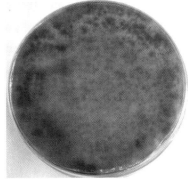 

(a)PDA菌落正面　　　　(b)PDA菌落背面　　　　(c)高粱粒培养

图 9-5　玉米小斑病病原菌培养(段灿星)

（二）田间接种

接种时期为玉米展13叶期至抽雄初期。早熟类型品种宜在展10叶期接种。接种时间选择在傍晚。鉴定接种前应先进行田间浇灌或在雨后进行接种,接种后若遇持续干旱,需进行田间浇灌,保证病害发生所需条件。采用喷雾法进行接种,在接种用的孢子悬浮液中加入0.01%吐温-20(v/v),喷雾接种玉米植株叶片,接种量控制在5~10 mL/株(图9-6)。

(a)制备孢子悬浮液   (b)喷雾接种

图9-6　玉米小斑病喷雾接种（段灿星）

（三）调查标准

根据农业行业标准NY/T 1248.2—2006,玉米抗小斑病病害调查在乳熟后期进行,目测每份鉴定材料群体的发病状况。调查重点部位为玉米果穗的上方和下方各3叶,根据病害症状描述,对每份材料记载病情级别。田间病情分级和对应的症状描述见图9-7和表9-1。

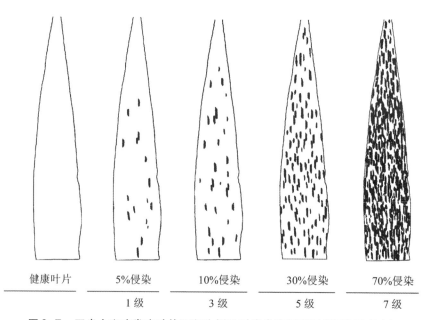

健康叶片	5%侵染	10%侵染	30%侵染	70%侵染
	1级	3级	5级	7级

图9-7　玉米小斑病发病叶片面积比例及对应发病级别示意图（王晓鸣）

表 9-1　玉米抗小斑病鉴定病情级别划分

病情级别	症状描述
1	叶片上无病斑或仅在穗位下部叶片上有零星病斑,病斑占叶面积少于或等于5%
3	穗位下部叶片上有少量病斑,占叶面积6%~10%,穗位上部叶片有零星病斑
5	穗位下部叶片上病斑较多,占叶面积11%~30%,穗位上部叶片有少量病斑
7	穗位下部叶片或穗位上部叶片有大量病斑,病斑相连,占叶面积31%~70%
9	全株叶片基本为病斑覆盖,叶片枯死

依据鉴定材料发病程度(病情级别)确定抗性水平,划分标准见表9-2。

表 9-2　玉米对小斑病抗性的评价标准

病情级别	抗性
1	高抗(HR)
3	抗(R)
5	中抗(MR)
7	感(S)
9	高感(HS)

二、抗病资源筛选与鉴定

筛选和鉴定抗小斑病种质资源,是开展玉米抗小斑病品种选育的前提和基础。我国自20世纪70年代开始玉米自交系小斑病抗性的鉴定工作,在"七五"和"八五"期间,更是把玉米种质资源抗小斑病的筛选鉴定列为攻关内容,先后对6000余份玉米资源进行了抗小斑病鉴定与评价。经过接种鉴定,在各类玉米种质资源中挖掘出许多对小斑病抗性较好的自交系或地方品种,如 CML45、边公24、郑白11、品综2号、黄番粟、PR88B-5625、冀432、冀35、承191、2094、黄野四、Mo17、53、掖478、P138、黄212等,而X178、沈137、郑58、黄早四、丹340、沈5003、昌7-2、齐319等骨干自交系也具有中抗小斑病的能力。段灿星等在2016—2019年间,对2000余份具有丰富遗传背景的玉米自交系进行了多年多点的田间自然发病抗性鉴定,筛选出在各年各点均对小斑病表现稳定抗性的自交系11份,分别为 H599a、HRB16198、MC7470、MC7480、MC7487、MC7527、MC7542、MC7549、W-25、X324、绵983。

第三节 抗性遗传

玉米对小斑病抗性遗传包括两种类型：一种是受单基因或寡基因控制的质量性状遗传，另一种是受微效多基因控制的数量性状遗传。已有研究表明，玉米小斑病的抗性大多以数量抗性为主，迄今仅报道了1个对O小种具有特异抗性的隐性抗病基因 *rhm*，被定位在玉米第6染色体的短臂上。进一步研究表明，*rhm* 基因又可分为针对不同细胞质抗性的 *rhm 1* 和 *rhm 2*，而 *rhm 1* 基因表达与已知的病程相关蛋白（PR 蛋白）差异有关。已获得了与 *rhm* 紧密连锁的 AFLP 标记 p7m36，该标记距离 *rhm* 基因为 1.0 cM，进一步研究发现 *rhm 1* 位于 InDel 标记 IDP961−503 和 SSR 标记 A194149−1 之间的 8.56 kb 区间。序列分析表明，一个编码赖氨酸和组氨酸转运子基因（*lysine histidine transporter 1*，*LHT1*）是抗病基因 *rhm 1* 的候选基因。比较抗病自交系 H95rhm 与感病自交系 B73、H95 以及Mo17 的 *LHT*1 位点，发现抗病自交系的 *LHT*1 等位基因存在 354 bp 的插入，导致蛋白提前终止，目前已将该基因转入一些玉米骨干自交系中。

对由多基因控制的玉米小斑病抗性研究渐多，不同研究者定位了不同数量的抗小斑病位点，主要以加性遗传方式为主，在育种中易于利用。迄今已鉴定了30余个与小斑病抗性相关的 QTL 位点，其中位于 bin1.01、bin1.05、bin3.04 和 bin8.02 区域内的位点能在不同环境中同时检测到，且 bin1.05 位点与抗大斑病或灰斑病的位点相同。在抗小斑病甜玉米自交系 T14 中定位到 2 个抗小斑病的主效 QTL 位点 *qSCLB−Ch.* 4−2 和 *qSCLB−Ch.* 6−1，分别位于第 4 染色体上标记 umc2082 和 umc1294 及第 6 染色体上标记 umc1006 和 bnlg2097 之间，能解释表型变异的 30.9% 和 37.7%。上述抗病基因或 QTL 位点的鉴定将为玉米抗小斑病育种提供重要基因资源，也将提供用于快速辅助选择的分子标记。

第四节 抗病品种选育

推广和利用抗病品种，是防治玉米小斑病最为有效的措施。多年生产实践表明，通过选育和推广抗病品种，能够有效抵御小斑病的流行。小斑病是我国夏玉米区最具有流行风险性的病害之一，由于育种家在品种选育过程中的抗病性选择，小斑病尚未在主要发生区域出现过大流行。

自 1970 年美国暴发玉米小斑病而导致严重的经济损失后，我国开始重视病原菌的小种变异与玉米抗病品种的选育和更新换代，不盲目使用 T 型细胞质玉米。20 世纪 70 年代后期至 80 年代中期，第二代单交种丹玉 6 号、豫农 704、郑单 2 号、京杂 6 号、中单 2 号和黄417 品种的种植与推广，使得生产中品种的抗病性明显改善，小斑病发生平稳。

20 世纪 80 年代以来，我国育种家非常重视夏玉米区新品种对小斑病的抗性，在历经多次品种换代后，新品种普遍对小斑病具有较好的抗性。同时，夏玉米区国家审定品种采取了对小斑病高感品种一票否决的措施,确保了主要推广品种的抗病性水平,避免了玉米小斑病的暴发,这也是玉米小斑病在我国发生比较平稳的重要原因。在国家审定的品种中,对小斑病具有较好抗性的有:合育 372、中航 612、明天 695、中科玉 505、农大108、登海 710、泛玉 606、农华 137、郑单 958、京科 999、豫玉 22、鲁单 981、ZL1748、苏玉36、华农 18、浚研 18、京单 68、京单 58、蠡玉 6 号、沈单 16、农大 3138、登海 11 号、鲁单 50、东单 60、天泰 316、丹玉 39、新铁单 10、浚单 20、济单 7 号、濮单 3 号、中单 9409、农大 84、迪卡 1 号、冀玉 10 号、京科 23、京科 25、冀玉 9 号、掖单 13、聊玉 18 号等。上述品种在生产上的推广应用,为控制小斑病在夏玉米区的流行起到了十分重要的作用。

参考文献

[1] 常佳迎,刘树森,石洁,等.海南三亚和黄淮海地区玉米小斑病菌致病性及遗传多样性分析[J].中国农业科学,2020,53(6):1154-1165.

[2] 段灿星,董怀玉,李晓,等.玉米种质资源大规模多年多点多病害的自然发病抗性鉴定[J].作物学报,2020,46(8):1135-1145.

[3] 郭宁,马井玉,张海剑,等.苯醚甲环唑和丙环唑对黄淮海夏玉米区主要叶斑病的防治效果[J].植物保护,2017,43(4):213-217+232.

[4] 王晓鸣,戴法超,朱振东,等.玉米抗病虫性鉴定技术规范,第 2 部分 玉米抗小斑病鉴定技术规范(NY/T 1248.2—2006)[M].北京:中国农业出版社,2007.

[5] 王晓鸣,晋齐鸣,石洁,等.玉米病害发生现状与推广品种抗性对未来病害发展的影响[J].植物病理学报,2006,36(1):1-11.

[6] 王晓鸣,石洁,晋齐鸣,等.玉米病虫害田间手册:病虫害鉴别与抗性鉴定[M].北京:中国农业科学技术出版社,2010:7-10.

[7] 中国农业科学院植物保护研究所,中国植物保护学会.中国农作物病虫害-中册,Vol.II[M].3 版.北京:中国农业出版社,2015:577-584.

[8] BALINT-KURTI P J,CARSON M L. Analysis of quantitative trait Loci for resistance to southern leaf blight in juvenile maize[J]. Phytopathology,2006,96(3):221-225.

[9] BELCHER A R,ZWONITZER J C,SANTA CRUZ J,et al. Analysis of quantitative disease resistance to southern leaf blight and of multiple disease resistance in maize,using near-isogenic lines[J]. Theoretical and Applied Genetics,2012,124(3):433-445.

[10] BIAN Y,YANG Q,BALINT-KURTI P J,et al. Limits on the reproducibility of marker associations with southern leaf blight resistance in the maize nested association mapping population[J]. BMC Genomics,2014,15(1):1068.

[11] CHEN C,ZHAO Y Q,TABOR G,et al. A leucine-rich repeat receptor kinase gene confers quantitative susceptibility to maize southern leaf blight[J]. New Phytologist,2023,238(3):1182-1197.

[12] CHEN C,ZHAO Y,TABOR G,et al. A leucine-rich repeat receptor kinase gene confers quantitative susceptibility to maize southern leaf blight[J]. New Phytologist,2023,238

(3):1182-1197.

[13] CHEN G S, XIAO Y J, DAI S, et al. Genetic basis of resistance to southern corn leaf blight in the maize multi-parent population and diversity panel[J]. Plant Biotechnology Journal, 2023, 21(3):506-520.

[14] DAI Z, YANG Q, CHEN D, et al. ZmAGO18b negatively regulates maize resistance against southern leaf blight[J]. Theoretical and Applied Genetics, 2023, 136(7):158.

[15] KLEIN R R, KOEPPE D E. Mode of methomyl and *Bipolaris maydis* (race T) toxin in uncoupling texas male-sterile cytoplasm corn mitochondria[J]. Plant Physiology, 1985, 77(4):912-916.

[16] KUMP K L, BRADBURY P J, WISSER R J, et al. Genome-wide association study of quantitative resistance to southern leaf blight in the maize nested association mapping population[J]. Nature Genetics, 2011, 43(2):163-168.

[17] LIM S M, HOOKER A L. Southern corn leaf blight: Genetic control of pathogenicity and toxin production in race T and race O of *COCHLIOBOLUS HETEROSTROPHUS*[J]. Genetics, 1971, 69(1):115-117.

[18] NICHOLSON P, REZANOOR H N, SU H. Use of random amplified polymorphic DNA (RAPD) analysis and genetic fingerprinting to differentiate isolates of race O, C and T of *Bipolaris maydis*[J]. Journal of Phytopathology, 1993, 139(3):261-267.

[19] QIU Y T, ADHIKARI P, BALINT-KURTI P, et al. Identification of loci conferring resistance to 4 foliar diseases of maize[J]. G3 Genes Genomes Genetics, 2024, 14(2): jkad275.

[20] TATUM L A. The southern corn leaf blight epidemic[J]. Science, 1971, 171(3976): 1113-1116.

[21] XIONG C, MO H, FAN J, et al. Physiological and molecular characteristics of southern leaf blight resistance in sweet corn inbred lines[J]. International Journal Molecular Sciences, 2022, 23(18):10236.

[22] ZHAO Y Z, LU X M, LIU C X, et al. Identification and fine mapping of rhm1 locus for resistance to Southern corn leaf blight in maize[J]. Journal of Integrative Plant Biology, 2012, 54(5):321-329.

[23] ZWONITZER J C, COLES N D, KRAKOWSKY M D, et al. Mapping resistance quantitative trait Loci for three foliar diseases in a maize recombinant inbred line population-evidence for multiple disease resistance? [J]. Phytopathology, 2010, 100(1):72-79.

第十章　玉米抗粗缩病遗传育种

　　粗缩病是一种在世界范围内威胁玉米生产的主要病害之一。玉米粗缩病植株呈现系统侵染特性，表现为生长发育受阻、节间缩短、植株矮小和雌雄花序发育异常，且一旦发病没有化学防治手段，导致严重减产或绝产。本章将从病原、病症、鉴定方法、种质资源筛选、抗性遗传和抗病育种方面综述玉米抗粗缩病理论与研究进展，展望玉米抗粗缩病育种方向。

第一节　概　述

一、病害的发生与分布

　　粗缩病是影响我国黄淮海乃至世界玉米生产的主要病害之一，该病是一种毁灭性病害（图10-1），发病严重时会颗粒无收。中国最早于1954年在新疆和甘肃发现，20世纪60年代以后东部各省有所发生。20世纪70年代中期，华北推行间作套种，玉米播期提前导致粗缩病猖獗发生。20世纪90年代以后，在黄淮海玉米产区和云南等省发病面积不断扩大，曾多次在我国流行暴发。

图10-1　2013年河北保定发生玉米粗缩病的农田

二、病原和发病症状

玉米粗缩病主要由呼肠孤病毒科（Reoviridae）斐济病毒属（Fijivirus）多个成员引起，以灰飞虱（*Laodelphax striatellus*）或白背飞虱（*Sogatella furcifera*）作为媒介进行持久性传播。欧洲地区的主要病原为玉米粗缩病毒（maize rough dwarf virus, MRDV），南美地区的主要病原为马德里约克托病毒（mal de rio cuarto virus, MRCV），亚洲地区的主要病原为水稻黑条矮缩病毒（rice black-streaked dwarf virus, RBSDV）和南方水稻黑条矮缩病毒（southern rice black-streaked dwarf virus, SRBSDV）。

玉米感病叶片的细胞质和叶绿体中能够观察到病毒粒子，且病毒在细胞内呈晶格状分布（图10-2）。水稻黑条矮缩病毒属于双链RNA病毒，基于全基因组测序发现该病毒含有13个开放阅读框（ORF），命名为S1-S10，其中，S5、S7及S9分别含有两个ORF，分别命名为S5-1、S5-2、S7-1、S7-2、S9-1及S9-2，其余病毒基因组的序列均为单顺反子。S1编码蛋白P1为RNA依赖性RNA聚合酶，P2为主要核心外壳蛋白，S3和S4为编码病毒的结构蛋白，P3为鸟苷酸转移酶，P4为B-突起蛋白，S5编码的两个蛋白中，P5-1是病毒的组成蛋白，P5-2为非结构蛋白，S6和S9-2编码的蛋白为RNA沉默抑制子，P7-1为管状结构的组成成分，P7-2为非结构蛋白，P8蛋白为病毒的核转录调控因子，P9-1为病毒原质基质的组成成分，P10蛋白为病毒粒体外壳蛋白。在植物体内，病毒主要以质体形式存在叶片凸起部位的韧皮部及其附近的维管束鞘细胞中。在昆虫体内，病毒主要存在于消化道、唾液腺等细胞组织内，且病毒无法遗传给下一代幼虫。病毒粒子外层衣壳蛋白对温度较敏感，结构不稳定且易导致其被提取后活性丧失。

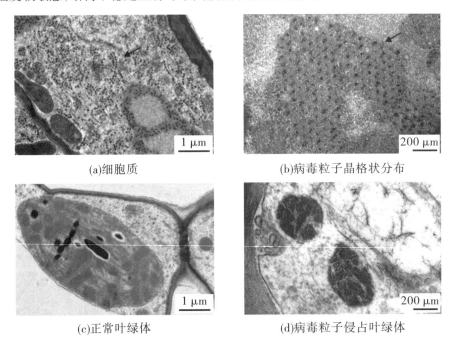

(a)细胞质   (b)病毒粒子晶格状分布

(c)正常叶绿体   (d)病毒粒子侵占叶绿体

图10-2　病毒颗粒在感病玉米叶片细胞中的形态

玉米粗缩病的典型症状包括植株矮小、节间减少、叶色浓绿和叶片背部有蜡质凸起等。玉米在不同发育时期的感病程度差异较大，幼苗期对病毒敏感，发病初期的心叶基部及中脉两侧产生透明的油浸状虚线褪绿小斑点，发病后期叶片背部有蜡质凸起，感病植株极端矮化、雌雄穗退化、根系变短且数目减少，植株提前枯死甚至绝收。中后期被病毒侵染的植株发病一般较轻，表现为株高降低、雄穗分支数减少、散粉期延迟或花粉败育、雌穗吐丝期延迟，可能引起花期不遇而产量降低。除玉米外，斐济病毒尤其是水稻黑条矮缩病毒还可以侵染水稻、高粱、小麦和二穗短柄草等多种植物，引起相似的矮化等症状（图10-3）。

(a)病毒传播介质　　　(b)玉米感病植株　　　(c)水稻感病植株　　　(d)小麦感病植株
　　灰飞虱

图10-3　病毒传播介质和不同作物感染后症状

三、病害侵染循环

我国玉米粗缩病主要由灰飞虱介导水稻黑条矮缩病毒或玉米粗缩病毒所引起，该病毒可在冬小麦、多年生禾草及传毒介体上越冬。春季第1代灰飞虱成虫在越冬寄主上取食得毒，并陆续从冬小麦向玉米上迁移，在小麦收获期形成迁飞高峰。第2代、第3代和第4代灰飞虱主要在玉米及田间杂草上越夏，随着玉米成熟迁移至禾草上，秋季小麦出苗后，第4代灰飞虱转迁到麦田传毒危害并越冬，形成周年侵染循环。

四、病毒的致病机理

病毒在侵染植物过程中，要依托于宿主来完成复制及繁殖。目前，国内外研究发现病毒侵染玉米和水稻后，通过调控宿主相关基因表达、蛋白质合成、激素水平、生理生化反应过程和生物合成及降解途径来实现病毒的复制，最终导致植株发病甚至死亡。在玉米中，病毒侵染后，衣壳蛋白P8进入玉米细胞核与核糖体蛋白S13相互作用，可能会抑制核酸的转录进而影响玉米生长。P7-1蛋白为管状结构组成成分，其亚细胞定位结果与胞间连丝的标记蛋白PDLP1存在共定位，P7-1可以通过自身相互作用在细胞表面形成小管的同时与编码囊泡运输关键的 RabGDP 解离抑制因子 ZmGDIα 相互作用,以促进病毒在细胞间运输。病毒侵染水稻后,P5-1 能够通过与 OsCSN5A 相互作用来阻遏 CUL1 上的 RUBylation/deRUBylation,并抑制 E3(SCF)泛素连接酶活性,从而抑制茉莉酸(JA)响应途径相关基因表达,以增强病毒对水稻的侵染。P7-2 可以与不同植物的 SKP1 蛋白相互作用,作为病毒编码的潜在 F-box 蛋白,P7-2 与 OsGID2 相互作用,形成 P7-2-SKP1-OsGID2 复合体,通过泛素化参与赤霉素(GA)信号途径。P8 蛋白作为病毒粒子核心的结构蛋白,与赤霉素不敏感蛋白 OsGID1 存在相互作用,从而参与赤霉素信号转导途径,最终导致植株矮化。

植物通过激素精准调控生长和防御之间的平衡来维持生存。病毒侵染玉米和水稻后,植株体内赤霉素(GA)、生长素(IAA)、玉米素(ZR)含量显著降低,脱落酸(ABA)和细胞分裂素(CTK)含量显著升高。感病水稻中 JA 途径被诱导,而油菜素类固醇(BR)途径被抑制,外源喷施茉莉酸甲酯(MeJA)或芸苔素唑(BRZ)可显著降低水稻黑条矮缩病的发生,而喷施油菜素内酯(BL)则增强水稻对黑条矮缩病的易感性。喷施 ABA 同样会增强对黑条矮缩病的易感性,脱落酸通过抑制 JA 途径和调节活性氧(ROS)水平,负向调节水稻对病毒的防御。BR 缺陷和不敏感的突变体表现出对病毒的抗性,BR 突变体中 SA 和 JA 途径被激活,过氧化物酶(OsPrx)相关基因的转录水平显著改变,并且积累较多的 ROS。通过外源喷施激素,BR 可以直接结合 *OsPrx* 基因的启动子来抑制其表达及 ROS 水平的增加,病毒通过破坏植物内源激素平衡,从而有利于病毒在宿主体内的复制与积累。

研究发现,miRNA 通过靶向抗病基因的保守结构域,对其表达进行调控,表现出趋同进化模型。过表达 miR393 对生长素受体 TIR1 的抑制增强了水稻对病毒的敏感性,过表达生长素信号传导阻遏物 OsIAA20 和 OsIAA31 更易受病毒的感染。病毒感染可导致 miR319 积累,TCP 转录因子作为 miR319 的靶基因调控 JA 生物合成相关基因表达,miR319 进一步阻断 TCP21 的功能,从而抑制 JA 生物合成和信号传导,促进病毒在宿主体内的积累。

第二节　抗性鉴定与抗源筛选

一、抗性鉴定

玉米粗缩病毒不能经土壤、汁液摩擦、嫁接、菟丝子和种子等方式进行传播,只能由昆虫传播,传毒昆虫主要为灰飞虱,其一旦得毒便终生带毒。目前,玉米粗缩病抗性鉴定方法分为田间自然鉴定和人工接种鉴定。田间自然鉴定受灰飞虱迁移时期、虫口数量和带毒率等因素影响,年份间或地域间鉴定结果相关性不高。Louie 等采用微管注射病毒的方法进行抗性鉴定,部分玉米植株表现出感病症状,但注射液中病毒的稳定性限制了该方法的普遍应用。人工接种带病毒的灰飞虱可避免上述因素的影响,基于灰飞虱带毒率可以调整接种虫量和材料数量。通常将三叶期玉米幼苗与带病毒的灰飞虱放置在网箱中(图10-4),定时惊扰灰飞虱以便提高病毒接种的均匀度,2~3 d后喷施杀虫剂,炼苗1~2 d后移栽至田间,正常水肥管理,待抽雄期开展抗病性数据采集。已有研究结果表明,人工接种期间的幼苗状态、温度、时间、灰飞虱龄期和接种强度等指标均会影响植株最终的发病效果。因此,运用荧光定量 PCR 和酶联免疫反应(ELISA)方法分别检测灰飞虱带毒率和接种后植株的病毒含量,将显著提高玉米粗缩病鉴定结果的准确性。

图10-4 玉米粗缩病毒人工接种流程

玉米粗缩病分级标准是抗病遗传研究及种质资源抗性评价的重要指标。通常,我们根据鉴定时期的株高、叶片上典型症状的发生情况等将抗病性分为0~4五个等级(图10-5)。其中,0级表示健康植株;1级表现为株高为健康植株的4/5,仅在新叶上有轻微白色蜡泪状凸起;2级表现为株高为健康植株的2/3,且1/2以上叶背可发现白色蜡状凸起;3级表现为株高为健康植株的1/2,几乎所有叶片背部均可发现白色蜡状凸起,有的凸起连成线,株型粗矮、叶色浓绿;4级表现为株高为健康植株的1/3以下,植株无法抽雄,部分叶片变黄枯萎或死亡。在分级基础上,计算鉴定材料的病情指数:

$$病情指数(DSI) = \frac{\sum(病级×该级别株数)}{最高级别×调查总株数} × 100\% 。$$

0级　1级　2级　3级　4级　　0级　1级　2级　3级　4级

图10-5　玉米粗缩病不同病级表现

二、抗源筛选

目前,我国抗玉米粗缩病的种质资源遗传基础比较狭窄,在PA、PB、Lancaster、旅大红骨、BSSS、塘四平头等6个玉米种质类群中,来自含有热带血缘的PB群自交系抗病性显著高于其他5个类群。已经报道的玉米抗病自交系有P138、沈137、齐319、X178、多黄29、08F241、D863F、90110、BSL14、80007、K36等,其中多数来源于美国杂交种P78599。

第三节　抗性遗传

实践表明,遗传抗性的利用是防治玉米粗缩病的有效途径,解析遗传规律有助于抗玉米粗缩病种质创新和遗传育种。玉米粗缩病抗性遗传主要为加性-显性遗传模型,且加性效应大于显性效应。连锁分析是基因定位和解剖性状遗传基础的有效策略,在玉米第2,6和8等染色体上发掘出控制粗缩病抗性的主效遗传位点。其中,中国农业大学徐明良课题组报道了首个玉米抗粗缩病基因 *ZmGDIα-hel*,其同源基因在烟草中参与病毒囊泡运输。水稻黑条矮缩病毒侵染玉米后,病毒蛋白P7-1与ZmGDIα相互作用,从而有利于病毒复制以及通过胞间连丝通道在细胞间移动。而抗病等位基因由 helitron 转座子的插入导致基因结构改变,减弱P7-1蛋白与ZmGDIα-hel结合,从而提高了玉米对RBSDV的抗性。第2染色体上 *ZmGLK36* 基因的过表达能够分别提高玉米、水稻和小麦对水稻黑条矮缩病毒抗性,*ZmGLK36* 编码蛋白可以结合 *ZmJMT* 等基因启动子激活茉莉酸合成途径。

第四节 抗病品种选育

抗病基因或位点的利用是玉米自交系和杂交种选育的关键。对育种基础群体中东群 1 号抗玉米粗缩病轮回选择改良的 C2、C3、C4 世代群体中的抗病位点 qMrdd8 频率检测表明,未经基因型选择的 C2、C3、C4 分别为 4.43%、6.47%、7.89%,病情指数分别为 49.72%、44.40%、41.98%,轮回改良的表型选择策略使 qMrdd8 在中东群 1 号中逐渐积累。经过 qMrdd8 基因型选择的 RC2、RC3、RC4 的病情指数比 C2、C3、C4 群体分别降低 10.95%、10.74% 和 7.69%,基因型分析可准确高效地筛选抗病单株,大大减少田间鉴定的工作量。基因或位点的分子标记辅助选择加速了玉米自交系抗粗缩病性状的定向改良。以玉米自交系齐 319 为供体,感病自交系郑 58 和昌 7-2 为受体,采用连续多代回交方法,将 qMrdd2 导入受体自交系,通过前景选择和背景选择获得纯合改良系(郑 58-R 和昌 7-2-R)及其组配的杂交种郑单 958-R,经人工接种鉴定,其抗病性得到显著提升(图 10-6)。同时,国内育种家们利用抗病种质和基因资源育成了青农 105、农大 108、登海 3 号、中江玉 703 和农甜 3 号等抗玉米粗缩病品种。

左为郑 58,右为郑 58-R　　左为昌 7-2,右为昌 7-2-R　　左为郑单 958,右为郑单 958-R

图 10-6 *qMrdd2* 改良材料抗粗缩病鉴定

中国农业科学院作物科学研究所基因编辑团队利用 CRISPR/Cas9 技术进行了广泛突变和筛选,发现靶向 *ZmGDIα* 第一外显子的两个纯合编辑事件 E1(1 bp 插入)和 E2(32 bp 缺失),其高抗玉米粗缩病且不影响植株生长发育(图 10-7),克服了自然等位基因 *ZmGDIα-hel* 抗性水平与回交转育效率的局限性。鉴于该基因在水稻、小麦、高粱与大麦等禾本科作物中的保守机制,为这些作物的快速抗病育种策略提供了重要借鉴。

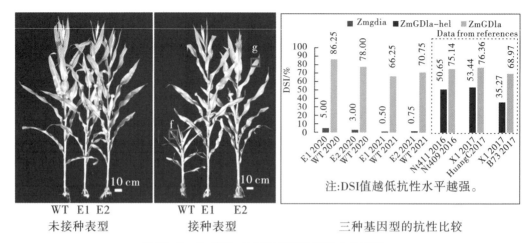

| 未接种表型 | 接种表型 | 三种基因型的抗性比较 |

图 10-7 *ZmGDIα* 的基因编辑在育种中的应用

WT:野生型　E1:基因编辑突变体1　E2:基因编辑突变体2

参考文献

[1] 邸垫平,苗洪芹,路银贵,等.玉米抗粗缩病接种鉴定方法研究初报[J].河北农业大学学报,2005,28(2):76-78+103.

[2] 张爱红,邸垫平,张晓芳,等.高效、准确的玉米粗缩病人工接种鉴定技术[J].植物保护学报,2015,42(1):87-92.

[3] LIU C L,KONG M,YANG F,et al. Targeted generation of Null Mutants in ZmGDIα confers resistance against maize rough dwarf disease without agronomic penalty[J]. Plant Biotechnology Journal,2022,20(5):803-805.

[4] LIU C L,HUA J G,LIU C,et al. Fine mapping of a quantitative trait locus conferring resistance to maize rough dwarf disease[J]. Theoretical and Applied Genetics,2016,129(12):2333-2342.

[5] LIU C L,WENG J F,ZHANG D G,et al. Genome-wide association study of resistance to rough dwarf disease in maize[J]. European Journal of Plant Pathology,2014,139(1):205-216.

[6] LIU Q C,DENG S N,LIU B S,et al. A helitron-induced RabGDIα variant causes quantitative recessive resistance to maize rough dwarf disease[J]. Nature Communications,2020,11(1):495.

[7] SHI L Y,HAO Z F,WENG J F,et al. Identification of a major quantitative trait locus for resistance to maize rough dwarf virus in a Chinese maize inbred line X178 using a linkage map based on 514 gene-derived single nucleotide polymorphisms[J]. Molecular Breeding,2012,30(2):615-625.

［8］TAO Y F,LIU Q C,WANG H H,et al. Identification and fine-mapping of a QTL,qMrdd1, that confers recessive resistance to maize rough dwarf disease［J］. BMC Plant Biology, 2013,13(1):145.

［9］XU Z N,HUA J G,WANG F F,et al. Marker-assisted selection of *qMrdd*8 to improve maize resistance to rough dwarf disease［J］. Breeding Science,2020,70(2):183-192.

［10］XU Z N,WANG F F,ZHOU Z Q,et al. Identification and fine-mapping of a novel QTL, *qMrdd*2,that confers resistance to maize rough dwarf disease［J］. Plant Disease,2022,106 (1):65-72.

［11］XU Z N,ZHOU Z Q,CHENG Z X,et al. A transcription factor ZmGLK36 confers broad resistance to maize rough dwarf disease in cereal crops［J］. Nature Plants,2023,9(10): 1720-1733.

［12］ZHOU Y,XU Z N,DUAN C X,et al. Dual transcriptome analysis reveals insights into the response to Rice black-streaked dwarf virus in maize［J］. Journal of Experimental Botany,2016,67(15):4593-4609.

第十一章　玉米抗其他病害遗传育种

本章主要围绕玉米一般病害的发生规律、抗性鉴定与抗源筛选、抗性遗传机制和抗病品种选育等内容展开论述。具体包括玉米弯孢菌叶斑病、玉米细菌性顶腐病、玉米矮花叶病和玉米褐斑病。

第一节　玉米抗弯孢菌叶斑病遗传育种

一、病害的发生与分布

（一）病害的发生与危害

玉米弯孢菌叶斑病属于成株期病害，是一种多发于美洲、亚洲、欧洲及非洲的世界性病害。20 世纪末，在我国华北和东北主要玉米产区普遍发生，且危害地区逐年扩大。近年来，玉米弯孢叶斑病频发，病害发生面积逐年扩大，在国外以及我国河南、山东、黑龙江等多地玉米产区均有发生，一般会造成减产 20%~30%，部分地区减产 50% 以上，甚至绝收，严重危害玉米的品质和产量。该病是我国继玉米大斑病及小斑病之后又一严重危害玉米的叶斑病。

（二）病害症状

玉米弯孢菌叶斑病，又称黄斑病、黑霉病，主要危害植株叶片，也危害苞叶和叶鞘。通常由植株下部向上发生，抽雄后该病害迅速发展，叶片病斑可达 100%。病斑感染初多为水渍状褪绿半透明斑点，后期逐步扩大为圆形、椭圆形、梭形或长条形病斑，病斑中心黄白色、边缘黄褐色或红褐色，外围有退绿晕圈，并具黄褐色相间的断续环纹（图 11-1）。病斑正反两面均可产生灰黑色霉状物，即病原菌的分生孢子梗和分生孢子。病斑大小一般为 (1~2) mm×2 mm，在适宜条件下，某些易感品种上病斑可达 7 mm×3 mm，严重时病斑密布全

图 11-1　玉米弯孢菌叶斑病发病表型

叶,形成大面积叶片坏死,高感品种叶片病斑可达100% 。

(三)发生规律与分布

玉米弯孢菌叶斑病的病原菌为弯孢霉菌,属于真菌性病害。病原菌以菌丝体和分生孢子潜伏于病残体组织上越冬,洒落在田间的病叶及秸秆是主要的初侵染源,次年分生孢子在适宜条件下侵入玉米植株体内引发初感染。此病害具有潜育期短、病程短、产孢量大的特点,10 d 左右即可完成一次侵染循环。发病后期病部产生的大量分生孢子经风雨、气流传播又可引发多次再侵染。此病属于成株期病害,病害高发于玉米抽雄后。7—8 月高温、高湿、多雨的天气有利于该病害发生,连作地块和低洼积水田发病较重。

(四)病原菌的生物学特性

弯孢霉菌,属半知菌亚门真菌,病原种类包括新月弯孢菌、斑点弯孢菌、苍白弯孢菌、画眉草弯孢、棒弯孢菌等。在我国,新月弯孢菌是玉米弯孢叶斑病的主要致病菌,次要致病菌有不等弯孢(C. inaequalis)、棒状弯孢、苍白弯孢、中隔弯孢和画眉草弯孢。我国学者对弯孢菌的生物学特性进行了深入研究,而不同的地域、研究方法、研究材料会导致其生物学特性的研究结论呈现出一定差别。张定法等 1997 年的研究发现,采取河南省新乡市病叶样品的菌种,菌丝生长的温度范围为 9 ~ 38 ℃,适宜温度为 25 ~ 32 ℃,最适温度为 30 ~ 32 ℃,最适 pH 为 7;分生孢子萌发的温度范围为 7 ~ 41 ℃,最适温度为 30 ~ 32 ℃,最适 pH 为 6。白元俊等 1998 年的研究发现,采取辽宁省葫芦岛市病叶样品的新月弯孢菌菌种,分生孢子的最适萌发温度为 28 ~ 30 ℃,最适 pH 为 6 ~ 7;菌丝生长的最适温度 30 ~ 32 ℃,最适 pH 为 5 ~ 6。李晓宇等 2002 年的研究发现,采取河北省病叶样品的新月弯孢、画眉草弯孢、棒状弯孢和中隔弯孢的菌种,4 种弯孢菌的菌丝生长最适温度为 25 ~ 30 ℃,最适 pH 为 6 ~ 7。对弯孢菌进行湿度和光照试验,结果发现分生孢子萌发需要相对湿度90%以上,光照对菌丝生长无显著影响。光照的明暗交替有利于分生孢子的形成,光线对分生孢子的萌发存在抑制作用。营养试验结果发现六碳糖是菌丝生长的最适碳源,NH_4^+是适宜菌丝生长的氮源分子形态。

不同的研究学者对弯孢菌致病性有自己的分级标准。Liu 等 2015 年的研究发现,采用离体叶测定法进行评估,根据叶片病斑大小,可分为四个等级:强致病性、中等致病性、弱致病性、无致病性。致病性与产孢率之间呈正相关,与生长速率呈负相关。梅丽艳等 2003 年的研究发现,采用 6 级病情指数分级标准对田间玉米成熟期叶片进行鉴定,不同的菌株之间存在显著的致病性差异。

(五)防治方法

(1)农业与化学防治。现今生产上所用的骨干自交系多数感病性较高,这也是该病害普遍发生的根本原因。该病害控制策略主要还是抗病育种,通过引进抗病种质资源,选育出具有较高水平抗性的杂交种。栽培措施也可一定程度减轻发病,例如玉米收获后及时清理病残体或结合秋耕将病原体埋入深土层中,创造良好生态环境,减轻发病。

另外可采取玉米大喇叭口末期喷施氟啶胺、拿敌稳、吡唑醚菌酯等杀菌剂进行化学防治,可抑制弯孢菌孢子,抽雄后期 2 次用药防治效果更佳。三唑酮作用于病原菌后,植物细胞的细胞壁增厚,液泡变多,抑制菌丝生长。玉米施用拿敌稳(300 g/hm²)30 d 后玉米弯孢叶斑病的防效为 100%,施用丙环唑和吡唑醚菌酯可抑制玉米弯孢叶斑病病原菌孢子萌发。在药剂的使用中为避免植物产生抗药性可几种药剂交替施用。

(2)生物防治。木霉菌在生物防治的研究中使用较为广泛。木霉菌可诱导植物体防御酶产生,降解病原菌细胞壁,并在 MAPK、cAMP 和 G 蛋白通路调控下诱导植物抗性。

二、抗性鉴定与抗源筛选

(一)接种鉴定方法

玉米弯孢菌叶斑病多采用田间玉米成熟期叶片进行接种,菌种经分离、扩繁后,于玉米 10～14 片叶,根据保存扩繁菌种的方法,分别采用人工喷雾接种、高粱粒接种等。

玉米弯孢菌叶斑病抗感性应从多因素综合结果判定,其中包括潜伏期、病斑大小、产孢量等。现在玉米品种的弯孢菌叶斑病抗性评价标准主要采用 9 级的分级标准。

(二)抗源筛选

玉米弯孢菌叶斑病抗性的筛选鉴定方法有田间鉴定、ELISA 检测方法、同工酶分析法、抗性成分分析等,其中自交系的田间鉴定是常用的抗性鉴定方法,通过该方法鉴定筛选的抗病材料有豫 12、豫 20、P138、P131B、沈 137、Mo17 等。戴法超等 1998 年对 120 份玉米品种和自交系进行人工接种鉴定,抗性较好材料有农大 108、中玉 5 号、高油 115 等及自交系 CN95、CN165 等。王晓鸣等 2001 年的鉴定发现,我国的 497 份自交系和引进的 154 份自交系中,丹 3130、沈 135、沈 137、LX9801、冀系 33、西黄等 22 份自交系对弯孢菌表现出较好的抗病性,这些自交系基本是从引进的国外玉米材料中选育出来的;感病的自交系有黄早四、获白、掖 107、丹 340、K14 等 24 份。林红等 2006 年的研究发现,对吉林省主要玉米自交系进行弯孢叶斑病抗性鉴定,丹 1324、吉 1037、丹 598、沈 137 等表现很高的抗病性。蔺瑞明等 1999 年的研究发现,苗期人工接种鉴定辽宁省 11 份骨干自交系,其中沈 137 和 Mo17 比较抗病,9046、478 等感弯孢叶斑病。白元俊等 1999 年的研究发现,辽宁省常用的 30 份自交系,仅沈 137 抗病,感病较重的有黄早四、丹 340 等。李贺年等 1998 年的研究发现,对生产上常用的 17 个自交系抗性进行鉴定,较抗病的自交系有豫 12、豫 20、Mo17、获唐白等,易感病的有 478、黄早四、黄野四、掖 107 等。

三、抗性遗传

赵君等 2002 年的研究发现,采用加性-显性-上位性遗传(ADAA)模型分析玉米对弯孢菌叶斑病的抗性遗传模式,对亲本、F_1、F_2、BC_1 群体进行人工接种试验后,玉米对弯孢菌叶斑病抗性遗传主要为加性效应和显性效应,共解释表型变异 69.58%。黎裕等

2002 年的研究利用高感自交系丹 340 和高抗自交系沈 135 构建的 $F_{2:3}$ 群体(113 个家系)绘制了 AFLP 和 SSR 标记的遗传连锁图谱,共检测到 9 个 QTL,其中第 10 染色体上的 QTL 两年间被共同检测到,其抗性遗传主要表现为显性效应、部分显性效应、超显性效应和上位性互作。Hou 等 2016 年的研究,利用高抗自交系沈 137 和高感自交系黄早 4 杂交构建 $F_{2:3}$ 群体、F_2 群体,共检测到 7 个 QTL,其中染色体 bin10.04 的主要抗性 QTL, $qCLS$10.4 在两个群体都可检测到,并认为抗性遗传以显性效应、加性效应为主要遗传方式。董昭旭 2017 年的研究中,以 H4074×马 664 作为亲本,组配群体 F_2 及 $F_{2:3}$ 家系,对玉米弯孢菌叶斑病抗性 QTL 进行初步定位,共检测到 11 抗性 QTL。其中 F_2 群体检测到 4 个 QTL;$F_{2:3}$ 家系 Rep1 群体检测到 4 个 QTL,其中位于 10 号染色体上 bin10.04 的 QTL 是与 F_2 群体检测结果一致的 QTL 位点;$F_{2:3}$ 家系 Rep2 群体检测到 5 个 QTL,其中位于第 5 号和 10 号染色体上的 QTL 具有较大的表型贡献率,可认为是主效 QTL 位点,且第 10 号染色体上 QTL 与上述两个群体定位结果一致,是本研究中检测到的主效 QTL 位点。

四、抗病品种选育

玉米弯孢菌叶斑病抗性属于数量抗性且显性效应存在一定占比,因此抗性育种中不宜在早代进行选择。通过引进高抗玉米弯孢菌叶斑病新材料,结合利用分子标记辅助选择技术,从而实现多个抗性 QTL 重组、聚合,定向设计、选育出抗性水平高的玉米新品种。

第二节　玉米抗褐斑病遗传育种

一、病害的发生与分布

(一)病害的发生与危害

玉米褐斑病在中国各玉米产区均有发生,通常在南方高温高湿地区危害较重。但近年来,由于北方玉米各产区秸秆还田、直播耕作制度的推广,主推的部分玉米品种对该病抗性较差,6 月下旬—7 月上旬持续的阴雨天气,以及当前玉米种植密度的增加,均促使玉米褐斑病成为我国当前较重要的玉米病害。特别是在黄淮海夏玉米种植区的河北、河南、山东、安徽、江苏等危害有逐年加重的趋势。玉米褐斑病会影响产量,一般可致玉米减产 10% 左右,严重时达 30% 以上。玉米生长初期发病会造成较重的损失,中期发病导致大幅减产,后期发病则会导致籽粒不饱满、产量降低。感病品种若发病严重,会对玉米的产量和品质造成巨大威胁。

(二)病害症状

玉米褐斑病发生在玉米叶片、叶鞘、茎秆和苞叶上。侵染初期,叶片上呈现褪绿的斑点或条斑,随着病情发展,褪绿斑逐渐变为黄色病斑,病斑逐渐枯死,严重时导致全叶干枯(图 11-2)。苗期至拔节期叶片上的玉米褐斑病,多为聚集的褪绿至黄枯、有时为褐色的直径约 3~4 mm 的小斑点。成株期,除叶片外,也可在叶鞘发病,表现为深褐色、直径 3~4 mm 的斑点,苞叶上偶见褐色斑点。后期病斑破裂,散出黄色粉状物(病原菌的休眠孢子囊),病叶片可能干枯或纵裂成丝状。由于品种间存在抗性差异,因此无论在苗期还是在后期,品种间发病程度均不同。茎秆多在节间发病,叶鞘上出现较大的紫褐色病斑,边缘较模糊,多个病斑可汇合形成不规则形斑块,严重时,整个叶鞘变紫褐色腐烂。果穗苞叶发病后,症状与叶鞘相似。

图 11-2　褐斑病危害叶片及其背面、叶鞘

(三)病原菌的生物学特性

玉米褐斑病病原为玉蜀黍节壶菌[*Physoderma maydis*(Miyabe)],是玉米的专性寄生菌,属于藻状菌纲、链壶菌目、节壶菌科。该菌在寄主组织表皮细胞下形成大量的休眠孢子囊堆。休眠孢子近圆形至卵圆形,壁非常厚,大小为(20~30)μm×(18~24)μm,黄褐色,萌发时,在孢子囊顶端形成一个小盖,盖子开启后释放游动孢子至水中。

(四)发生规律与分布

病田土壤和遗留在田间的带菌玉米植株病残体是病原菌越冬的重要场所。存在于病田土壤和病残体中的病原菌休眠孢子囊能够抵御不良环境,即使是病残体发生腐烂,休眠孢子囊也可存活 3 年以上。第二年春季至夏初,休眠孢子囊借助气流或风雨传至玉米植株的喇叭口内,在夜间喇叭口中出现存水时(适温 20~30 ℃)萌发产生游动孢子,在叶片表面上水滴中游动,形成侵染丝,侵染叶片幼嫩组织,造成叶片发病。游动孢子侵染多发生在白天,潜育期为 16~20 d。在 7、8 月份温度高、湿度大,阴雨日较多时,有利于发病。侵染后病原菌也会在植株体内形成新的休眠孢子囊,并继续萌发和进行再侵染。

秋收后,发病组织细胞中的休眠孢子囊随枯死叶片或秸秆还田回到土壤中越冬(图 11-3)。玉米多在喇叭口期始见发病,抽穗至乳熟期为显症高峰期。

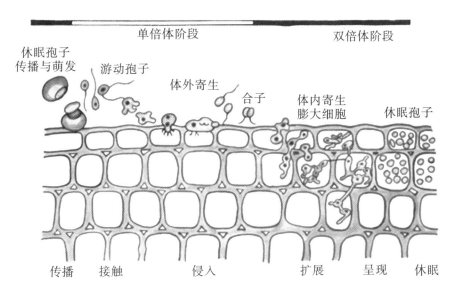

图 11-3　玉蜀黍节壶菌的侵染过程

实行玉米秸秆直接还田后,田间地面散布较多病残体,侵染菌源增多,发病趋重。中国南方发病较重,北方夏玉米栽培区 6 月中旬至 7 月上旬降雨多、湿度高时,发病增多。植株密度高的田块,地力贫瘠、施肥不足、植株生长不良的田块,发病都较重。在土壤肥力较高的地块,玉米健壮,叶色深绿,病害较轻甚至不发病。玉米褐斑病一般以玉米 8 ~ 10 片叶时发生较多、较重,12 片叶以后发生较少、较轻。

(五)病害的防治

(1)选抗病品种,适时倒茬。重发区应种植抗耐病性强的品种,压缩感病品种的种植面积,特别是尽量选用不带有黄早四血缘的玉米杂交种。有条件的地方可进行 3 年以上非禾本科作物的轮作,抑制病原菌传染,逐年降低土壤中病原菌的数量。

(2)提早预防,化学防治。在玉米 4 ~ 5 片叶时,若种植的品种不抗病,属感病品种,且此时温度高,降雨量大,田间湿度大,光照时间短,适宜病害发生,应及早预防。可用 25% 粉锈宁可湿性粉剂 1000 ~ 1500 倍液,或 50% 多菌灵可湿性粉剂 500 ~ 600 倍液,或 70% 甲基托布津可湿性粉剂 500 ~ 600 倍液等杀菌剂进行叶面喷洒,能起到较好的预防效果。在玉米褐斑病发病初期及时用上述药剂进行叶面喷洒,有很好的防治效果。同时,喷洒药剂时可加入适量的磷酸二氢钾、尿素、双效活力素或其他叶面肥,补充玉米营养,促进玉米健壮生长,提高抗病能力,从而提高防治效果。喷洒药剂时,可结合气候条件,连喷 2 ~ 3 次,间隔 7 d 左右,喷药后 6 h 内遇降雨应重喷。

(3)合理密植,适时追肥。重病地块,可选种紧凑型的玉米品种,可种植推荐密度或略低,以提高田间通风透光性。田间病害发生较重时,切忌秸秆还田或用病残体沤肥,对病残体要进行深埋处理;用病残体沤制的有机肥,要经过高温充分腐熟后才能施用。种植玉米前,应尽可能地多施有机肥,以培肥地力。可早播以使玉米在苗期得到锻炼,助力根多、根深、苗壮,推荐测土配方施肥,注重氮、磷、钾肥的搭配。

(4)及时中耕,加强管理。玉米苗期要根据田间长势情况,及时中耕锄草,破除土壤板结,增进土壤透气性,促进植株健壮生长。严重干旱时,要及时浇水;雨水多,田间积水时,要及时排涝。并及时中耕放墒,降低田间湿度,改良田间小气候。玉米收获后,要彻底清除病残体组织,将病残体组织带出田间处理,并将土壤进行深翻曝晒,破坏土壤中病原菌的生存环境,杀灭病原菌。

二、抗性鉴定与抗源筛选

(一)接种体的制备

选取从田间采集的玉米褐斑病病斑密集的叶片,用粉碎机将褐斑病病叶粉碎,室温保存,用于制备田间接种玉米褐斑病病原菌休眠孢子囊悬浮液。

(二)人工接种

用水清洗褐斑病叶,3 层纱布过滤,调整褐斑病病原菌休眠孢子囊浓度为 105 孢子囊/mL,加入 0.2% 吐温 20,用喷雾器叶面和心叶喷雾接种 5 叶期的玉米。接种后 3 d,每天傍晚喷灌喷雾保湿 15 min,隔 3 d 喷雾接种 1 次,共接种 3 次。

(三)抗性鉴定方法

接种 35 d 后,按照 0~9 级分级方法调查不同处理每株玉米褐斑病的发病级别,计算病情指数,后根据病情指数划分抗性类型(表 11-1 和表 11-2)。

$$病情指数 = \frac{\sum(各级病株数×各级代表值)}{调查总株数×最高级代表值} \times 100\%$$

表 11-1　玉米褐斑病调查分级方法

级数	病斑面积占总叶面积
0	0%
1	1%~10%
3	11%~30%
5	31%~50%
7	51%~70%
9	>70%

表 11-2 褐斑病抗性评价标准

抗性类型	病情指数
免疫（I）	0%
抗病（R）	1%～10%
中感（MS）	11%～20%
高感（HS）	>20%

三、抗病品种选育

国内对玉米杂交种的褐斑病抗性鉴定及抗源的筛选工作集中在 2010 年之前。孙炳剑等 2008 年的研究发现了一些抗褐斑病的玉米品种。2006 年的研究结果见表 11-3，供试的 28 个品种对褐斑病的抗性存在着十分明显的差异，其中达到抗病水平的有 21 个，占鉴定总品种的 75%；中感品种 6 个，占鉴定总品种的 21.43%；高感品种只有中科 4 号 1 个，占鉴定总品种的 3.57%。2007 年的研究结果见表 11-4，10 个品种中达到抗病水平的有 7 个，占鉴定总品种的 70%；中感品种 3 个，占鉴定总品种的 30%。

表 11-3 不同玉米品种抽雄期抗褐斑病鉴定结果（2006 年）

品种	平均病叶率（%）	平均病情指数（%）	显著性分析 5%	显著性分析 1%	抗性类型	品种	平均病叶率（%）	平均病情指数（%）	显著性分析 5%	显著性分析 1%	抗性类型
郑试 2018	1.11	0.28	a	A	R	郑试 2063	10.00	5.83	abc	ABCD	R
东单 60	4.44	1.30	a	AB	R	浚单 18	12.22	5.83	abc	ABCD	R
郑试 254	6.67	2.04	a	AB	R	登海 3 号	11.11	6.02	abc	ABCD	R
农单 5 号	6.67	2.31	a	ABC	R	秀青 74-2	13.33	6.48	abc	ABCD	R
豫玉 22	6.67	2.87	ab	ABC	R	郑试 2056	14.44	6.67	abc	ABCD	R
郑试 258	7.78	3.05	ab	ABC	R	郑单 21	16.67	9.07	bcd	BCDE	R
郑试 2001	7.78	3.06	ab	ABC	R	新户单 4 号	20.00	9.16	bcd	BCDE	R
富友 9 号	8.89	3.24	ab	ABC	R	鲁单 981	20.00	10.74	cd	CDE	MS
郑单 23	8.89	3.43	ab	ABC	R	沈单 16	22.22	12.41	de	DEF	MS
郑单 22	10.00	3.70	ab	ABC	R	郑单 958	27.78	15.37	de	EF	MS
豫玉 26	8.89	3.70	ab	ABC	R	浚单 20	23.33	15.46	de	EF	MS
秀青 73-1	11.11	5.28	abc	ABCD	R	新单 23	35.55	15.46	de	EF	MS
郑试 2055	11.11	5.28	abc	ABCD	R	郑试 2053	33.33	19.91	e	F	MS
郑试 2044	12.22	5.65	abc	ABCD	R	中科 4 号	48.89	40.28	f	G	HS

注：表中数据均为 4 次重复的平均值。

表 11-4　不同玉米品种抽雄期抗褐斑病鉴定结果（2007 年）

品种	平均病叶率（%）	平均病情指数（%）	显著性分析		抗性类型	品种	平均病叶率（%）	平均病情指数（%）	显著性分析		抗性类型
			5%	1%					5%	1%	
郑单 21	5.00	1.67	a	A	R	浚单 18	16.67	8.89	ab	AB	R
郑试 2055	8.33	2.78	a	AB	R	郑单 958	18.33	9.44	ab	AB	R
富友 9 号	12.22	4.07	a	AB	R	郑单 22	18.89	10.74	b	AB	MS
郑单 23	13.33	4.44	ab	AB	R	浚单 20	20.00	11.11	b	B	MS
新单 23	15.56	5.93	ab	AB	R	鲁单 981	26.67	11.11	b	B	MS

注：表中数据均为 4 次重复的平均值。

栗秋生等 2008 年的研究表明，利用河北省内主推品种和部分自交系开展田间玉米褐斑病的抗性鉴定，其中国内自交系塘四平头类群感病较重，Lancaster、Reid、旅大红骨类群均表现为中抗，两个引自加拿大的自交系抗性较好，均表现为高抗。亲本自交系的抗性与品种抗病性之间有着密切的关系，由于塘四平头类群的感病特性使得以其衍生系为亲本的农大 108、郑单 958、鲁单 981 等的抗病类型均为感病。在褐斑病多发的多个原因中，品种抗性是重点。

在育种过程中，应加强种质资源拓宽和引进，合理利用原有优良材料，通过有性杂交或生物技术等手段把抗病基因导入农艺性状优良的材料中，创造抗病谱广、配合力强的育种材料，选育高抗褐斑病的杂交种。

第三节　玉米抗瘤黑粉病遗传育种

一、病害的发生与分布

（一）病害的发生与危害

玉米瘤黑粉病由玉蜀黍黑粉菌［*Ustilago zeae*（Beckm.）Unger］侵染引起，传播方式多样（种子、土壤、气流等均可传播），主要发病于玉米地上部位，发病形状各异，大小不一。该病害在我国发生普遍，发病率一般为 5%～10%，严重时可造成 30%～80% 的减产。近年来，由于常年连作、耕作制度调整、气候适宜等条件，玉米瘤黑粉病发生逐渐加重，对玉米安全生产的影响越来越大。

（二）病害症状

在玉米植株的地上任何部位都可产生形状各异、大小不一的瘤状物，主要着生在茎秆和雌穗上(图 11-4)。典型的瘤状物初为绿色或白色,肉质多汁。后逐渐变为灰黑色,有时带紫红色,外表的薄膜破裂后,散出大量的黑色粉末(病原菌冬孢子)。

(a)感染腋芽　　　　　　　(b)感染成熟果穗　　　　　　(c)感染雄穗

图 11-4　玉米瘤黑粉病表型

(三)发生规律与分布

病原菌在玉米生育期的各个阶段均可直接或通过伤口侵入。病原菌以冬孢子在土壤中及病残体上越冬,翌年冬孢子或冬孢子萌发后形成的担孢子和次生担孢子随风雨、昆虫、农事操作等多种途径传播到玉米上,一个生长季节可有多次侵染。当温度在 26～34 ℃或虫害严重时,有利于病害流行。

(四)病害的防治

玉米瘤黑粉病应贯彻"预防为主,综合防治"的方针。依据瘤黑粉病的发生特点,以选育抗病品种为基础,提高种子包衣质量为关键,采取适期播种、科学处理病株等生态化综合防治措施控制其发生蔓延。

二、抗性鉴定与抗源筛选

(一)接种体的制备

选取从田间采集的玉米瘤黑粉病发病组织,通风处阴干,干燥条件下保存。将保存的发病组织破碎,充分碾压厚垣孢子团,50 目细筛过筛,制成均一的菌粉。将 0.2 g 菌粉撒入充分浸润的培养皿中,25 ℃保湿 72 h,之后将菌粉洗入 1 L 水中,配置成 $1×10^5$ 孢子/mL 的接种液,最后将 0.5 g/L 的葡萄糖加入接种液中。

(二)人工接种

在玉米 6~8 叶期时,采用注射法人工接种。在植株中部接近生长点的部位从外向内且刺入心内叶,注射菌液 2 mL/株。7 d 后进行第 2 次接种,接种后正常管理田间。

(三)抗性鉴定方法

在玉米进入乳熟后期进行调查,按照 1~9 级分级方法调查不同处理每株玉米瘤黑粉病的发病级别,计算病株率,后根据病情划分抗性类型(表 11-5)。

表 11-5　玉米瘤黑粉病调查分级方法

级数	病株率	抗性评价标准
1	0%~1.0%	HR
3	1.1%~5.0%	R
5	5.1%~10.0%	MR
7	10.1%~40.0%	S
9	40.1%~100%	HS

三、抗性遗传

玉米瘤黑粉病的抗性遗传规律是玉米育种工作的基础。目前,大部分学者立足于当地材料,进行抗源筛选、抗病遗传规律研究、抗病主效 QTL 以及基因定位工作。肖明纲 2023 年的研究发现,在玉米瘤黑粉病的抗性资源筛选及遗传分析中,玉蜀黍黑粉菌的抗性可能受 1 对显性单基因控制。赵翔宇等 2024 年的研究发现,通过 CRISPR/Cas9 基因编辑技术以及遗传互补实验,ZmADT2 基因能调控玉米株型和瘤黑粉病抗性。施艳等 2019 年的研究发现,玉米参试品种抵抗瘤黑粉病的能力在不同年分之间差异较大。研究发现,通过人工接种鉴定,能筛选到对瘤黑粉病具有抗性的玉米资源占比在 23.3%~100%。

四、抗病品种选育

利用接种方法鉴定抗瘤黑粉病的玉米自交系,利用常规回交育种方法导入骨干自交系,进而增强品种的抗瘤黑粉病能力。

第四节　玉米抗苗枯病遗传育种

一、病害的发生与分布

(一)病害的发生与危害

玉米苗枯病是一种较为严重的苗期病害,发病后主要症状为根部和近地茎组织腐烂。苗枯病在玉米种子萌芽期即可发病,3～5叶期为发病高峰。传播方式主要包括遗留病残体、土壤夹带病原菌、种子带菌、肥料带菌等。近年来,在玉米种植过程中,尤其是面向频繁雨季或雨量较大的夏季,苗枯病发病相对频繁且发病程度较重。玉米种子萌动时,病原菌极易侵入,侵入后会使种子根部及根尖处变褐。随着时间的推移,造成根毛减少、根系发育不良、出生根老化或皮层坏死,最终在根茎第一节间形成坏死状斑点,造成玉米苗根茎腐烂,叶鞘变褐。

(二)病害症状

在玉米3～6叶期时发病:一般株型矮小;下部叶片黄化或枯死、植株茎叶呈灰绿色或黄色失水干枯;根或茎基部组织上有水浸状或黄褐色到紫色病斑,或腐烂,或缢缩(图11-5)。

(三)病原菌的生物学特性

有20余种病原菌可以引起该病,主要分为镰孢菌(*Fusaritun* spp.)、腐霉菌(*Pythium* spp.)、立枯丝核菌(*Rhizoctonia solani* Kuhn)等3大类群。

图11-5　玉米苗枯病表型

(四)发生规律与分布

侵染源为带菌土壤、种子和病残体。直接或通过伤口入侵,造成根部腐烂,严重时整个根系坏死,整株死亡。土壤通透性差含水量高、田间管理粗放、地下害虫严重的地块,均会不同程度地诱发或加重该病。

(五)病害的防治

面对频发的苗枯病,最为直接的防治措施就是推广引进抗耐病品种。实践证明,广耐抗品种是降低玉米病害发生流行最为经济有效的方法。推动玉米种植结构调整,进行轮作种植,不但能够有效抑制病原菌的积累、预防控制苗枯病的发生,还能增加农民收入。针对其发生特点,生产上主要采用种衣剂包衣技术来预防或减轻其发生为害。此外,用 70% 恶霉灵可湿性粉剂 30 g,加水 500 mL,拌种 10 kg。同时加入云大 120(0.0016% 丙酰芸苔素内酯)水剂 10 mL 兑水 5 kg 喷湿拌匀,也可有效防治苗枯病的发生。针对其传播规律,适时播种、施足底肥、加强中耕管理,促苗早发快长。低洼地块雨后及时排水、划锄,也能有效降低苗枯病的发生及蔓延。此外,田间出苗后若发现病株,即苗枯病发病初期,可选用 50% 甲基硫菌灵(甲基托布津)或 50% 多菌灵或 58% 甲霜锰锌等药剂针对根部喷灌药液,间隔 7 d 再喷一次,同时用云大 120 水剂和叶面肥喷淋植株,促根早发。

二、抗性鉴定与抗源筛选

(一)接种体的制备

玉米苗枯病的抗性鉴定以田间接种鉴定为主,用拟轮枝镰孢田间接种鉴定发现 HZ32、HZ85、齐 318 等 3 份玉米自交系高抗苗枯病。鉴定方法:用土豆培养基将拟轮枝镰孢培养 2~3 d 备用。将玉米籽粒煮熟 1~2 h 后冷凉,分别装入培养瓶后用封口膜封好,之后 210 ℃ 高温灭菌 20 min 待用。在超净工作台中加入适量的无菌水于接种有拟轮枝镰孢的土豆培养基中,将拟轮枝镰孢菌丝打断,制成菌丝悬浮液,每瓶玉米培养基中加入 2~3 mL 菌丝悬浮液后混匀,25 ℃ 培养 3~5 d 备用。

(二)田间接种

用开沟器开沟,把含有拟轮枝镰孢的玉米培养基均匀撒于沟中,将种子播种在玉米培养基上后覆土。

(三)抗性分析

按照玉米苗枯病的发病程度将玉米叶片发病的程度划分为 4 个级别:0 级,无病害;1 级,叶尖干枯;2 级,叶片一半死亡;3 级,叶片全部死亡。参考多种病害抗性鉴定的 5 级标准,结合苗枯病抗病育种实际,玉米苗枯病田间鉴定标准如表 11-6 所示。

表 11-6　玉米苗枯病调查分级方法

级数	发病率	田间抗性
1	0%	HR
2	1%~10%	R
3	11%~30%	MR
4	31%~70%	S
5	71%~100%	HS

三、抗性遗传

玉米苗枯病是一种重要的苗期病害,其主要病原菌为拟轮枝镰孢。在对 72 份玉米自交系苗枯病鉴定中得到 3 份高抗材料、15 份抗病材料和 24 份中抗材料。此外,对 29 份玉米杂交组合进行田间抗性鉴定,发现不同玉米自交系和杂交组合对玉米苗枯病的抗性存在显著差异,杂交种的抗性更强。在此基础上发现,杂交双亲中一个亲本为高抗苗枯病材料或双亲均为抗苗枯病材料时,其后代一般表现为高抗苗枯病。因此,在玉米苗枯病抗病育种中,建议采用抗×抗或高抗×感的杂交模式选育抗病品种。

四、抗病品种选育

开展玉米自交系耐/抗苗枯病的鉴定,筛选出耐/抗苗枯病的材料。利用筛选出的材料开展抗病多基因聚合育种。但是,通过聚合抗病质量基因仅能在一定程度上延缓病原菌毒力的变异,延长基因的利用时期。因此,将抗病质量基因与抗病数量基因聚合,是未来抗病育种中亟需开展的工作。以往的研究证明,遗传背景对显性单基因的抗病作用有很大的影响,单基因抗性与多基因背景相结合,将能够使抗病性得到更全面的发挥。

第五节　玉米抗细菌性顶腐病遗传育种

一、病害的发生与分布

(一)病害危害与症状

1. 病害危害

细菌性顶腐病在玉米抽雄之前均可发生危害,一般在植株第 9、10 片叶上开始表现症状,但受害最重的一般是第 11～13 片叶。病害的发生会造成玉米不同程度的减产,部分严重发生田块甚至造成毁种。细菌性顶腐病已成为影响玉米生产的危险性病害,近几年已在多个省份发生,并有加重流行的趋势。

2. 症状

细菌性顶腐病的典型症状为心叶呈灰绿色失水萎蔫枯死,形成枯心苗或丛生苗(图 11-6)。发病初期叶片基部出现水浸状腐烂,病斑不规则;后呈褐色或黄褐色,腐烂部有或无特殊臭味,有黏液。严重时用手能够拔出整个心叶,轻病株心叶扭曲不能展开。

(1)叶缘缺刻型。感病叶片的基部或边缘出现"刀切状"缺刻,叶缘和顶部褪绿呈黄亮色,严重时 1 个叶片的半边或全叶脱落,只留下叶片中脉以及中脉上残留的少量叶肉组织。

(2)叶片枯死型。叶片基部边缘褐色腐烂,叶片有时呈"撕裂状"或"断叶状",严重

图 11-6 玉米细菌性顶腐病的发病表型

时顶部 4~5 叶的叶尖或全叶枯死。

（3）扭曲卷裹型。顶部叶片卷缩成直立"长鞭状"，有的在形成鞭状时被其他叶片包裹不能伸展形成"弓状"，有的顶部几个叶片扭曲缠结不能伸展，缠结的叶片常呈"撕裂状"或"皱缩状"。

（4）叶鞘、茎秆腐烂型。穗位节的叶片基部变褐色腐烂的病株，常常在叶鞘和茎秆髓部也出现腐烂。叶鞘内侧和紧靠茎秆叶鞘皮层呈铁锈色腐烂，剖开茎部，可见内部维管束和茎节出现褐色病点或短条状变色，有的出现空洞，内生白色或粉红色霉状物，刮风时容易折倒。

（5）弯头型。穗位节叶基和茎部发病发黄，叶鞘茎秆组织软化，植株顶端向一侧倾斜。

（6）顶叶丛生型。有的品种感病后顶端叶片丛生、直立。

（7）败育型或空秆型。感病轻的植株可抽穗结实，但果穗小、结籽少。感病严重的植株雌穗、雄穗败育，畸形而不能抽穗或形成空秆。

（二）发生规律与分布

玉米细菌性顶腐病的病原菌可附着在种子或病残体中越冬，春季借助水流从玉米的气孔、水孔或伤口侵染玉米幼苗，秋季病原菌可随病残体经秸秆还田回到土壤中，成为下一季玉米的主要侵染源。病原菌在田间主要靠风雨和流水进行远距离传播。病原菌生长温度为 5~40 ℃，最适温度为 25~30 ℃。玉米播种出苗后，病原菌即可侵入玉米幼根或嫩茎，尤其是玉米大喇叭口期遇高温条件，会加快病原菌的繁殖，并随田间浇水扩散、再侵染，呈核心点片分布。一般每年 7 月中下旬，持续阴雨寡照、闷热潮湿，会造成大量病原菌滋生，是玉米顶腐病的发病高峰期。

玉米喇叭口期持续的高温、高湿、强光照气候条件易诱发细菌性顶腐病，高温和强光照易伤害叶片的幼嫩组织，导致细菌入侵。玉米周期性的吐水和高温气候，加速细菌大量繁殖,造成叶片的幼嫩组织在数天内大量腐烂。一般来说,细菌性顶腐病多出现在大雨后、田间灌溉后或天气骤晴、温度骤增且持续高温之时,低洼、土壤黏重或排水不畅的地块发病更为严重,害虫或其他原因造成的伤口也利于细菌侵入。

(三)病原菌的生物学特性

引起细菌性顶腐病的细菌多为条件致病菌,包括肺炎克雷伯氏菌(*Klebsiella peneumoniae*)、铜绿假单胞杆菌(*Pseudomonas aeruginosa*)、鞘氨醇单胞菌属(*Sphingomonas sp.*)、黏质沙雷氏菌(*Serratia marcescens*)。肺炎克雷伯氏菌革兰氏反应呈阴性,菌体为杆状,大小为$(0.3 \sim 0.6)\,\mu m \times (0.6 \sim 6.0)\,\mu m$,单生或呈短链状,有荚膜,无鞭毛,菌体黏稠;铜绿假单胞杆菌革兰氏反应呈阴性,菌体为杆状或线状,大小为$(0.5 \sim 0.8)\,\mu m \times (1.5 \sim 3.0)\,\mu m$,一端生单鞭毛,在培养基上产生水溶性荧光素;鞘氨醇单胞菌属革兰氏反应呈阴性,菌体为短杆状,大小为$(0.3 \sim 0.8)\,\mu m \times (1.0 \sim 2.7)\,\mu m$,单鞭毛,菌落呈黄色;黏质沙雷氏菌革兰氏反应呈阴性,菌体为短杆状,大小为$(0.7 \sim 1.0)\,\mu m \times (1.0 \sim 1.3)\,\mu m$,鞭毛周生,无荚膜,菌落边缘不规则,产生红色色素。

(四)防治方法

(1)选种抗性品种。选种抗病品种是防控该病的首要措施,也是最经济有效的途径。不同的玉米品种对顶腐病抗性存在显著差异,根据田间表型调查结果,淘汰田间已发现的感病品种,推广种植田间表现抗病的品种,能够控制顶腐病的发生,减少该病害造成的产量损失。迪卡653和先玉335均为对顶腐病抗病性较强的玉米品种。

(2)农业防治。玉米顶腐病的病原菌可在土壤、病残体中越冬,成为下一年的初侵染源。在玉米顶腐病易发地区,应减少秸秆还田,秋收后及时深翻灭茬,促进病残体的分解,降低土壤中的病原菌,减少初侵染源。大雨或灌溉后,排水不畅的地块要及时排水,以降低大田的土壤湿度和空气湿度,以减少玉米吐水现象的发生,避免出现有利于病害暴发的高温高湿环境。

在田间发病植株较少时,可对心叶扭曲、腐烂病情较重的植株进行剪叶促穗,确保雄穗正常抽出,以免影响授粉,剪下的病叶带出农田并进行深埋处理。对发病较重的地块在大喇叭口期,要迅速追施氮肥,补充营养。对于发病严重、难以挽救以至于绝收的地块,要及时毁苗整地,改种其他作物,尽量减少经济损失。

(3)化学防治。种传是玉米顶腐病传播的重要途径,可使用药剂拌种进行防治。常用的拌种药剂有75%百菌清可湿性粉剂和50%多菌灵可湿性粉剂等,药剂用量为种子质量的0.4%。田间普遍发生顶腐病时,应及时对叶心喷施4%嘧啶核苷类抗菌素水剂400倍液并加入50%的多菌灵可湿性粉剂、80%代森锰锌可湿性粉剂500倍液或烯唑醇等杀菌剂,控制病害。玉米顶腐病为病原性病害,但受环境胁迫影响极大。施加具有抗性诱导作用的叶面肥如植力源、猛加力、5%氨基寡糖素水剂、50%氯溴异氰尿酸可溶粉剂,通过诱导基础抗性,提高病株抗病能力和抵抗环境胁迫能力,可有效控制玉米顶腐病的发生和发展。

二、抗源筛选

(一)接种鉴定方法

每穴接种 1 g 菌麦粒(小麦粒自来水冲洗干净,煮沸 20 min 后高压灭菌,冷凉后接菌,28 ℃下培养 12 d 左右),玉米成株期调查发病情况,计算病情指数。

病情分级标准按穗位节上下各 3 叶发病程度和病株长势划分:0 级,植株未发病;1级,1 片叶叶缘产生病斑,有的病斑向内扩展,植株生长正常;2 级,2 片叶叶缘产生病斑,并向内扩展达叶片中脉 1/2 以下,株形基本正常;3 级,3 片叶叶缘产生病斑,或 2 片叶病斑扩展至中脉附近,植株生长稍低矮、细弱;4 级,3 片以上叶叶缘产生病斑,其中有 3 片叶基部大部腐烂,或植株生长低矮、畸形。

$$病情指数 = \frac{\sum(各级病株数 \times 各级代表值)}{调查总株数 \times 最高一级代表值} \times 100\%$$

品种抗病程度划分标准如下:免疫(T),病情指数为 0;高抗(HR),病情指数 0~10;抗病(R),病情指数 10~20;感病(S),病情指数 20~30;高感(HS),病情指数 30 以上。

(二)抗源筛选

对 21 份玉米自交系,分别为 Mo17、掖 107、9058、488、469、自 330、昌 7-2、5003、467、综 3、沈 137、齐 319、457、E28、141、926、黄 C、P138、浚 926、郑 58 和 L51,4 份玉米杂交种,分别为豫玉 22、鄂玉 10、郑单 958 和 302,进行抗性鉴定分析。结果显示,Mo17、掖 107、鄂玉 10 号、豫玉 22 为免疫,昌 7-2 和 467 为高抗,综 3、齐 319、E28、926、郑单 958、浚 926、302、9058 为抗病,其余表现感病或高感。

第六节 玉米抗矮花叶病遗传育种

一、病害的发生与分布

玉米矮花叶病是由玉米矮花叶病毒引起的一种病害,是当前玉米生产中分布广泛、危害严重的病毒病之一。玉米矮花叶病在玉米的整个生育期都可感染发病,苗期危害较重,会导致玉米幼苗发生根茎腐烂而出现死苗情况。受矮花叶病毒侵染的玉米,光合效率降低,光呼吸增强,影响氮代谢和元素积累,同时阻碍物质运输。多数情况下,发病玉米植株生长比较缓慢,雄穗都不发达,分枝较少,果穗变小,籽粒少而秕瘦,有秃尖现象,甚至有的根本就不结实,从而导致玉米的产量和品质严重下降,给玉米生产造成了严重的经济损失。

（一）病害症状

植株在幼苗期感染矮花叶病毒后,首先在第一片叶开始出现点条状褪绿斑点,随后感病植物第二片叶表现明显褪绿斑点,整个叶片褪绿,并形成全株叶片褪绿斑驳。植株在拔节期发病,首先在心叶基部出现椭圆形褪绿小点和斑驳,继而成条点花叶状,进一步扩展至全叶成为黄绿相间条纹的典型花叶症状(图11-7)。

图11-7　玉米矮花叶病抗感材料对比

到后期,叶片变黄或紫红而干枯。感病早的植株会矮化,严重感病植株结实明显减少,甚至成为空秆。到后期,轻病株表现为叶片提早变黄,延迟成熟,籽粒变小,千粒重降低;重病株则多数表现早枯,全无收成。

（二）发生规律

（1）初侵染源。玉米矮花叶病毒(maize dwarf mosaic virus,MDMV)是一种借蚜虫传播的非持久性病毒。MDMV的寄主大多数为一年生或多年生禾本科杂草,如白茅、马唐、狗尾草等。农田杂草为病毒的积累和越冬提供了有利条件。在小麦玉米间作套种地区,麦田是蚜虫繁殖、栖息场所。同时,MDMV可以通过种子传毒。国外报道甜玉米种子带毒率为0.4%,国内报道玉米种子带毒率为0.78%～3.3%。这些初侵染源为病害发生、流行创造了条件。

（2）侵染循环。在麦田或田间杂草上大量繁殖的麦二蚜、玉米蚜、桃蚜、高粱蚜等在6月上、中旬小麦抽穗后产生有翅蚜迁移至玉米田。蚜虫迁飞高峰后7～10 d,玉米田即出现矮花叶病发病高峰。蚜虫也随即迁移至其他作物如高粱、谷子及杂草上继续危害。

（3）流行条件。种植感病品种、介体蚜虫大量存在、病毒基数积累是MDMV大流行的必备条件。在非病区种植感病品种的前一两年矮花叶病只有少量发生。随着病毒逐年积累,病害也一年比一年加重,等到周围的越冬禾本科草变成带毒的毒源时,此时非病区就变成病区了。玉米在幼苗期若遭遇蚜虫迁移高峰期,则会增加发病概率。因此,适当调整播种期可以达到避病的作用。气候条件对矮花叶病的发生影响较大。若秋季温度高,传毒昆虫为害时间长,越冬寄主毒源量增大;若冬季温度偏高,越冬成虫量增加;春季干旱少雨,玉米苗期生长缓慢,抗病力减弱。因此,随着介体数量增加传毒概率增加,危害程度亦增大。

(三)病害分布

该病害于1963年首次在美国俄亥俄州发现并被报道。不久就迅速蔓延,据报道在美国的37个州发现了矮花叶病,一万英亩(1英亩≈6.07亩)玉米田中有50%受害,损失惨重。1965年的国际玉米病毒会上将此病毒命名为玉米矮花叶病毒,目前在美国、德国、意大利、巴基斯坦、沙特阿拉伯、伊拉克、法国、朝鲜、秘鲁、加拿大、印度、希腊、乌兹别克斯坦和哥伦比亚等国家都有不同程度的发生,世界各主要玉米生产国均已将其列为重要的病害之一。

我国于1968年首次在河南新乡和安阳地区发现该病,损失粮食近2500万kg,随后该病逐步扩展到全国各玉米主要产区。目前矮花叶病在全国普遍发生,北京、天津、河北、山东、山西、甘肃、陕西、四川、内蒙古、浙江、广东及新疆等都有该病发生的报道,其中华北、西北地区危害较为严重。矮花叶病已成为我国玉米产区的主要病害之一,对玉米的生产构成了严重威胁并造成一定的产量损失。在发病范围和程度上表现为由无病区、偶发区向常发区和重病区过渡。发病植株通常叶片不均匀褪绿,形成花叶、条纹症状,病情严重时植株矮化,雌雄穗发育受抑制,最终导致玉米产量和质量受到严重影响。此外,玉米矮花叶病明显表现出暴发性、迁移性和间歇性三大特征,每年给玉米生产造成20%~80%的损失。

(四)病原菌的生物学特性

玉米矮花叶病由马铃薯Y病毒属(Potyvirus)病毒引起,是一种重要的世界性病害。20世纪90年代初以后,侵染单子叶植物的Potyvirus属病毒在现代分子生物学研究的基础上被划分为约翰逊草花叶病毒(Johnsongrass mosaic virus,JGMV)、玉米矮花叶病毒(maize dwarf mosaic virus,MDMV)、甘蔗花叶病毒(sugarcane mosaic virus,SCMV)和高粱花叶病毒(sorghum mosaic virus,SrMV)等4种不同的病毒。根据MDMV对约翰逊草的侵染性,把MDMV分为MDMV-A和MDMV-B两个株系,侵染的是MDMV-A株系,不侵染的是MDMV-B株系。MDMV-B应为甘蔗花叶病毒的一个株系(SCMV-MDB)。研究证明,在美国玉米矮花叶病主要由玉米矮花叶病毒(MDMV-A)引起,在欧洲此病由甘蔗花叶病毒引起。我国学者曾认为,矮花叶病在我国由玉米矮花叶病毒MDMV-B株系引起,但目前已证实SCMV是我国玉米矮花叶病的主要病原。

SCMV病毒颗粒呈弯曲线状,长约700~750nm,宽约11~15nm。SCMV基因组是一种正义单链RNA,长度约10kb左右,基因组从N端到C端依次是5′UTR(非编码区)、开放阅读框(ORF)、包含polyA尾的3′UTR,这个开放阅读框编码10种蛋白依次是P1、HC-

Pro、P3 等,这些蛋白在病毒侵染植株及病毒在植物体内转运进行局部和系统性侵染的过程中起着重要作用。玉米矮花叶病的田间流行和远距离传播主要通过动物介体蚜虫的非持久性传播所引起。病毒通过蚜虫取食或摩擦形成的伤口进入植物细胞后,先在初侵染细胞内进行自身复制,再通过局部侵染和系统性侵染两种转运模式进行转移。局部侵染是以叶肉细胞间的胞间连丝为运输通道实现转运,而系统性侵染则是通过维管束输导系统的韧皮部和木质部实现长距离运转。

(五)防治方法

作为一个病害系统,玉米矮花叶病的发生有多方面的原因。该病的发生是由寄主、病毒、环境、人为因素等综合作用的结果。品种抗病性低、种子带毒、介体蚜虫数量多、栽培管理不当等都会加剧玉米矮花叶病的发生。因此,应切实贯彻"预防为主、综合防治"的策略,大力控制病害的发生流行。

(1)选用抗病品种。培育和种植抗病品种是控制玉米矮花叶病发生的主要途径。目前我国的抗病品种很少,市场上推广的玉米品种大多数不抵抗该病毒,这是导致玉米矮花叶病大面积发生的重要原因。遗传分析显示,矮花叶病抗性表现为显性遗传。采用回交育种方法可将抗矮花叶病基因有效导入优良玉米自交系中,这一方法在甜玉米中已成功实现。或者利用分子标记技术进行玉米矮花叶病抗病基因的定位,开展抗病基因工程研究。在育到抗病品种后,应压缩感病品种的面积,大力推广抗病品种,并及时进行抗病性鉴定。

(2)种子播前脱毒处理。通过玉米种子脱毒剂"种毒清 1 号"处理种子或用 0.5% 高锰酸钾浸种 10 min 防效较好,平均防效分别为 55.97% 和 64.50%。

(3)田间种植与栽培管理。适时早播,春玉米早播,玉米矮花叶病发病较轻,晚播发病则比较严重。加强田间水肥的管理,促进苗期玉米生长发育能力,从而增强抗病力。大力推广地膜玉米,提早生育期,提高玉米抗病及避病效果。玉米矮花叶病毒可以侵染大约 200 多种杂草,后经蚜虫在玉米田间传播,初春时及时消灭周边杂草,发现病苗、病株时及时拔除,减少再侵染源。

(4)介体蚜虫防治。传毒介体蚜虫的大量发生是造成玉米矮花叶病流行的重要原因,目前调查研究已知有 20 多种蚜虫可以传播玉米矮花叶病毒。初春,大多蚜虫复醒和孵化为若虫后,在新鲜的带毒杂草上取食从而使蚜虫获得毒性。有翅蚜虫将体内的病毒传播到杂草和春玉米上,造成病害流行。夏玉米收播后,蚜虫又重新回到了杂草上产卵或越冬。所以玉米矮花叶病的发生流行与播期、品种、气候、土壤等因素有着密切的关系。在蚜虫的迁飞高峰期,天气干旱,有利于蚜虫的迁飞、繁殖,导致病情发生严重,引起病害流行。在这个时期的降雨量和降雨次数会对蚜虫的繁殖产生影响。玉米的播种时间也会影响病害发生的程度。春玉米晚播,夏玉米早播,玉米苗期正值蚜虫的发生高峰期,从而使病害程度加重,故应在蚜虫高峰期来临前对田间蚜虫进行药剂防除。

二、抗性鉴定与抗源筛选

(一)接种方法

玉米矮花叶病接种鉴定主要有两种途径:一种是汁液摩擦接种法,用含有病毒的汁液加入适量金刚砂后,人工摩擦接种于玉米顶端 2～3 片叶片上。另一种是蚜虫接种法,将饥饿的蚜虫置于新鲜玉米病叶上饲喂,然后在笼罩封闭的条件下将带有病毒的蚜虫投放到待接种玉米植株上。其中,用带毒汁液摩擦接种玉米幼嫩叶片的方法对玉米矮花叶病进行接种鉴定,较用带毒蚜虫饲喂法简单方便,且较易控制。

汁液摩擦接种法具体操作步骤:当病毒繁殖圃中感病材料长到三叶一心时,取出保存于−80 ℃超低温冰箱中的上年典型感病株,用小型家用榨汁机榨取汁液,加入 500 目金刚砂摩擦接种,每株接种三片叶,5～7 d 后再补接一次,以保证感病单株充分发病,繁殖病毒。第一次接种后一周左右根据发病情况进行补接,一般补接 2～3 次,以保证充分发病。研究发现,苗期 3～5 片叶时接种的效率较高,每株接种 3 片叶发病率可达 95% 以上。抗源鉴定和抗病遗传研究增加了人工接种的工作量,大量接种的困难之一是大量病叶汁液的获取。研究人员提出一套大面积接种的方法,在此基础上,建议用小型家用搅碎机榨取病叶汁液,然后再加入定量水,可以保证接种病毒浓度和均匀程度。

(二)鉴定方法

玉米矮花叶病在玉米整个生育期均可发病,在苗期或拔节期主要鉴定叶片危害度,至玉米抽雄期或灌浆期,该病症状已稳定,可鉴定病级和估计产量损失。为了易于田间操作,建立了叶片褪绿程度的目测标准:0 级,叶片无症状发生;1 级,叶片略微褪绿,有褪绿点线;2 级,褪绿,出现稳定的黄绿相间条纹;3 级,严重褪绿,叶片褪绿面积较大,条纹连片;4 级,叶片变黄或紫红。每株叶片褪绿程度的加权平均数用叶片危害度表示,叶片危害度=∑(叶片褪绿程度的级别×该级叶片数)/总叶片数,病叶百分率=显症叶片数/总叶片数,分全株叶片和穗 5 叶(穗位叶和穗上、下各 2 片叶)调查叶片危害度。

国际上通常采用病害严重度和发病率鉴定玉米材料抗病性并进行抗性遗传研究。目前国外多采用 9 级分级标准,建立了评价玉米抗玉米矮花叶病毒的病害指数系统。国内有人采用 3 级、4 级、5 级或 7 级标准,玉米对矮花叶病的抗病鉴定指标包括了显症叶片数、叶片褪绿程度、株高和产量等性状。根据显症叶片数、株高、叶片褪绿程度以及收获后单林产量结合参考品种建立 5 级玉米矮花叶病毒抗性指标体系,同时关注功能叶片危害程度变化,对抗性遗传研究更有参考价值。

(三)抗源筛选

在长期的玉米育种研究中,国内外学者筛选到一些抗玉米矮花叶病的抗源材料,例如 Pa405、ArKH24、ArKH77、GA209、MP339 等。利用 122 份欧洲早熟玉米自交系进行田间和室内鉴定,筛选出 3 份高抗 SCMV 的自交系 D21、D32 和 FAP1360A。从 220 个玉米自交系及杂交种中筛选出 15 个抗病自交系,其中获白、二南 24、黄早四可作为优良抗源。用 48 份骨干自交系进行大田接种鉴定,发现以黄早四为代表的塘四平头血源自交系具有较好的抗病性。从 893 份玉米种质资源中鉴定出赤 L013、赤 L022、哲 4678 等 6 份高抗自交系。对 81 份材料的玉米矮花叶病抗性进行鉴定,证明不同杂种优势类群间的抗性有极显著的差异,将中国主要的五大优势群自交系划分为三大抗性类型:一是高抗类型,仅包括 P 群的自交系;二是中抗类群,仅包括塘四平头群的自交系;三是感病类群,包括 Lancaster、Reid 和旅大红骨三大类群的自交系。

我国目前高抗材料所占比例较小,并且抗性受环境影响大,不同自交系或品种在不同地区与时间表现出不同抗性,很难满足抗病育种的需求。因此,应在继续加强抗病资源的挖掘、鉴定和筛选的同时,必须创制新的抗病种质材料。

三、抗性遗传

玉米矮花叶病抗性遗传规律研究是玉米矮花叶病抗病育种工作的基础。目前,有众多的学者立足于当地材料进行了抗源筛选、抗病遗传规律研究、抗病主效 QTL 以及基因定位工作。美国、欧洲和中国都十分重视从玉米矮花叶病抗源筛选鉴定分子标记及基因定位的研究。玉米高精密遗传图谱和物理图谱的构建,尤其是全基因组测序结果的公布,为玉米抗病基因的精细定位以及后续的图位克隆创造了条件。我们深知对玉米矮花叶病抗病基因的挖掘、定位和效应的深入了解将会明显提高玉米矮花叶病抗病育种的效率。

(一)抗病遗传机制

国内外对玉米抗矮花叶病遗传机制的研究主要从主效基因控制的质量性状和微效多基因控制的数量性状入手。针对亲本杂交后代抗性表现的研究表明,多数杂交一代的抗病性趋向抗性强的亲本,其病级轻于其二亲本的病级和平均。针对基因的作用方式研究结果表明,有研究人员认为玉米对矮花叶病的抗性主要或部分地以显性效应为主,而有些学者则认为以加性效应为主,非加性基因效应作用较小。

不同类群不同遗传背景的抗源可能拥有不同的抗病遗传机制,存在不同位点的抗病基因,从不同抗源获得的抗性遗传研究信息有助于全面揭示抗性机制,分离和鉴定新的抗病基因,拓宽抗玉米矮花叶病种质的遗传基础,加快抗病育种的步伐。中国主要的五大优势群自交系可以划分为高抗、中抗和感病三大类型,其中 P 群的自交系表现为高抗,塘四平头群的自交系表现为中抗。进一步的遗传剖析表明,P 群的代表自交系四一含有两个互补显性抗病基因,分别位于第 3,6 染色体上,通过精细定位获得了紧密连锁的双侧分子标记,为标记辅助育种和图位克隆抗病基因奠定了基础。塘四平头群的代表自交系黄早四在第 6 染色体的着丝点附近存在一个主效抗病基因。

(二)抗病基因定位

在玉米矮花叶病抗病基因定位方面,研究人员通过一套易位系把自交系 GA209 的抗病基因定位于第 6 染色体的两臂上，随后将自交系 ArKH24、ArKH77、MP319、MP412、M018W 和 TX601 的抗病基因也定位于第 6 染色体的两臂上。利用 RFLP 分子标记将 Pa405 中的抗病基因定位在第 6 条染色体着丝点附近，命名为 *Mdm1*。以欧洲抗病自交系 D21、D32 和 FAP1360A 为材料，通过 SSR、AFLP、RFLP 分子标记定位到了两个显性抗病基因位点 *Scm1*（位于第 6 染色体短臂上）和 *Scm2*（位于第 3 染色体着丝粒附近），且 *Scm1* 位于 AFLP 标记 E3M8-1 附近，遗传距离为 0.0 cM；*Scm2* 位于 RFLP 标记 umc102 附近，遗传距离为 4.4 cM。

黄早四抗病基因定位在第 6 染色体长臂近着丝点附近 6.01 区，且位于 SSR 标记 phi077 和 bnlg391 之间，遗传距离分别为 4.74 cM 和 6.72 cM。在抗病自交系四一的第 3 和第 6 染色体上发现并定位了两个显性互补基因，分别命名为 *Rscmv2* 和 *Rscmv1*，其中 *Rscmv2* 距离 SSR 标记 phi029 有 14.5 cM，*Rscmv1* 距离 SSR 标记 phil26 有 7.2cM。利用黄早 4 和 Mo17 为亲本构建 RIL 群体，在第 5、6 染色体上分别定位了 1 个微效 QTL 和 1 个主效 QTL；利用掖 478 与中自 01 的近等基因系（BC_4F_2）群体，在玉米第 3 和第 6 染色体上发掘了 3 个 QTLs。抗病自交系海 9-21 的抗病基因定位在第 3 染色体短臂 3.04—3.05 区，位于 SSR 标记 bnlg420 和 ume1965 之间，遗传距离分别为 6.5 cM 和 45.7 cM。利用抗病亲本 FAP1360A 和感病亲本 F_7 构建了一个在第 6 染色体抗病区间（*Scmv1*）纯合而在第 3 染色体抗病区间（*Scmv2*）分离的近等基因系群体，将抗病基因精细定位在了标记 umc1300 和 bnlg1601 之间，且物理距离为 1.3426 Mb。并预测了四个候选基因，分别编码热击蛋白、类 Usol/p115 泡拘束蛋白、Rac GTPase 激活蛋白、突触融合/t-SNARE 包含蛋白，它们分别位于 b0175P06、c04 83H04、c0281K07、c0067E08 这四个 BAC 上。

利用抗病亲本四一和感病亲本 Mo17 构建了一个在第 6 染色体抗病区间（*Rscmv1*）纯合而在第 3 染色体抗病区间（*Rscmv2*）分离的近等基因系群体，将第 3 染色体上的抗病基因 Rscmv2 精细定位在了 196.5 kb 的区间内，并预测了两个候选基因，分别编码 Auxin-binding protein 1 和 Rho GTPase-activating protein。利用一个在第 3 染色体抗病区间（*Scmv2*）纯合而在第 6 染色体抗病区间（*Scmv1*）分离的近等基因系群体，对第 6 染色体上的抗病基因 Scmv1 进行精细定位，并用郑 58×昌 7-2 和 X178×黄 C 构建的两个 RIL 群体对 Scmv1 抗病位点进行验证，将 Scmv1 精细定位在了 59.21 kb 的区间内，并明确 Zmtrx-h 是抗病区间 Scmv1 的候选基因。

四、抗病品种选育

玉米矮花叶病是世界普遍发生的一种玉米病毒性病害，对玉米生产危害严重。在 20 世纪初，抗矮花叶病自交系品种的种植与繁育受到重视，玉米矮花叶病得到控制，发生较少，但近期又出现逐年加重的迹象。目前，利用农艺措施和化学药剂的方法虽能得到些许防治效果，但防治矮花叶病的最根本途径还是选育抗病品种。

玉米矮花叶病的抗病育种工作，除了采取常规育种、诱变育种等传统的一些育种措施外，还应利用生物技术，采用分子标记辅助育种策略、RNAi 技术等，培育出抗病的自交系和品种。Pa405 是国际上公认的玉米矮花叶病抗源，它带有显性抗病基因 *Mdm1*，由于其综合农艺性状差而不能在抗病育种中直接利用,可以利用回交转育结合分子标记辅助选择的方法把 *Mdm1* 分别导入到旅大红骨、Reid 和 Lancaster 类群中,获得带有显性抗病基因的自交系。在此基础上,可以通过抗×感实现高产与抗病育种目标的结合。也可以通过标记辅助选择实现不同抗病基因的聚合,创造优异的抗病材料。利用分子标记辅助选择结合回交育种和二环系法获得了改良的 Lancaster 抗病自交系和兼抗青枯病及矮花叶病两大病害的自交系。

此外,RNAi 技术不仅弥补了传统抗病种质资源狭窄、抗性基因有限、育种年限长等不足,而且获得的抗病性具有抗性强、抗性持久、安全性高等优点。将玉米矮花叶病毒 MDMV-B 株系的 CP 基因导入甜玉米中,成功地获得了抗病转基因植株。利用农杆菌介导法将构建的甘蔗花叶病毒复制酶基因反向重复序列表达载体导入玉米,获得了遗传稳定和抗病性好的转基因植株后代株系。在其他物种中,许多研究人员将复制酶基因、运动蛋白基因等病毒基因序列导入植物,均获得了抗病毒植株。

参考文献

[1] 白元俊,陈彦,李柏宏,等. 玉米弯孢霉叶斑病菌的生物学特性研究[J]. 辽宁农业科学,1998(5):9-13.

[2] 白元俊,陈彦,李柏宏,等. 辽宁省常用玉米自交系及杂交种对弯孢菌叶斑病的抗性鉴定[J]. 国外农学——杂粮作物,1999,19(4):476-478.

[3] 戴法超,王晓鸣,朱振东,等. 玉米弯孢菌叶斑病研究[J]. 植物病理学报,1998,28(2):123-129.

[4] 董昭旭. 玉米抗弯孢菌叶斑病 QTL 的定位[D]. 长春:吉林农业大学,2017.

[5] 高洪泽,孙刚强,郭慧,等. 玉米顶腐病药剂防治试验研究[J]. 农业科技通讯,2018(12):47-48.

[6] 纪莉景,栗秋生,王连生,等. 玉米褐斑病适宜侵染时期研究[J]. 玉米科学,2016,24(5):171-174.

[7] 黎裕,戴法超,景蕊莲,等. 玉米弯孢菌叶斑病抗性的 QTL 分析[J]. 中国农业科学,2002,35(10):1221-1227.

[8] 李贺年,齐巧丽,赵来顺,等. 玉米黄斑病研究Ⅳ. 品种抗病性鉴定[J]. 河北农业大学学报,1998,21(4):64-68.

[9] 李晓宇,石洁,董金皋. 几种玉米弯孢霉叶斑病菌生物学特性的比较[J]. 河北农业大学学报,2002,25(3):61-64+69.

[10] 林红,潘丽艳,文景芝. 吉林省部分玉米种质资源抗玉米弯孢菌叶斑病鉴定研究[J]. 植物遗传资源学报,2006,7(3):3292-3296.

[11] 蔺瑞明,高增贵,崔明珠,等. 玉米弯孢菌叶斑病苗期抗病性鉴定及遗传初步分析[J]. 植物保护,1999,25(5):1-3.

[12] 梅丽艳,郭梅,李志勇. 玉米弯孢菌叶斑病病原菌与症状的初步研究[J]. 黑龙江农业科学,2003(3):5-7.

[13] 施艳,燕照玲,王珂,等.河南省夏玉米品种对 6 种主要病害的抗性评价[J].河南农业科学,2019,48(6):95-98+105.

[14] 苏秀华.不同杀菌剂防治玉米弯孢叶斑病及大斑病效果[J].现代化农业,2017(5):8-9.

[15] 孙炳剑,袁虹霞,邢小萍,等.不同玉米品种对褐斑病抗性的初步鉴定[J].玉米科学,2008,16(6):132-135.

[16] 王晓鸣,戴法超,焦志亮,等.玉米种质资源抗弯孢菌叶斑病特性研究[J].植物遗传资源科学,2001,2(3):22-27.

[17] 王晓鸣,王振营.中国玉米病虫草害图鉴[M].北京:中国农业出版社,2018.

[18] 谢慧玲,袁秀云,汤继华,等.玉米苗枯病抗源筛选与抗性遗传的初步分析[J].河南农业大学学报,2003,37(1):10-12.

[19] 严理,李智敏,陈佳,等.不同玉米品种对瘤黑粉病抗性的初步鉴定[J].湖南农业大学学报(自然科学版),2017,43(1):42-46.

[20] 游朋朋.玉米弯孢霉叶斑病抗病品系及有效药剂筛选[D].泰安:山东农业大学,2020.

[21] 袁扬,王胤晨,韩玉竹,等.木霉菌在农业中的应用研究进展[J].江苏农业科学,2018,46(3):10-14.

[22] 张定法,徐瑞富,张希福,等.玉米弯孢霉叶斑病菌生物学特性的研究[J].植物病理学报,1997,27(4):307-308.

[23] 张海燕,李晓,章振羽,等.西南地区玉米顶腐病的发生与防治[J].四川农业科技,2021(10):41-42+45.

[24] 赵君,王国英,胡剑,等.玉米弯孢菌叶斑病抗性的 ADAA 遗传模型的分析[J].作物学报,2002,28(1):127-130.

[25] BANUETT F. Genetics of *Ustilago maydis*, a fungal pathogen that induces tumors in maize [J]. Annual Review of Genetics,1995,29:179-208.

[26] CHANG I,KOMMEDAHL T. Biological control of seedling blight of corn by coating kernels with antagonistic microorganisms[J]. Phytopathology,1968,58:1395-1401.

[27] CHEN H,CAO Y Y,LI Y Q,et al. Identification of differentially regulated maize proteins conditioning Sugarcane mosaic virus systemic infection[J]. New Phytologist,2017,215(3):1156-1172.

[28] HOU J,XING Y X,ZHANG Y,et al. Identification of quantitative trait loci for resistance to Curvularia leaf spot of maize[J]. Maydica,2013,58(3):266-273.

[29] KOMMEDAHL T. Biocontrol of corn root infection in the field by seed treatment with antagonists[J]. Phytopathology,1975,65(3):296.

[30] KUNTZE L,FUCHS E,GRÜNTZIG M,et al. Resistance of early-maturing European maize germplasm to sugarcane mosaic virus (SCMV) and maize dwarf mosaic virus (MDMV)[J]. Plant breeding,1997,116(5):499-501.

［31］LIU T, ZHAO F Z, WANG Y Y, et al. Comparative analysis of phylogenetic relationships, morphologies, and pathogenicities among *Curvularia lunata* isolates from maize in China［J］. Genetics and Molecular Research,2015,14(4):12537-12546.

［32］MCMULLEN MICHAEL D. The linkage of molecular markers to a gene controlling the symptom response in maize to maize dwarf mosaic virus［J］. Molecular Plant-Microbe Interactions,1989,2(6):309.

［33］MURRY L E, ELLIOTT L G, CAPITANT S A, et al. Transgenic corn plants expressing MDMV strain B coat protein are resistant to mixed infections of maize dwarf mosaic virus and maize chlorotic mottle virus［J］. Nature Biotechnology,1993,11(13):1559-1564.

［34］OHLSON E W, WILSON J R. Maize lethal necrosis:impact and disease management ［J］. Outlooks on Pest Management,2022,33(2):45-51.

［35］REN R C, KONG L G, ZHENG G M, et al. Maize requires Arogenate Dehydratase 2 for resistance to Ustilago maydis and plant development［J］. Plant Physiology,2024,195(2):115.

［36］SIMCOX K D, MCMULLEN M D, LOUIE R. Co-segregation of the maize dwarf mosaic virus resistance gene,Mdm1,with the nucleolus organizer region in maize［J］. Theoretical and Applied Genetics,1995,90(3/4):341-346.

［37］TAO Y F, JIANG L, LIU Q Q, et al. Combined linkage and association mapping reveals candidates for Scmv1,a major locus involved in resistance to sugarcane mosaic virus (SCMV) in maize［J］. BMC Plant Biology,2013,13:162.

［38］XU M L, MELCHINGER A E, XIA X C, et al. High-resolution mapping of loci conferring resistance to sugarcane mosaic virus in maize using RFLP, SSR, and AFLP markers ［J］. Molecular & General Genetics,1999,261(3):574-581.

第十二章 玉米抗虫遗传育种

玉米作为我国的第一大作物,虫害是制约玉米产量的关键因素之一。本章总结了我国玉米重要虫害的发生现状、分布情况以及防治措施等,并对抗性鉴定与抗源筛选、抗性遗传以及抗虫品种选育等内容进行了阐述。本章主要归纳蚜虫、玉米螟、草地贪夜蛾以及双斑萤叶甲这几种虫害。

第一节 玉米抗蚜虫遗传育种

一、虫害的发生与分布

(一)虫害的发生与危害

蚜虫是玉米的主要虫害之一,在世界范围内广泛分布,对玉米生产造成了严重的影响。它利用口器刺入叶片,大量吸取植株中的营养汁液,造成植株生长不良,甚至死亡。蚜虫体态娇小,繁殖快,在环境条件适宜时,短时间内能产生大量虫口,造成连片感病,导致大约20%的产量损失。2005年在河南商丘,因蚜虫暴发致使23333 hm^2 玉米受灾,减产 $1.039×10^3$ t。

蚜虫又称腻虫、蜜虫,是繁殖最快的昆虫之一。蚜虫隶属于半翅目(原为同翅目Hemiptera)蚜总科和球蚜总科,目前已经发现的蚜虫总共有10个科,约4700余种,其中多数为蚜科。多数种类是寡食性或单食性,只有少数种类是多食性,如玉米蚜能够危害包括玉米在内的大豆、水稻、高粱、大麦等多种作物,可造成作物植株发育不良及减产等。

(二)危害症状

蚜虫利用刺吸式口器刺入玉米幼嫩叶片中,吸取植株中的营养汁液来供给自身的生长发育。在玉米幼苗期感染蚜虫,可以造成植株生长不良,出现叶片发黄、叶斑、萎缩等症状(图12-1),严重时可造成植株生长停滞,直至死亡。在玉米的穗期,蚜虫集中在玉米叶鞘和剑叶上,吸取植株汁液的同时分泌大量蜜露附着在玉米叶片上。这些蜜露不仅会影响植株的光合作用,而且在潮湿环境下容易发生黑色霉变,使植株生长发育受阻、衰败。在玉米抽雄时,蚜虫主要集中在玉米雄穗上,分泌的蜜露黏着在玉米雄花上,影响雄花正常开花,进而影响玉米的散粉性。在玉米成熟期,蚜虫会集中在玉米雌穗上,侵蚀玉米雌穗,影响其发育。在蚜虫重灾区,每年由于蚜虫为害造成的玉米减产高达 20% ~ 50%。此外,蚜虫能够传播多种植物病毒,如玉米矮花叶病毒和大麦黄矮病毒等。有研究表明,蚜虫通过传播病毒带来的潜在为害可能远远高于其对玉米产量带来的直接损失。

图 12-1　蚜虫为害玉米植株的症状

(三)蚜虫的生物学特性

为害玉米的蚜虫主要有玉米蚜(*Rhopalosiphum maidis*)、禾谷缢管蚜(*Rhopalosiphum padi*)等,其中以玉米蚜为害最为广泛和严重。玉米蚜,属半翅目、蚜科、玉米蚜属;禾谷缢管蚜为半翅目、蚜科、缢管蚜属。玉米蚜身体为深绿色,腹部末端有两个暗色的斑,披少量的白粉,额瘤稍隆起(图 12-2)。成虫体长约 1.5 mm,触角长为体长的 3/5,第 6 节鞭部长为基部的 3 倍。腹管为长圆筒形,黑色,端部有收缩。尾片为锥形,黑色,中部有微收缩。

图 12-2　玉米蚜的形态

179

（四）发生规律与分布

（1）初侵染源。蚜虫的繁殖分为两性繁殖和孤雌生殖两种,以孤雌生殖为主。以玉米蚜为例,玉米蚜在冬季以蚜卵的形式在杂草上越冬,或通过迁徙到比较温暖的区域过冬。在春季5—6月份玉米开始种植时开始往玉米田中迁移,在抽雄前期通常在叶片背部或心叶中繁殖,同时产生有翅胎生雌蚜往周围植株上扩散。到玉米大喇叭口末期蚜虫开始迅速繁殖,在玉米抽雄散粉时玉米蚜的繁殖达到最高峰,然后扩散到上部叶片及雌穗,等到散粉过后,玉米蚜虫开始逐渐减少。夏末,出现雌蚜虫和雄蚜虫,雌雄蚜虫交配,最后有翅胎生的雌蚜飞到其他寄主上产卵准备越冬。孤雌生殖的蚜虫在温暖地区没有卵期,并且雌虫一旦生下来就会生育,不需要与雄虫交配。在适宜的环境条件下,蚜虫的生长发育速度特别快,并且世代重叠现象十分严重。在温度23～27 ℃、相对湿度50%～75%的条件下,蚜虫从出生到成虫仅需4～5 d即可完成一个世代。雌蚜一天即可产出10余头后代,一般一年繁殖10～30个世代,在气温较低的早春和秋季,一般10 d左右一个世代。因此,一个雌虫在春季孵育后,一年可以产生数以亿计的蚜虫,是繁殖最快的昆虫之一。

（2）侵染循环。玉米蚜的发生动态在不同地区显示不同的特点,如在陕西关中地区,玉米蚜在10月中下旬迁入麦田,以无翅成蚜在小麦根际地下越冬。7月上旬迁入玉米田,玉米抽雄期和雌穗成熟前期出现高峰期,表现与寄主生育期一致。而有翅蚜分别在7月下旬玉米大喇叭口期,8月下旬散粉结束雄穗逐渐干枯期和9月中下旬玉米营养和气候条件恶化时出现高峰期。玉米蚜在玉米植株上的分布动态不仅与植株自身的营养状况有关,还与环境因素有关,一般在植株的幼嫩隐蔽部位容易大量繁殖为害。

（3）流行条件。气候条件温暖湿润、食物充足是玉米蚜暴发的主要原因。比如在玉米抽雄期,田内小环境温度通常为25 ℃左右,相对湿度为80%,正是最有利于玉米蚜大量繁殖的环境条件,容易造成蚜虫的暴发。玉米田周围的杂草也为蚜虫在不同季节的流行提供了生存空间。蚜虫的远程迁徙主要是通过风的助力来进行扩散,此外,人类或动物的活动也可以帮助蚜虫实现迁移。

（4）虫害分布。玉米蚜虫危害在所有玉米生产区都会发生,已有报道显示在黄淮海、东北、西南、海南都有蚜虫暴发的情况。

（五）防治方法

生产上常见的防治蚜虫的方法有化学防治、农业防治、物理防治和生物防治。

（1）化学防治是通过对玉米喷洒农药,进而杀死害虫的一种方法。通过合理而科学地选用药剂,能够有效控制蚜虫的数量,降低蚜虫对玉米生长的影响,进而达到防治的效果。常用的农药为烟碱类、吡咯类、氟氰菊酯类、氟氯氰菊酯类等化学杀虫剂。由于蚜虫分布广、繁殖快、容易扩散传播,化学防治需把握好用药时期,一旦大规模发生,很难彻底治理。

（2）农业防治是通过加强田间管理,如清理田间周围的杂草等措施,创造一个利于作物生长而不利于蚜虫发生的农田生态环境。常用措施可以加强田间管理,及时清除田内外杂草、清除蚜虫滋生地,减少虫源,进而控制蚜虫。不同寄主及不同品种间蚜虫发生为害程度存在差异,种植抗蚜品种、种植诱集田等措施可以有效控制蚜虫的危害。

(3)黄板诱蚜、银灰膜避蚜是目前对蚜虫防治较好的物理手段,可有效降低迁入农田的蚜虫基数,从而降低蚜虫密度,减轻为害。

(4)生物防治是引进玉米虫害的天敌进而达到消灭虫害的目的。如蚜茧蜂是玉米蚜虫的天敌,它有利于遏制害虫的繁殖,减少玉米虫害的数量,降低对玉米的危害。

二、抗性鉴定与抗源筛选

(一)抗性鉴定方法

对蚜虫抗性表型的鉴定是对植物抗虫性遗传研究的重要环节,只有选择合适的鉴定方法,才能更准确地进行玉米抗蚜虫的遗传研究。由于玉米蚜虫抗性的复杂性,需要建立一个标准的、合适的、易操作的方法,来鉴定材料的抗虫性。在国内外的研究中,对玉米蚜虫病情的鉴定有多种方法,最常用的方法是基于大田蚜虫发生程度进行抗性鉴定。

在大田情况下,虫害常用的抗虫指标有虫害发生率、严重程度、虫情指数以及抗虫反应类型等。其中虫害发生率的应用极为广泛,指的是蚜虫感染株占总株的百分比或者是虫害叶片、种子、根、茎、果实数量等占总数的百分比。虫害严重程度指植株受到危害的程度,如发病面积、衰老指数等,通常以面积百分比或者虫害等级作为抗性指标。虫情指数则是将虫害发生率与虫害严重程度相结合,如用发生率乘以严重程度的级数为指标,当虫情指数较高时可认为发生率及严重程度均较高。根据对作物抗虫反应类型的不同,抗虫反应类型分为高抗(HR)、抗(R)、中抗(MR)、感(S)、高感(HS)等几类,这些层次的划分可依据虫害的类型参考一定的标准或用专家对虫害评分的方式进行划分。

在玉米上,用基于蚜虫发病面积的 0~5 级鉴定标准,来评价单株材料的抗性,在抗性资源鉴定中得到广泛应用。在玉米育种实践中,为了数据统计的方便和利于不同病虫害间的比较,育种家常常采用 1~9 级的鉴定方法,来评价育种材料对蚜虫的抗性(表12-1)。

表 12-1　玉米上抗蚜虫类型等级划分

虫害等级	蚜虫发病情况
1	植株无蚜虫为害
3	覆盖面积小于等于5%,仅雄穗有分散蚜虫
5	覆盖面积大于5%小于30%,雄穗主枝及下部有密集蚜虫
7	雄穗整体被蚜虫覆盖,且下部叶片有分散蚜虫
9	雄穗及下部叶片均覆盖密集蚜虫

(二)抗源筛选

对于一个品种或一个自交系的抗性鉴定,往往是依据单株的虫害等级来计算该材料的平均虫害等级,依据该材料的平均虫害等级来确定材料的抗感程度。玉米自交系或品种的平均虫害等级≤1.5,抗性等级为高抗(HR);平均虫害等级为1.5~3.5,抗性等级为抗(R);平均虫害等级为3.5~5.5,抗性等级为中抗(MR);平均虫害等级为5.5~7.5,抗性等级定为感病(S);平均虫害等级≥7.5,抗性等级定为高感(HS)。

为了解决大田抗性鉴定受环境影响大的问题,科学家们利用生化指标来间接反映植株对蚜虫的抗性。例如:利用5-羟基正缬氨酸在不同材料中的表达量来鉴定蚜情;以丁布(DIMBOA)的含量和蚜虫繁殖量为指标进行鉴定;也有分别以 DIMBOA 和 HDIMBOA 两种化学物质的含量为标准进行抗性鉴定。

为了加快实验进程,科学家也会选择在室内饲养蚜虫并进行鉴定,常用的方法有新的叶子圆片法,营养液饲养和盆栽苗直接侵染隔绝饲养。蚜虫身体脆弱,易受损害,因此接种蚜虫十分困难,常用的蚜虫接种方法是用毛笔粘同等蚜龄的蚜虫,接到植株叶片背部,放到22~25 ℃、相对湿度70%、光照16 h 的条件下培养观察,并选用同条件同时期内蚜虫的繁殖率来判断其抗蚜性。

抗性资源是培育抗虫品种的基础。利用大田抗性鉴定方法,通过两年的表型鉴定,对包括热带、亚热带及改良自交系(包括 CIMMYI 自交系以及 P 群自交系),塘四平头类自交系,Reid、lancaster 类群的自交系玉米进行抗性分析,发现不同类群的材料均有抗蚜与感蚜种质。但热带、亚热带及改良自交系(包括 CIMMYI 自交系以及 P 群自交系)这类材料中,感蚜虫材料所占比例较大;塘四平头类自交系高抗蚜虫的材料多于高感材料,且以中抗自交系居多;其他类群的抗、感材料分布较为均匀。从整体来看,温带种质比热带、亚热带种质表现出对蚜虫更高的抗性。高抗蚜虫玉米自交系有 CML206、CML437、交51、四一、Mo17 等15 个,以及来源于热带、Reid、lancaster 及塘四平头等血缘的自交系,这些种质资源可作为优异抗虫种质应用到抗虫育种中。

三、抗性遗传

(一)抗虫基因定位

玉米抗虫性是一个数量性状,由主效基因和微效多基因共同控制,且玉米的抗虫机制复杂,受多种因素影响。根据抗性因子不同,将植物抗虫机制分为生态抗性和遗传抗性,生态抗性是由周围环境的变化而引起的一种不可遗传的暂时性抗性,遗传抗性则是受寄主植物的遗传规律控制,表现为植物对昆虫取食所表现出的一系列适应性生化反应。

基于连锁遗传分析来研究抗性遗传规律是最常见的方法。Yan 等2014 年的研究表明,5-羟基正缬氨酸在玉米抗蚜虫及干旱的过程中起到了重要作用,将其划分为十级,发现5-羟基正缬氨酸在实验的27 个自交系中表现出不同的表达量,之后选取来自 NAM 群中的四个自交系 CML103、CML228、CML277、Ky21,分别与 B73 构建的 RIL 群体进行 QTL

定位,最终定位到了两个 QTL,分别位于第 5 和第 7 染色体上。Butrón 等 2010 年的研究表明,当利用 8 个来自 NAM 群体的 RIL 群体以及包含 281 个自交系的自然群体,以丁布(DIMBOA)的含量为指标进行定位并对 $Bx1$ 基因的相关性进行分析,最终确定了主要抗虫位点 1.04、1.05、2.05、3.04、4.01、4.05、5.04、6.01、7.01、8.03。Betsiashvili 等 2014 年的研究表明,以 B73 和 Mo17 为亲本构建群体,分别以蚜虫繁殖数量及丁布的含量为指标进行遗传分析,定位到的位点分别位于第 4 和第 6 染色体上。Tzin 等 2015 年的研究表明,以 B73 和 Ky21 为亲本构建的 RIL 群体,以 DIMBOA 和 HDIMBOA 的含量为指标,将抗蚜虫位点定位到染色体的 1.04、7.01、10.07 区。Meihls 等 2013 年的研究表明,以 B73 和 CML322 为亲本构建的 RIL 群体,同样以 DIMBOA 和 HDIMBOA 的含量为指标,将抗蚜虫位点定位到 1.04 区,并在这个位点上找到三个和 $Bx7$ 同源的过表达甲基转移酶基因,分别是 B×10a(GRMZM2G311036),B×10b(GRMZM2G336824)和 B×10c(GRMZM2G023325)。相关研究结果见表 12-2。

表 12-2　玉米蚜抗性基因定位的相关研究

群体	群体数量	表型鉴定方法	定位结果	文献
RIL 群体	27 个重组自交系	5-羟基正缬氨酸的表达量	第 5 和第 7 染色体	Yan 等,2014
RIL 群体和自然群体	28 个自交系	DIMBOA 的含量	第 1,2,4,5,7,8 染色体	Butron 等,2010
RIL 群体	142 个重组自交系	蚜虫繁殖量及 DIMBOA 的含量	第 4 和第 6 染色体	Betsiashvili 等,2014
RIL 群体	——	DIMBOA 和 HDIMBOA 的含量	第 1,7,10 染色体	Tzin 等,2015
RIL 群体	——	DIMBOA 和 HDIMBOA 的含量	第 1 染色体	Meihls 等,2013

基于以上研究,利用 QTL 的双侧标记的物理位置信息,将所有定位到的 QTL 整合到玉米的染色体上如彩图 12-3 所示。可以发现:有 3 个不同的研究都在第 1 染色体的 1.04 区检测到抗性 QTL;有 3 个课题组在第 7 染色体的 7.01 区定位到 QTL;另外,有 2 个研究在第 4 染色体的 4.01 区检测到共同的 QTL。这些研究成果为后续的抗蚜遗传研究和深入理解抗蚜虫机理奠定了扎实的基础。

(二)抗虫机理

常见的植物抗虫有抗生性、不选择性和耐害性三种抗性,这三种抗性机制既相互作用又互为补充。

不选择性是由植物本身的组织结构、形态特征或者自身散发出的挥发性物质来抵抗外界为害所形成的抗性。War 等 2012 年的研究表明,通过改变细胞壁的厚度可以阻挡食草动物的进食;Rasool 等 2017 年的研究表明,在转基因烟草上,通过改变细胞壁的组成和营养品质对其抗蚜性进行控制。

抗生性是由植物的内部生化因素而产生的抗性,例如植物体内的生化物质对昆虫的取食、生长及繁殖会产生不利影响,从而表现出一定的抗虫性。Louis 等 2015 年的研究表明,乙烯能够提高玉米对玉米蚜的抗性,但这种抗性易导致害虫出现新的生物型或生理适应型。

耐害性是一种防御策略,并不是真正的抗性,它是植物在受到为害胁迫时表现出的一种忍受能力或再生长再繁殖的能力。前期的研究表明,不同玉米材料对蚜虫的抗性以不选择性和抗生性为主。

相对于玉米的其他病虫害,玉米抗蚜虫的抗性分子机理研究相对较少。Meihls 等 2013 年的研究表明,DIMBOA-葡萄糖苷的合成和分解代谢都有助于提高玉米的抗蚜性,而 DIMBOA 含量与 DIMBOA-葡萄糖苷相关,进而推断 DIMBOA 与玉米抗蚜性有关。Sytykiewicz 等 2016 年的研究表明,与抗坏血酸-谷胱甘肽循环相关的基因在不同抗感玉米苗中的表达以及超氧化物歧化酶(SOD)的四个相关基因在玉米抗感材料中表达。①该研究分别在同一苗龄的抗感材料中接种相同头数的蚜虫,在一定的时间间隔内取样做定量实验,确定了 SOD 相关的 4 个基因在蚜虫侵染后,抗蚜品种相对感蚜品种响应更为显著,并且在 8 h 时 sod2 和 sod3.4 表现最大表达量,而 sod9 在 24 h 时出现最大表达量。②利用 QTL 定位,在 chr4 上定位一区域,该区域含有与苯并噁嗪类生物合成途径相关的 8 个基因,之后继续用 RIL 群体将 DIMBOA 丰度作为数量性状进行定位,确定苯并噁嗪类物质与抗蚜性相关,同时利用关联分析将丁布含量和 bx1 遗传变异联系起来,确定 bx1 与玉米的抗蚜性有关,之后通过基因敲除等手段验证了这一结果。③定位到三个过表达甲基转移酶基因,并将它们命名为 Bx10a(GRMZM2G311036)、Bx10b(GRMZM2G336824)和 Bx10c(GRMZM2G023325)。Song 等 2017 年的研究表明,利用较感自交系 B73 和较抗自交系 Mo17,玉米在抵御蚜虫危害时,代谢产物变化不是很明显,但基因的表达水平在抗感材料中有明显差异,并发现这些差异与四种转录因子 MYB、GRAS、NAC 和 WRKY 有密切关系。

大量实验表明,玉米的抗蚜性与 DIMBOA-Glc 含量呈负相关,而与 HDMBOA-Glc 含量呈正相关。利用转基因,将 bx10c 基因失活后,植株表现出更高的抗蚜性。这些研究为深入理解玉米对蚜虫抗性的分子机理和培育抗虫绿色玉米新品种奠定了基础。

四、抗虫品种选育

推广抗病品种是控制玉米蚜虫最经济有效的方法。在抗虫育种实践中,通常以运用常规的回交转育法、分子标记辅助选择法为主。随着未来转基因商业化的放开,利用转基因方法培育抗虫品种可能将成为主流的抗虫品种培育方法。

育种实践中常用方法是回交转育法。利用抗虫种质与易感种质杂交,通过在回交世代进行抗蚜虫表型鉴定,保留抗性种质,淘汰易感种质,达到培育抗虫种质的目的。

第二节　抗玉米螟遗传育种

一、虫害的发生与分布

玉米螟隶属于昆虫纲鳞翅目（Lepidoptera）草螟科（Crambidae），俗称玉米钻心虫，主要为害玉米、高粱和粟，也为害棉花、向日葵、大麻、豆类、甜菜、甘蔗等作物。玉米螟是世界性分布的钻蛀害虫，常见种类为欧洲玉米螟（*Ostrinia nubilalis*）和亚洲玉米螟（*Ostriniafur nacalis*）。在我国，欧洲玉米螟主要分布于新疆伊宁等地，亚洲玉米螟（图12-3）除青海、西藏外均有分布，为国内优势种，是玉米上最重要的害虫。本文主要围绕亚洲玉米螟展开论述。

(a)雌蛾　　　　　　(b)雄蛾　　　　　　(c)幼虫

(d)卵　　　　　　　　(e)蛹

(f)黑头卵　　　　　　(g)为害雄穗

185

(h)老熟幼虫   (i)为害心叶

图 12-3　亚洲玉米螟

各虫态历期:卵一般 3 ~ 5 d,幼虫,第一代 25 ~ 30 d,其他世代一般 15 ~ 25 d,越冬幼虫长达 200 d 以上,蛹 25 ℃时 7 ~ 11 d,一般 8 ~ 30 d,以越冬代最长,成虫寿命一般 8 ~ 10 d。

(一)形态特征

(1)卵。扁平,短椭圆形或卵形。长约 1 mm,宽约 0.8 mm。常 15 ~ 60 粒产在一起,排列成不规则鱼鳞状。初产乳白色,渐变淡黄。正常孵化前卵粒中心呈现黑点(即幼虫头部),称为"黑头卵"。

(2)幼虫。共 5 龄。初孵幼虫 1.5 mm,头壳黑色,体乳白色,半透明。老熟幼虫体长 20 ~ 30 mm,淡灰褐或淡红褐色。有纵线 3 条,以背线较为明显,暗褐色。第二、三胸节背面各有 4 个圆形毛疣,其上各生 2 根细毛。第一至八腹节背面各有 2 列横排毛疣,前列 4 个以中间 2 个较大,圆形,后列 2 个较小;第九腹节具毛疣 3 个。胸足黄色,腹足趾钩为三序缺环。

(3)蛹。纺锤形,体长 15 ~ 18 mm。初化新蛹为粉白色,渐变黄褐色至红褐色,羽化前黑褐色。腹部背面气门间均有细毛 4 列;臀棘黑褐色,端部有 5 ~ 8 根向上弯曲的刺毛。雄蛹腹部较瘦削,尾端较尖,生殖孔在第 7 腹节气门后方,开口于第 9 腹节腹面。雌蛹腹部较肥大,尾端较钝圆,交尾孔在第 7 腹节,开口于第 8 腹节腹面。

(4)成虫。雄蛾略小,黄褐色,体长 10 ~ 14 mm,翅展 20 ~ 26 mm,触角丝状,复眼黑色;前翅内横线为暗褐色波状纹,外横线为暗褐色锯齿状纹,两线之间有 2 个褐色斑,近外缘有黄褐色带;后翅浅黄色,暗褐色斑纹,在中区有暗褐色亚缘带和后中带,其间有一大黄斑。雌蛾体色略浅,体长 13 ~ 15 mm,翅展 25 ~ 34 mm;前翅浅黄色,横线明显或不明显;后翅正面浅黄色,横线不明显或无。

(二)生活习性

幼虫孵化后有取食卵壳的习性。初孵幼虫行动敏捷,能迅速爬行,遇风吹或被触动即吐丝下垂,转移到其他部位或扩散到临近植株,一般集中在玉米植株高糖、潮湿又便于隐蔽的部位。以滞育老熟幼虫越冬,在玉米上多选择在秸秆、穗轴、根茬内越冬,翌年春

186

天化蛹。成虫常在夜间羽化,且雄虫常比雌虫早 1~2 d 羽化,寿命 5~10 d。白天多躲藏在杂草丛或麦田、稻田等茂密的作物中,夜晚飞出活动,迁飞能力强。成虫有趋光性和较强的性诱反应,夜间交配,交配后 1~2 d 产卵。雌蛾多产卵于叶片背面近中脉处。每雌可产卵 10~20 块,每块约 30 粒卵。卵经 3~5 d 后孵化。成虫产卵对玉米品种的生育期、长势有一定的选择性。老熟幼虫在蛀道内近孔口处化蛹。

(三)危害症状

玉米螟属于完全变态昆虫,一般以幼虫形态危害作物。初龄幼虫具有趋嫩性和负趋光性,自卵块孵出以后潜藏在玉米心叶内取食嫩叶,在 2~3 龄以后爬出心叶啃食玉米其他老叶和坚硬组织。在玉米心叶期和喇叭口期,幼虫主要取食幼嫩心叶,不取食表皮,待心叶长大伸展后,被啃食的部位会呈现出半透明有薄膜的不规则状的横向窗孔或排孔,造成"花叶",影响玉米的光合作用,严重时会导致雄穗残缺。在玉米孕穗期,亚洲玉米螟先咬食穗轴表面,随后钻入内部啃食穗髓部位,使营养物质无法送达穗轴,抑制玉米生长发育。在玉米抽丝灌浆期,幼虫取食花丝、穗髓组织、穗粒,导致出现玉米缺粒、瘦瘪的情况,玉米籽粒质量下降,影响玉米产量。由于玉米螟蛀食籽粒造成伤口,常诱发玉米穗腐病。

(四)发生规律

亚洲玉米螟寄主范围广泛,取食不同植物时的生长发育速度和繁殖都有显著差异,而在玉米上的生长繁殖最佳。另外,其分布范围广泛,纬度跨越大,地理环境的差异也很大,南至海南三亚北至黑龙江的黑河均有分布。亚洲玉米螟受环境差异如光照、温度、湿度等的影响,我国自北向南一年可以发生 1~7 代,在多世代发生区,无论春播、夏播玉米,在整个生长发育过程中,有 2 代玉米螟的为害。亚洲玉米螟属于兼性滞育昆虫,为了抵抗不良的生存环境,会进入滞育时期,生长发育历期较平常有所延长,新陈代谢作用降至最低,抗逆性也会随之增强。

(五)防治技术

(1)农业防治。玉米秸秆粉碎还田,或采用沤肥等加工处理,杀死秸秆内越冬幼虫,降低越冬虫源基数。

(2)物理防治。利用黑光灯或性诱剂诱杀成虫。

(3)生物防治。在玉米螟产卵期,人工释放赤眼蜂,每亩 15000~30000 头;在卵孵化期,喷施苏云金芽孢杆菌(*Bacillus thuringiensis*,Bt)、球孢白僵菌等生物制剂进行处理。

(4)化学防治。可在大喇叭口期将辛硫磷、毒死蜱、氯虫苯甲酰胺、噻虫氟氯氰颗粒剂等农药撒入心叶;采用高效氟氯氰菊酯乳油或硫双威可湿性粉剂等兑水喷施,也可选用四氯虫酰胺、甲氨基阿维菌素苯甲酸盐等杀虫剂喷施。

二、抗性鉴定与抗源筛选

(一)接种鉴定

于玉米 8~9 叶期,用人工饲养的玉米螟黑头卵块接到玉米心叶内,每株玉米接种 1~2 块(约 40~50 粒卵),在玉米抽雄前调查为害情况。

抗性分级标准和抗源评价方法如表 12-3 和表 12-4 所示。

表 12-3　玉米螟对心叶为害程度的分级标准

为害级别	单株调查分级标准
1 级	仅个别叶片上有 1~2 个孔径≤1 mm 虫孔
2 级	仅个别叶片上有 3~6 个孔径≤1 mm 虫孔
3 级	少数叶片有上有 7 个以上孔径≤1 mm 虫孔
4 级	个别叶片上有 1~2 个孔径≤2 mm 虫孔
5 级	个别叶片上有 3~6 个孔径≤2 mm 虫孔
6 级	部分叶片上有 7 个以上孔径≤2 mm 虫孔
7 级	部分叶片上有 1~2 个孔径>2 mm 虫孔
8 级	部分叶片上有 3~6 个孔径>2 mm 虫孔
9 级	大部分叶片上有 7 个以上孔径>2 mm 虫孔

表 12-4　按食叶级别评定玉米抗螟性的分级标准

虫害级别	食叶级别平均值	抗性
1 级	1.0~2.9	高抗(HR)
3 级	3.0~4.9	抗虫(R)
5 级	5.0~6.9	中抗(MR)
7 级	7.0~7.9	感虫(S)
9 级	8.0~9.0	高感(HS)

(二)抗源筛选

通过鉴定筛选抗螟的玉米种质资源来组配、选育、推广抗螟的玉米品种,既可以减少农药用量,降低生产成本,又可以减少对环境的污染,有利于天敌繁衍,保持生态平衡,是防治玉米螟最经济有效的措施。品种的抗螟性是客观存在的,不同玉米材料间存在差异。玉米种质材料的抗螟性也不是一成不变的,有些材料的抗螟性不会因生长发育阶段的不同而改变,而有些材料会因发育阶段的不同而变化。只有极少部分材料对一代玉米螟、二代玉米螟均表现为抗或者中抗。

中国农业科学院植物保护研究所从 20 世纪 60 年代开始对玉米抗螟性进行研究,70 年代后期至 80 年代初,组织全国玉米抗螟性鉴定及品种选育协作组对国内 1770 份玉米自交系、杂交种和农家品种进行了抗螟性鉴定和筛选,为研究玉米抗螟性和培育抗螟杂交种提供了有价值的材料。随后以抗螟高产自交系植店 122 为母本,以黄早四为父本育出了我国第一个抗螟杂交种"植单抗螟 1 号"。

近年来,抗螟机制研究明确,植物主要通过产生酚类、含氮化合物等有毒次生代谢物直接杀死昆虫,或者产生氧化酶、蛋白酶抑制剂等防御蛋白来减弱或抑制昆虫自身消化食物的能力,或者通过降低植物本身的营养水平使昆虫得不到足够的生长繁殖所需的营养物质,进而导致昆虫死亡。此外,植物也可以释放虫害诱导产生的植物挥发性化合物(herbivore-induced plant volatiles,HIPVs),作为"求救"信号,引诱害虫的捕食性或寄生性天敌,发挥间接防御作用。

三、抗性遗传

玉米抗螟性遗传研究表明,玉米的抗螟性是由多基因控制的,且抗虫种质资源较为缺乏。因此,通过常规育种培育出抗螟性达到能在生产上应用水平的品种存在较大困难。另一方面,来自 Bt 的晶体蛋白对玉米螟具有极强的毒性,而植物转基因技术的发展使 Bt 转基因玉米的培育得以实现,为选育抗虫品种提供了新的策略。

目前,抗虫基因主要来源于苏云金芽孢杆菌,其在芽孢形成的过程中产生的伴孢晶体被称为杀虫晶体蛋白(insecticital crystal protein,ICP),对多种鳞翅目、鞘翅目、双翅目害虫具有毒杀作用,是目前世界上应用最为广泛的杀虫剂。第一代的转 Bt 抗虫植物是 1986 年 Obukowicz 等将 cry1Ab 通过转座子介导与根际微生物假单孢杆菌相联系,进而使植物获得抗虫性,开创了转 Bt 基因植物的先河。20 世纪 90 年代,有学者研究指出高水平表达 Bt 杀虫蛋白的转基因抗虫玉米对欧洲玉米螟起到了良好的杀虫效果,进而利用种植转 Bt 作物达到防治害虫效果的新技术得到迅速发展。最初,转基因玉米是以鳞翅目害虫为主要防治对象的转单价基因作物,比如,表达 Cry1Ab 的 MON810(Monsanto)和 Bt11(Syngenta)、Cry1Ac 的 DBT-418(Dekalb)等。

20 世纪 80 年代末期,我国就开展了转基因玉米的研发工作,是国际上最早应用农业生物工程技术的国家之一。目前,已研发出转 cry1Ab、cry1Ac、cry1Ie、cry1Ah、cry1C 和 cry2 等单价或者多价的转基因玉米品种,以及经过修饰的 cry1Ab、cry1Ia1(cryFLIa)、cry1Ac(mCry1Ac 和 cry1AcM)等基因。

迄今为止,全世界已发现 798 个 Cry 家族基因,40 个 Cyt 家族基因,177 个 Vip 家族抗虫基因,大部分晶体蛋白是由 Cry 类基因和 Cyt 类基因编码。近几年,按照植物优先密码子氨基酸序列,还人工修饰、改造、合成了 PMCryIA、FMCryIA、FMCryIAIII 和 GFMCryIA 基因等,并进行了将这些基因导入植物以获得抗虫性的研究。

抗虫基因大多是通过表达多肽、蛋白质和糖蛋白来消灭昆虫。不同的昆虫毒素作用的机理不同,它们大致可分为神经毒素类、酶抑制剂类、植物凝集素类和糖蛋白毒素等。Bt 蛋白属于糖蛋白毒素,是苏云金芽孢杆菌 *Bt* 基因表达的伴孢晶体蛋白,其可以特异性地结合昆虫肠表皮细胞,并破坏细胞结构,最终导致昆虫死亡。抗虫基因通过表达此类广谱或特异性毒素而抵抗害虫。

四、抗虫品种选育

自 1988 年 Rhodes 等用电击法转化玉米原生质体首次获得了完整的转基因植株以来,玉米遗传转化技术不断完善,作为转化的受体材料由少数易于遗传转化的基因型(如 A118、B104 及其衍生系等)扩展到优良自交系,大大加快了玉米品种改良的步伐。1990 年,孟山都公司和山迪卡公司用基因枪法获得了正常结实的 *Bt* 抗虫转基因玉米,1996 年转基因抗虫玉米在美国首次商业化种植。虽然这些转基因玉米最初目标害虫是欧洲玉米螟,但同样具有控制玉米上其他鳞翅目害虫危害的潜力。我国自 1993 年报道成功获得 *Bt* 抗玉米螟转基因玉米以来,也将 *Bt* 基因导入 E28、340、4112 等优良自交系并培养出抗玉米螟转基因玉米新品种。自 1996 年以来,全世界已有 200 多个带有抗虫性状的转基因玉米转化事件被批准商业化应用。目前,我国已有自主研发的 DBN9501、DBN9936、瑞丰 125 等 11 个转基因抗虫耐除草剂玉米品种获得了生产应用安全证书。

第三节　玉米抗草地贪夜蛾遗传育种

一、虫害的发生与分布

草地贪夜蛾(*Spodoptera frugiperda*),别名伪黏虫、秋行军虫、秋黏虫,属鳞翅目夜蛾科,是原产于美洲的杂食性农业害虫。2016 年在非洲西南部的尼日利亚、多哥和贝宁等地首次被发现并报道,两年时间内,草地贪夜蛾就扩散到非洲的大多数国家。2018 年 8—12 月,草地贪夜蛾先后入侵到印度、孟加拉国、斯里兰卡、泰国和缅甸等地。2018 年 12 月 26 日,中国植保工作人员在云南宝藏镇首次发现了入侵的草地贪夜蛾幼虫。2019 年,草地贪夜蛾已经传播扩散至我国 26 个省(区、市)1538 个县(区、市),最终判定草地贪夜蛾是由缅甸入侵到中国云南省的。

(一)生物学特征

草地贪夜蛾一生共 4 个虫态(包括卵、幼虫、蛹、成虫),幼虫历经 6 个龄期(图 12-4)。

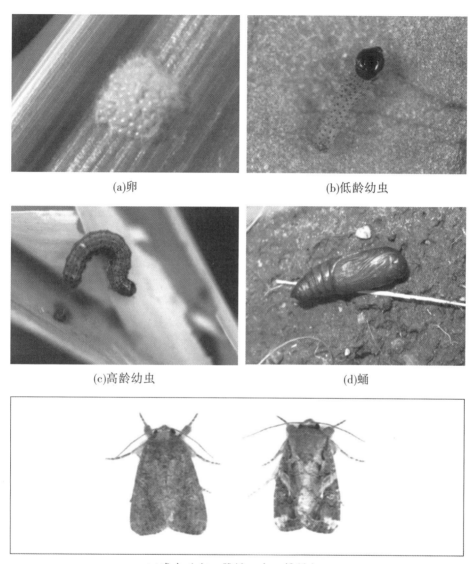

(a)卵　　　　　　　　　　　(b)低龄幼虫

(c)高龄幼虫　　　　　　　　　(d)蛹

(e)成虫（左：雌蛾，右：雄蛾）

图12-4　草地贪夜蛾

（1）卵。草地贪夜蛾的卵呈圆顶状半球形,初产时呈浅绿色或白色,在孵化前颜色会逐渐变深至棕色。每个卵块约有100～300粒卵堆积形成,卵块表面有雌虫腹部灰色绒毛状的分泌物覆盖形成的带状保护层。卵多产于玉米喇叭口处叶片正面,单雌平均产卵量为1500粒,最高达2000粒。卵块在25 ℃条件下4 d左右即可孵化。

（2）幼虫。幼虫通常有6个龄期,体长1～45 mm。幼虫呈绿色,头部呈黑色,在第2龄期变为橙色。在第3龄期,身体的背面变成褐色,开始形成侧白线。在第4至第6龄期,头部变为红棕色,身体背部出现高位深色斑点,有刺,腹节背部末端有4个呈正方形排列的黑点,成熟幼虫的面部有白色倒"Y"形。

（3）蛹。幼虫于土壤深度2～8 cm处化蛹,虫蛹呈现卵形或是圆形,红棕色,蛹期一般为7～37 d,平均蛹重250 mg。其长度在15 mm左右,宽度在4.5 mm左右。其腹部末端长出2根短而粗壮的臀棘,臀棘基部呈现分开状态,黑褐色气门外凸明显,虫蛹背部三节中均存在圆形刻点,同时刻点中央呈现凹陷状态。

（4）成虫。成虫从土壤中爬出,飞蛾粗壮,灰棕色,翅展长度32～40 mm,前翅呈棕灰色,后翅呈灰白色。成虫具有两性异形,雄虫前翅通常呈灰色和棕色阴影,前翅有较多花纹与一个明显的白点。雌虫的前翅没有明显的标记,从均匀的灰褐色到灰色和棕色的细微斑点,后翅具有彩虹状的银白色。草地贪夜蛾产卵活动主要集中在成虫后的7 d之内,平均最高日产卵量可达到229.3粒/头;而且产卵主要在晚上8点到凌晨5点之间进行。雌虫明显喜欢在玉米老叶上产卵,雌虫寿命一般可持续7～21 d,在这期间雌、雄虫可进行多次交配。

草地贪夜蛾没有滞育习性,在15～35 ℃条件下都能完成世代发育。在我国1月份的12.6 ℃等温线以南地区是草地贪夜蛾周年繁殖地区,主要包括海南省全境、台湾大部、云南南部、广西南部、广东中部以南以及福建东南部,草地贪夜蛾在我国境内的年平均发生世代数在0～7.41代,随环境温度降低而减少。

草地贪夜蛾是一种典型的多食性昆虫,寄主范围非常广泛,包括76个科,共353种植物,主要是禾本科（106种）、菊科（31种）和豆科（31种）。草地贪夜蛾根据取食的寄主不同分为"玉米型"和"水稻型"两种不同亚型。两种亚型在形态学上几乎完全相同,无法区分,且两种亚型不存在绝对的生殖隔离,两种生物型在性信息素成分、肠道核心种群等方面存在差异。通过对我国草地贪夜蛾采样测序,与存在于线粒体的细胞色素C氧化酶亚基I基因（cytochrome coxidase subunit Ⅰ,CO Ⅰ）对比分析,我国草地贪夜蛾基本上属于水稻型,仅有不到4%的样本属于玉米型,样本序列特征与美国佛罗里达州的种群具有较高的一致性;结合核基因组Z染色体上的标记基因磷酸甘油醛异构酶基因（triose - phosphate isomerase,Tpi）对比分析,所有样本均属于玉米型,这说明我国的草地贪夜蛾种群主要是水稻型母本与玉米型父本杂交群体的后代。

（二）危害症状

草地贪夜蛾对玉米造成危害的程度随其虫龄期不同而异（图12-5）,以咀嚼式口器咬食植物叶片、根茎、生长点、果穗等组织。对于幼虫期,取食后叶片创伤范围和程度较小,多为半透明的"窗孔"状。1～3龄幼虫通常在夜间出来为害,低龄幼虫能够吐丝并借助风力扩散到周边的植株上继续为害。对于4～6龄幼虫,食量巨大,会严重危害玉米,啃食玉米叶片之后,会出现不规则孔洞,甚至会啃食整株玉米叶片,严重危害玉米果穗正常发育。高龄幼虫也可蛀食玉米雄穗和雌穗,对玉米产量和品质都会造成较大的影响。

(a)低龄幼虫为害

(b)中龄幼虫为害

(c)高龄幼虫为害　　　　　　(d)为害雄穗　　　　　　(e)严重为害

图 12-5　草地贪夜蛾危害玉米症状

（三）防治技术

（1）物理防治。小地块玉米可以采取人工捕捉结合田间杂草清除,在地周围挖隔离沟进行捕获。玉米收获后结合小麦田间灌溉处理,尽可能杀死藏在土层中草地贪夜蛾的蛹。结合灯诱、性诱和食诱等技术加大对成虫的诱杀,减少成虫产卵量。

（2）化学防治。化学防治是应急控制草地贪夜蛾最有效的方法,一般在 3 龄前效果最佳。氯虫苯甲酰胺对草地贪夜蛾具有高效的防控效果。另外,也可选用氟氯氰菊酯、乙基多杀菌素、甲氨基阿维菌素苯甲酸盐、溴氰虫酰胺、茚虫威、灭幼脲、虱满脲等药剂,喷药时注意药剂的混用和轮用,以防止害虫产生抗药性。

（3）生物防治。主要是利用昆虫病原微生物、病毒和生物源农药来防治草地贪夜蛾。苏玉金杆菌制剂、晶体蛋白毒素、白僵菌、草地贪夜蛾颗粒体病毒等均展示出良好的控制效率,已发现和评估防治效果的细菌、真菌、病毒等病原微生物 47 种,对草地贪夜蛾有较强的致病力。病原微生物与生物素、杀虫剂等的结合使用可以提高防治效果且减少杀虫剂的使用量。

二、抗性鉴定与抗源筛选

(一)接种鉴定

玉米品种草地贪夜蛾抗性的评测主要通过在不同田间试验地点人工投放草地贪夜蛾初孵幼虫并混合玉米棒残渣进行。通过既定的投放流程,在每株玉米的心叶投放 15 ~ 20 头幼虫,并在第 7 d、14 d 和 24 d 后测量其对叶片或果实取食量、残存幼虫数量及体重等指标来评估玉米品种的抗性。对不同品种进行草地贪夜蛾抗性评测时,还应设置阳性对照和阴性对照品种种植,阳性对照通常选择含 Bt 毒素的转基因品种或 Mp708,而阴性对照目前还缺乏统一标准,一般可选用宜感草地贪夜蛾的甜糯玉米品种。

田间调查一般是采用"W"形的取样方法(图 12-6)。在离地边 5 m 的地方开始取第一个调查点,每样点连续取 10 ~ 20 株玉米植株,记录草地贪夜蛾的为害症状,计算该点的被害株率。共调查 5 个点,计算总被害率,然后确定是否达到防治指标进行化学防治。调查取样方式取决于玉米的生育期,抽雄期及以后的生育期,"W"形调查方法比较困难时,可改用梯子型的取样方式调查。

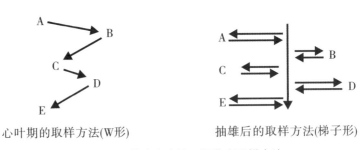

心叶期的取样方法(W形)　　　　抽雄后的取样方法(梯子形)

图 12-6　草地贪夜蛾田间鉴定取样方法

(二)抗源筛选

美国对玉米草地贪夜蛾抗性的研究可以追溯至 20 世纪七八十年代。1990 年美国通过传统育种形式选育出具有典型抗性自交系品种 Mp708,该品种叶片细胞壁中蕴含了大量的半纤维素,具有较高的韧性,不易被啃食,且蛋白含量较敏感品系显著减少。另外,其抗性还可能与含有较高的基础茉莉酸水平和挥发性萜类代谢物积累有关。90 年代中后期,转 Bt 基因抗虫玉米的广泛种植,草地贪夜蛾在美国本土的为害逐年减弱,但随着各地报道 Bt 抗性草地贪夜蛾种群的发生,研究人员逐渐加强了对玉米品种的抗性评测研究。2000 年以来,报道了 100-R-3、116-B10、FAW7061、GEMS-0100、Ni-TX15、Ni-TX19 等 6 个抗性品种。其中,GEMS-0100、Ni-TX15、Ni-TX19 源于热带种质资源,这可能意味着热带玉米品种是对草地贪夜蛾可遗传抗性的重要来源,也验证了报道的基于生物化学研究提出的热带玉米对咀嚼取食类昆虫具有更强抗性的假说。通过对比不同抗性与感病品种愈伤组织中的蛋白组分,研究人员确定了一个由玉米 *mir1* 基因编码的半胱氨酸蛋白酶,可以显著阻碍草地贪夜蛾幼虫的生长发育,后续研究发现这一蛋白酶可以损伤草地贪夜蛾幼虫的围食膜基质。

三、抗性遗传

植物自身对昆虫的防御系统多样,根据抗性产生的机制不同可分为组成抗性和诱导抗性。组成抗性是植物自身固有的特性,包括植物外部特有的形态结构、内部组织结构以及部分代谢物质等,这种抗性在整个植株上都能体现,并伴随整个生育期,受自身基因控制。诱导抗性主要指植物生长过程中受外界因素影响,产生免疫反应的抗性现象,通常在植物被外界损伤或昆虫取食时有所表现,这类抗性通常具有"开-关"时效性,往往表现为局部反应或全株性分布。研究草地贪夜蛾抗性品种的抗性机理,通过对抗性品种进行筛选鉴定,确定其中的抗性相关位点和关联基因,可以利用传统育种方式改良农艺性状优良的玉米品种抗性,同时可以应用功能基因组学克隆相关抗性基因,为利用生物育种技术提高品种抗性奠定基础。

近年来,随着分子生物学技术的进步及其在植物抗虫研究中的应用推广,研究者对植物与昆虫互作分子机制的理解也更加深入,并逐渐形成了类似于植物病原体感知分子机制的理论框架,可以帮助研究人员更快更精确地发现及验证新型抗性品系中的抗性机制。另外,在组学测序与代谢组学技术进步的驱动之下,玉米抗虫抗病方向的正向遗传学基因定位可以做到确定单一的抗性相关基因,为通过精准育种提高现有优良玉米品种的抗性提供了可能。玉米基因组有超过80%是转座子等高重复序列,现有的高产优良玉米品种都是经过染色体多次重组人工选择培育的杂交品种,低密度标记的基因定位会包含大量与具体抗性基因无关的其他染色体片段。如果有大段的染色体片段被替换通常会对产量等其他性状产生负面影响,也无法应用到实际的育种改良之中。基于重测序技术对玉米自交系基因型判定,发掘玉米自交系中单核苷酸多样性(single nucleon-tide polymorphism,SNP)分子标记,基本做到了全基因组范围内的饱和标记,为通过全基因组关联分析(genome-wide association study,GWAS)实现单个基因精度的基因定位提供了前提条件。

四、抗虫品种选育

培育草地贪夜蛾抗性玉米品种是非常重要的防控措施。在美洲,转基因玉米是防控草地贪夜蛾的根本措施,转 Bt 玉米品种对包括草地贪夜蛾在内的主要鳞翅目类害虫都具有良好的抗性,防治效果可达95%～99%,且基本没有影响玉米生长的危害,而最好的化学杀虫剂的防治效果也仅为80%～90%。截至2022年,我国共有8个兼具抗虫耐除草剂玉米新品种获得安全证书,分别是:北京大北农生物技术有限公司的 DBN9936、DBN9501、DBN3601T,杭州瑞丰生物科技有限公司和浙江大学的瑞丰125 和瑞丰8,中国林业集团和中国农业大学的 ND207,中国种子集团有限公司的 Bt11×MIR162×GA21 和 Bt11×GA21。国产 Bt-Cry1Ab 和 Bt-(Cry1Ab+Vip3Aa)抗虫玉米对草地贪夜蛾具有良好的控制效果。Bt-Cry1Ab 可高效表达目标杀虫蛋白并对草地贪夜蛾具有很强的毒杀作用,对 1 龄幼虫的致死率达到59%~100%,存活幼虫的生长发育亦受到显著抑制。我国抗虫基因的转育技术已经逐渐完成技术储备,将重点向市场应用发展。

第四节　玉米抗双斑萤叶甲遗传育种

一、虫害的发生与分布

双斑萤叶甲[*Monlepta hieroglyphica*(Montschulsky)],隶属鞘翅目,叶甲科,萤叶甲亚科,亦称双斑长跗萤叶甲、长跗萤叶甲、双圈萤叶甲、四目叶甲。双斑萤叶甲是一种分布范围广的多食性害虫,在我国的东北、西北、华北、西南等地区均有分布。近几年,随着玉米面积的不断扩大,全球气候变暖以及耕作制度的改变和结构调整,双斑萤叶甲对玉米的危害呈加重趋势。该虫危害寄主植物范围不断扩大,且能在不同寄主之间转移为害。目前,该虫已发展成为我国西北、华北、华中等部分地区玉米上的重要害虫。

(一)生物学特征

该虫一年一代,成虫耐低温能力有限,以卵在土壤表面0~15 cm深度越冬,翌年5月上中旬开始孵化。在玉米田,幼虫为害玉米根系,喜在湿度大的土壤中活动,经过30~40 d在土中化蛹,蛹期7~10 d,初羽化的成虫迁飞能力弱,首先取食田边杂草或玉米下部叶片,成虫大量迁入玉米田。7月中下旬高温干旱利于成虫发生,进入成虫盛发期,一直持续为害到9月份,以后危害逐渐减轻,10月底成虫基本消亡。掌握该虫生物学特性为采取农业防治措施提供指导,如秋季深翻灭卵,及时铲除田边杂草、消灭寄主植物等。

在19~31 ℃,双斑萤叶甲发育速率随温度的升高而加快,产卵量在22~25 ℃最高,对预测预报害虫发生发挥重大作用。成虫对光、温的强弱敏感,温度高则迁飞能力强、取食量大,为物理防治提供必要的理论依据。

该虫一生经历卵、幼虫、蛹和成虫四个虫态(图12-7)。主要特征描述见表12-5。

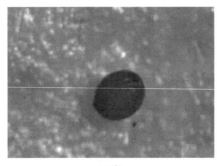
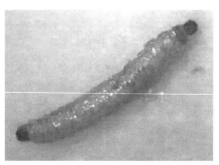

(a)卵　　　　　　　　　　　　　(b)3龄幼虫末期

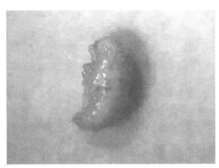 

(c)蛹　　　　　　　　　　　　(d)成虫

图 12-7　双斑长跗萤叶甲的形态特征

表 12-5　双斑萤叶甲卵、幼虫、蛹、成虫的特征描述

虫态	部位	大小、形状、颜色等描述
卵	整体	长 0.6 mm，宽 0.4 mm，椭圆形，表面具等边的六角形网状纹；棕黄色或红色
幼虫	虫体	长 5~62 mm；体表具瘤或刚毛，前胸背板骨化颜色较深，腹部末节为黑褐色铲形骨化板；有 3 个龄期，初孵幼虫为淡黄色，老熟幼虫黄白色，长 10~11.2 mm
蛹	离蛹	长 2.8~3.5 mm，宽 2 mm；体表具瘤或刚毛，腹面可见头、触角、足、翅及部分腹节；黄色，前胸背板颜色较深
成虫	虫体	体长 3.5~5.0 mm；宽 2.0~2.5 mm；长卵圆形；棕黄色，稍具光泽
	触角	长为体长的 2/3；触角 11 节，节丝状，由柄节、梗节、鞭节组成；端部色黑，基部黄褐色
	头部	黄褐色；复眼大，卵圆形，呈黑色
	前胸背板	宽大于长，表面隆起，密布细刻点，棕黄色；小盾片黑色，呈三角形，无刻点
	鞘翅	表面密布线状细刻点，基半部具 1 近圆形白色淡斑，周缘黑色，淡色或白色斑后外侧不完全封闭，其后面黑色带纹向后突伸成角状，有些个体黑带纹不清或消失
	两翅、后足	两翅后端为圆形；后足胫节端部具 1 长刺
	腹面观	中后胸为黑色，腹部为黄褐色，体毛灰白色，雌虫腹末腹板后缘完整，雄虫腹末腹板后缘为 3 叶式

　　该虫具有一定迁飞性，成虫有群集和趋嫩为害的特性，并对光、温的强弱比较敏感，高温干旱易发生等特点决定其危害严重性。

(二)危害症状

成虫主要危害玉米叶片,成虫取食叶片的叶肉后,轻者在叶片上残留不规则白色网状斑和孔洞(图12-8),重者玉米整个叶片干枯。玉米抽雄、吐丝后取食花药和花丝,影响正常的授粉,还会啃食正处于灌浆阶段的籽粒,容易形成秕粒或烂粒,加重穗腐病的发生。

图12-8 双斑萤叶甲的典型危害症状

二、抗性鉴定与抗源筛选

在分子系统进化方面,随着分子标记、基因测序和基因芯片等分子生物学技术的广泛应用,已由过往较多关注地理位置、寄主等对昆虫种群研究,逐步转向复合因子对其遗传结构影响的研究,为更深入了解昆虫种群遗传结构、识别天敌、鉴定亲缘关系等奠定基础。有学者基于线粒体 *COII* 基因序列的双斑萤叶甲种群的遗传多样性研究,表明该虫在种群水平上,遗传多样性高,且存在明显的遗传分化,不同种群间基因交流水平低,遗传分化与地理隔离之间无显著相关性,为判断虫源、分析扩散趋势提供依据。

在生理生化代谢研究方面,双斑萤叶甲与其他动植物一样,其体内存在着清除自由基的保护酶系,如超氧化物歧化酶(SOD)、过氧化物酶(POD)、过氧化氢酶(CAT)等抗氧化酶,来适应寄主,满足自身生长发育。有研究表明,双斑萤叶甲取食经过激素诱导或化学药剂处理的植物叶片后,其体内的各种消化酶活性降低,对双斑萤叶甲成虫的解毒酶有较强的抑制作用,推测该虫成虫死亡与保护酶系统被破坏有关。

三、抗虫品种选育

随着转基因技术和基因编辑技术的日趋成熟,我国已在抗虫和耐除草剂玉米转基因方面取得重大成果,部分品种已进入安全性评价阶段。截至2022年,我国已有11个转基因抗虫耐除草剂玉米获得生产应用安全证书,主要为抗玉米螟、黏虫、棉铃虫和桃蛀螟等玉米鳞翅目害虫和控制草地贪夜蛾危害。2021 年,农业农村部科技教育司发布的《2020年农业转基因生物安全证书(进口)批准清单》中,拜耳作物科学公司申报的 MON87411和先正达农作物保护股份公司申报的 MZIR098 抗虫耐除草剂玉米,具有抗玉米根部萤叶甲的特性,为选育抗双斑萤叶甲转基因玉米品种提供理论依据。

在玉米育种中,如转基因技术、单双倍体技术、基因编辑技术与常规育种技术能有效结合利用,相信会为高质高产玉米品种选育、国家粮食安全及可持续发展做出贡献。

参考文献

[1]陈澄宇,康志娇,史雪岩,等.昆虫对植物次生物质的代谢适应机制及其对昆虫抗药性的意义[J].昆虫学报,2015,58(10):1126-1139.

[2]陈光辉,尹弯,李勤,等.双斑长跗萤叶甲研究进展[J].中国植保导刊,2016,36(10):19-26.

[3]韩春燕,叶文超,李欢,等.玉米对蚜虫的抗性遗传研究进展[J].分子植物育种,2020,18(14):4702-4708.

[4]韩宏,张华,党润海,等.渭南市玉米双斑萤叶甲发生规律及综合防控措施[J].陕西农业科学,2013,59(2):82-83.

[5]李广伟,陈秀琳,张建萍,等.温度对双斑长跗萤叶甲成虫寿命及繁殖的影响[J].昆虫知识,2010,47(2):322-325.

[6]李广伟,张建萍,陈静,等.双斑长跗萤叶甲卵的发育起点温度和有效积温的研究[J].石河子大学学报(自然科学版),2007,25(6):703-705.

[7]李国平,吴孔明.中国转基因抗虫玉米的商业化策略[J].植物保护学报,2022,49(1):17-32.

[8]李菁.基于分子标记和 Wolbachia 感染检测的亚洲玉米螟种群遗传分化与基因流研究[D].北京:中国农业科学院,2010.

[9]李淑君,付忠军,杨华,等.玉米种质资源对亚洲玉米螟的抗性鉴定与评价[J].种子,2015,34(10):31-34.

[10]李周直,沈惠娟,蒋巧很,等.几种昆虫体内保护酶系统活力的研究[J].昆虫学报,1994,37(4):399-403.

[11]梁日霞,王振营,何康来,等.基于线粒体 COII 基因序列的双斑长跗萤叶甲中国北方地理种群的遗传多样性研究[J].昆虫学报,2011,54(7):828-837.

[12]刘小丹,李淑华,徐国良,等.转基因玉米育种研究进展[J].玉米科学,2012,20(6):1-8.

[13]刘雪微.亚洲玉米螟 Bt 抗性种群的遗传多样性研究[D].北京:中国农业科学院,2018.

[14]王立仁,刘斌侠,付泓.玉米田双斑长跗萤叶甲的发生为害情况与防治对策[J].陕西农业科学,2006,52(2):123+131.

[15]王仕伟,李晓鹏,陈甲法,等.玉米抗蚜虫种质资源的鉴定[J].玉米科学,2018,26(2):156-160+165.

[16]王友华,孙国庆,连正兴.国内外转基因生物研发新进展与未来展望[J].生物技术通报,2015,31(3):223-230.

[17]王振营,鲁新,何康来,等.我国研究亚洲玉米螟历史、现状与展望[J].沈阳农业大学学报,2000,31(5):402-412.

[18]吴磊.双斑长跗萤叶甲的生活习性及防治措施[J].吉林农业,2014(19):79.

[19]武奉慈,刘金文,刘娜,等.转基因抗虫玉米对亚洲玉米螟的抗性评价[J].玉米科学,2014,22(6):148-150.

[20]谢树章,雷开荣,林清.转 Bt 毒蛋白基因玉米的研究进展[J].中国农学通报,2011,27(7):1-5.

[21]徐伟,张吉辉,毕嘉瑞,等.寄主植物对双斑萤叶甲中肠消化酶和解毒酶活性的影响[J].吉林农业大学学报,2018,40(5):551-556.

[22]严俊鑫,许凌欣,宇佳,等.茉莉酸甲酯对重瓣玫瑰抗虫生理指标和双斑萤叶甲取食的影响[J].东北林业大学学报,2017,45(1):77-81.

[23]张聪.玉米田双斑长跗萤叶甲发生规律及生物学特性研究[D].北京:中国农业科学院,2012.

[24]张志虎,王中,陈静,等.高温胁迫对双斑长跗萤叶甲成虫总蛋白和两种保护酶的影响[J].环境昆虫学报,2018,40(2):440-445.

[25] ACAR O, TÜRKAN I, ÖZDEMIR F. Superoxide dismutase and peroxidase activities in drought sensitive and resistant barley (*Hordeum vulgare* L.) varieties[J]. Acta Physiologiae Plantarum,2001,23(3):351-356.

[26]AFIDCHAO M M,MUSTERS C J M,DE SNOO G R. Asian corn borer (ACB) and non-ACB pests in GM corn (*Zea mays* L.) in the Philippines[J]. Pest Management Science,2013,69(7):792-801.

[27]BETSIASHVILI M,AHERN K R,JANDER G. Additive effects of two quantitative trait loci that confer *Rhopalosiphum maidis* (corn leaf aphid) resistance in maize inbred line Mo_{17}[J]. Journal of Experimental Botany,2015,66(2):571-578.

[28]BUTRÓN A,CHEN Y C,ROTTINGHAUS G E,et al. Genetic variation at bx1 controls DIMBOA content in maize[J]. TAG. Theoretical and Applied Genetics. Theoretische Und Angewandte Genetik,2010,120(4):721-734.

[29]HANDRICK V,ROBERT C A M,AHERN K R,et al. Biosynthesis of 8-O-methylated benzoxazinoid defense compounds in maize[J]. The Plant Cell,2016,28(7):1682-1700.

[30]LOUIS J,BASU S,VARSANI S,et al. Ethylene Contributes to maize insect resistance1-Mediated Maize Defense against the Phloem Sap-Sucking Corn Leaf Aphid[J]. Plant Physiology,2015,169(1):313-324.

[31]MEIHLS L N,HANDRICK V,GLAUSER G,et al. Natural variation in maize aphid resistance is associated with 2,4−dihydroxy−7−methoxy−1,4−benzoxazin−3−one glucoside methyltransferase activity[J]. The Plant Cell,2013,25(6):2341−2355.

[32]MIJARES V,MEIHLS L N,JANDER G,et al. Near−isogenic lines for measuring phenotypic effects of DIMBOA−Glc methyltransferase activity in maize[J]. Plant Signaling & Behavior,2013,8(10):doi:10. 4161/psb. 26779.

[33]RASOOL B,MCGOWAN J,PASTOK D,et al. Redox control of aphid resistance through altered cell wall composition and nutritional quality[J]. Plant Physiology,2017,175(1): 259−271.

[34]SO Y S,JI H C,BREWBAKER J L. Resistance to corn leaf aphid (*Rhopalosiphum maidis* Fitch) in tropical corn (*Zea mays* L.)[J]. Euphytica,2010,172(3):373−381.

[35]SONG J,LIU H,ZHUANG H F,et al. Transcriptomics and alternative splicing analyses reveal large differences between maize lines B73 and Mo17 in response to aphid *Rhopalosiphum padi* infestation[J]. Frontiers in Plant Science,2017,8:1738.

[36]SYTYKIEWICZ H. Expression patterns of genes involved in ascorbate−glutathione cycle in aphid−infested maize (*Zea mays* L.) seedlings[J]. International Journal of Molecular Sciences,2016,17(3):268.

[37]TZIN V,LINDSAY P L,CHRISTENSEN S A,et al. Genetic mapping shows intraspecific variation and transgressive segregation for caterpillar−induced aphid resistance in maize [J]. Molecular Ecology,2015,24(22):5739−5750.

[38]WAR A R,PAULRAJ M G,AHMAD T,et al. Mechanisms of plant defense against insect herbivores[J]. Plant Signaling & Behavior,2012,7(10):1306−1320.

[39]YAN J,LIPKA A E,SCHMELZ E A,et al. Accumulation of 5−hydroxynorvaline in maize (*Zea mays*) leaves is induced by insect feeding and abiotic stress[J]. Journal of Experimental Botany,2015,66(2):593−602.

[40]ZHENG L L,MCMULLEN M D,BAUER E,et al. Prolonged expression of the BX1 signature enzyme is associated with a recombination hotspot in the benzoxazinoid gene cluster in *Zea mays*[J]. Journal of Experimental Botany,2015,66(13):3917−3930.

第十三章 玉米抗病虫生物育种

当前种业的研发重点已逐步从传统育种技术向基于新一代高通量基因测序技术、分子标记辅助选择技术、转基因技术、基因编辑技术和信息技术等转变,本章归纳总结了高通量抗性鉴定技术、分子标记辅助育种、全基因组选择、转基因育种以及基因编辑育种等生物育种技术的发展及它们在抗病虫育种上的应用潜力。

第一节 高通量抗性鉴定技术

一、高通量表型鉴定概念

对于育种而言,表型鉴定是明确基因功能及与环境互作效应的关键环节,是选育符合育种目标和生产需求品种的必要措施。传统表型鉴定,通常是人工或借助测量仪器对植物个体或群体进行目标性状观测、测量以及数据记录的方法。所谓高通量表型鉴定是利用高通量鉴定技术(如光学成像技术)对植物个体或群体的表型性状和特征进行批量化采集以及数据生成的方法。高通量表型鉴定技术可广泛应用于植物基本表型性状(如株高、穗位高、叶片数、叶夹角等)的鉴定,也可以应用于抗旱性、耐盐性等非生物胁迫的抗性鉴定,同时还可应用于抗病性、抗虫性等生物胁迫的抗性鉴定。

相比传统的人工表型鉴定,高通量表型鉴定不仅可以节约大量的时间成本,同时也可以提高表型鉴定的效率和精准度。高通量植物表型鉴定技术的应用,与已有的高通量基因型鉴定技术相结合,将会深入挖掘"基因型—表型—环境型"的内在关系,极大地促进作物功能基因组学研究和分子育种的进程。在育种研发过程中,利用高通量表型鉴定技术有助于精准鉴定育种目标性状,高效筛选具有优良性状的亲本和群体材料,指导育种目标和计划的精确设定,挖掘和利用控制目标性状的 QTL 位点或功能基因,研究基因与环境的互作效应,提高育种的遗传增益和效率,并能在后期推广种植中对品种的田间表现进行高效评估。高通量表型鉴定是育种研发和未来精准农业的加速器,具有广阔的发展空间和应用前景,必将推动玉米抗病虫研究和抗病虫育种的快速发展。

二、高通量表型鉴定技术及平台

随着遥感技术、机器视觉、机器人技术等近端技术以及人工智能的不断发展,表型组学大数据的获取和分析步入了快速发展阶段。植物表型性状数据的高通量获取和实时解析方法的研究日益得到重视。目前，研究人员主要使用光学成像技术和激光雷达技术进行非破坏性的植物原始数据采集，然后进行二维或三维层面的表型解析研究。比如可见光成像可用于鉴定株高、穗位高、开花期、生物量等；荧光成像可用于监视光合状态、叶绿素含量、叶片的生长状态等；热成像可用于叶片温度的测定；近红外成像可用于种子水分及叶面积指数的测定；高光谱成像可用于叶片冠层的状态、分蘖的测定等；3D 成像可对茎叶结构、叶夹角、冠层结构、根结构及株高进行测量；激光成像可对地上生物量及地上结构、叶夹角、冠层结构、根结构、株高进行测量。

在高通量表型技术的相关研究中，通过集成的传感器高通量获得植物在各种生长环境中的表型特征已成为一种趋势，并衍生出高通量表型平台的概念。在过去的 10 年中，研究和开发高通量植物表型平台取得了很大的进步。目前，较为成熟的植物表型检测平台主要由德国、澳大利亚等国家开发。高通量表型平台主要包括但不限于环境传感网络、机器人、无人驾驶车辆、拖拉机、定点监控平台、无人机和卫星等。这些平台实现了器官、单株和群体水平上植物表型自动、高通量的连续检测，可以用来鉴定多种环境中植物性状的变异以及植物对生物和非生物胁迫的响应。例如，国际半干旱热带研究中心使用的 FieldScan 田间植物高通量表型平台，以移动激光 3D 植物表型平台 PlantEye 为核心，集成了多种传感器，用于连续监测植物的生长。通过顶部扫描的方法，可以获得叶面积，叶夹角度等冠层参数，适用于多种植物，从而为用户提供有价值的植物表型数据，以了解田间植物的生长。由德国 LemnaTec 公司开发的 Scanalyzer 表型平台，包括龙门起重机式行走装置、机械运动自动控制模块，高精度传感阵列和表型数据分析软件等，具有生成、管理和分析植物表型大数据的能力。LemnaTec 的植物表型平台和支持软件及其他配套服务已被法国农业科学院、中国科学院和杜邦先锋等研究机构和商业组织购买，并已应用于植物育种研究。2013 年德国奥斯纳布吕克应用技术大学的 Busemeyer 等成功研发出大田作物表型高通量采集系统 BreedVision，该系统将 3D 深度相机、彩色相机、激光测距传感器、高光谱成像仪、光幕成像装置等多种光学设备集成为一个可移动的成像暗室，可在田间快速采集图像(移动速度 0.5 m/s)，并提取表型性状，诸如株高、分蘖、产量、水分含量、叶片颜色、生物量等。

国内表型组研究虽然起步较晚，但是也取得了一些进展。华中农业大学表型团队2011 年至 2016 年陆续成功研发出作物高通量植株表型测量平台、数字化水稻考种机、数字化玉米考种机及叶面积测量仪，可自动提取水稻、玉米、油菜等作物的株高、叶面积、生物量、产量等相关参数。对数字化水稻考种机所获取的水稻表型数据进行全基因组关联分析发现，该方法不仅有取代传统表型测量的潜力，还可发掘出更多新的位点。国家农业信息技术工程研究中心设计并开发了高通量植物表型平台 LQ-FieldPheno，该平台可以同时获取高分辨率图像、热成像、3D 激光点云、多光谱图像、深度图像和其他多源数据，可以用于提取多种植物表型参数。

三、高通量表型鉴定应用

Leiboff 等 2015 年利用高通量图像处理技术,得到了一个玉米自然群体的顶端分生组织(shoot spical meristem,SAM)大小数据,进而通过全基因组关联分析发现了一些新的控制 SAM 大小的候选基因。Ciganda 等 2009 年开发了一种快速无损的精确鉴定玉米单片叶及玉米冠层总叶绿素含量的方法,将来可在群体水平对玉米叶绿素进行鉴定,并可结合基因组分析解析控制叶绿素和光合作用的基因,为玉米智能冠层设计提供信息。Pace 等 2014 年发展了一种自动根图像高通量分析方法(automatic root image analysis,ARIA),对一个玉米关联群体的苗期根部图像进行根部相关性状获取,同时对 WinRhizo Pro 9.0 数据库的根系图片也用该方法提取根部性状,并对总根长和总表面积两个性状进行全基因组关联分析,发现在两个研究中,与总根长显著相关的 SNP 可以定位到相同的基因组区域。梁秀英等与严建兵团队 2016 年合作设计了实时玉米数字化籽粒考种系统,其可以通过在线实时图像扫描,对玉米籽粒相关的 12 个参数进行获取,与人工相比,该系统考种效率提高了 7 倍。Miller 等 2017 年基于玉米穗部图片,发展了一种无损、精确、高通量的玉米穗部相关性状的测量方法。这两项系统方法的开发将为玉米果穗及产量相关性状的基因挖掘提供极大的表型鉴定的便利。虽然玉米的高通量表型研究取得了部分进展,但是关于玉米群体水平上的高通量表型研究仍鲜有报道。

在耐旱、耐瘠、抗倒性测试方面,美国杜邦先锋公司建立了一套半可控胁迫环境的测试网络,其中较有代表性的是其在 Woodland、California、Viluco 和 Chile 等地建立的抗旱性玉米育种站点。这些站点在玉米生长季节几乎没有降水,只能依靠人工灌溉,这样研究人员便可在整个生育期精准地控制灌溉水量,有利于其准确、快速地挖掘抗旱基因、选育耐旱品种。美国 Spectrum Seed 公司(美国印第安纳州一家专门选育非转基因玉米的公司)发现 Puerto Rico 岛南岸是鉴定抗逆性的理想地点,该点全年干旱燥热,年平均温度最低为 21.1 ℃。种植玉米需要较为完备田间管理措施,因此,该公司建立了精密的滴灌系统,对水分、养分、杀虫剂和杀菌剂量分别进行精确控制。

对于抗病虫性接种鉴定以及耐旱、耐瘠、抗倒性鉴定而言,目前常用的鉴定方法为人工或半人工辅助测试,通量并不是很高。接种鉴定试验常见于国家农作物品种区域试验中,玉米各生态区组的接种鉴定项目包括大斑病、小斑病、茎腐病、穗腐病、灰斑病、南方锈病、弯孢菌叶斑病、丝黑穗病、瘤黑粉病、纹枯病、玉米螟等病虫害胁迫。一般一个生态区组会安排 1~2 个接种鉴定试验点,由人工接种生理小种诱使玉米植株发生病变,再对每个品种的抗性做出定量或定性评价。近年来,在高通量抗病虫性鉴定方面也有了一定的发展。通过比较叶片不同区域的光合性能,可以在叶片出现明显病害症状之前检测到真菌病原体的存在。DeChant 等 2017 年展示了一个能够在大田玉米植株上进行现场采集图像,并自动识别大斑病的系统,具有较高的可靠性。该方法使用卷积神经网络的计算管道,解决了有限数据和田间生长植物图像中出现的无数不规则性图像的问题。利用该系统对未用于训练的测试集图像的准确率达到 96.7%(图 13-1)。另外,利用高光谱数据用于玉米褐飞虱叶斑的早期检测,总体准确率为 88%。

(a)大斑病的典型发病症状

(b)未发病的植株

图 13-1　用于鉴定玉米大斑病的图像识别系统

除了模拟控制水分、养分等因素的变化来检测新品系的耐旱、耐瘠、抗病和抗虫性之外，抗倒性也是育种过程备受关注的性状。每年北美地区因强风导致的玉米倒伏造成的损失就超过 10 亿美元，但如果只依靠玉米在自然环境发生倒伏和茎秆推力测试，新品种的抗倒性就不能得到有效检测。因此，美国先锋公司研制出一台大型移动人工风洞（boreas mobile wind machine），通过模拟导致玉米倒伏的强风，在多个普通育种测试点对植株各生育时期的抗倒性进行高通量测试，使得育成品种的抗倒性大幅提高（图 13-2）。该装备是先锋公司产量速增技术体系（Accelerated Yield Technology™）的重要组成部分。

图 13-2　美国先锋公司开发的移动式风力机

四、高通量表型鉴定发展

随着光学成像及图像分析技术的发展,无损、动态、数字化的表型鉴定技术是未来作物育种研究发展的趋势。虽然植物表型组研究近些年已经取得了一些进展,但是还存在很多问题,要加速植物表型组研究,未来还需从以下几个方面大力发展:

(1)发展集成多种光学设备的大田表型技术,能够在可变的环境下进行大田作物的表型鉴定,或者设计智能机器人对大田的单个植株进行表型鉴定。

(2)开发手持便携式设备用于对植物单个表型性状的高通量测定。

(3)从大量表型信息中挖掘出对功能基因组有价值的表型,包括一些传统方法检测不到或者从未定义的新性状。

(4)结合生物信息学、机器学习及多组学等方法对高通量表型尤其是非生物胁迫等性状进行研究。

(5)对表型设备进行优化改造,在同等测量效率和准确性的前提下降低表型平台成本。

(6)模拟自然光,对植株每日叶片的光照量进行测定,以此对光合作用进行研究进而设计理想株型。

(7)通过表型平台从对生物量预测发展为对最终产量进行预测。

第二节　分子标记辅助育种

近年来,随着分子生物学和基因组测序的迅猛发展,分子育种技术已成为引领作物遗传改良的前沿技术。分子育种又称为分子标记辅助选择,就是把表现型鉴定和基因型选择结合起来的一种作物遗传改良方法,可实现基因的直接选择和有效聚合,大幅度提高育种效率,缩短育种年限。分子育种在提高作物产量、改善品质、增强抗性等方面已显示出巨大潜力,成为现代作物育种的主要技术手段。与传统育种技术相比,分子育种更为精确、更加高效,能够实现从"经验育种"到"精确育种"的转变。在国际跨国种业公司,分子育种技术早已成为与常规育种技术密切整合的重要育种手段。抗病虫性状由于表型鉴定困难,常规选择准确性受限,因此分子标记辅助育种具有尤其重要的实践意义。

一、分子标记的发展

分子标记是根据基因组 DNA 存在丰富的多态性而发展起来的一类遗传标记,是继形态学标记、细胞学标记、同工酶标记之后最为可靠的遗传标记技术。分子标记以检测生物个体在基因内部或基因型的变化来反映基因组 DNA 之间的差异。目前,分子标记已经被广泛应用于遗传图谱的构建、QTL 分析、基因定位、图位克隆、种质资源遗传多样性分析、指纹图谱构建和品种鉴定等方面。

常用的分子标记主要有三种类型：第一类分子标记以 Southern 杂交为基础，代表性标记为限制性片段长度多态性（restriction fragment length polymorphism，RFLP）。第二类分子标记以 PCR 技术为核心，代表性标记有扩增片段长度多态性（amplified fragment length polymorphism，AFLP）、随机扩增多态性 DNA（random amplification polymorphic DNA，RAPD）、序列特征化扩增区域（sequence characterized amplified region，SCAR）、简单重复序列（simple sequence repeat，SSR）、序列标签位点（sequence-tagged site，STS）。第三类分子标记以单个核苷酸的变异为核心，代表性标记为单核苷酸多态性（single-nucleotide polymorphism，SNP）。

SNP 分子标记是指 DNA 序列上单个核苷酸的变异形成的 DNA 序列多态性，包括单碱基转换或颠换、插入及缺失等形式。SNP 在基因组中分布十分广泛，如玉米基因组中每 60~120 bp 有 1 个，而人类基因组平均 500-1000 bp 就有 1 个。SNP 标记以其高丰度、高通量、易于自动化操作且与表型遗传变异直接关联等特点，得到了世界范围内大量玉米科研工作者的青睐。玉米自交系 B73、Mo17、PH207 以及国内优良自交系黄早四基因组测序的陆续完成，为玉米基因组 SNP 标记的挖掘和开发工作提供了丰富的资源，并逐渐应用于玉米多样性分析和遗传作图。伴随着基因组序列的公开，中外科学家们也联合构建了玉米单倍型图谱，为玉米功能基因研究和遗传改良提供了重要的资源。其中，单倍型图谱 HapMap1 是基于骨干亲本的 NAM 群体构建，包含了 330 万的 SNP 和 InDel 数据。HapMap2 基于 103 个自交系（19 个大刍草，23 个地方种，60 个改良种）的深度测序信息，包含 5500 万 SNP，21% 位于基因区，并被用来鉴定玉米驯化和改良过程种中受选择的区域。最近，通过对 1218 个自交系材料进行 NGS 测序，构建了玉米的第三代单倍型图谱 HapMap3，该图谱包含了 8300 万 SNP。

二、连锁分析与关联分析

作物的性状一般可分为质量性状和数量性状。质量性状是指同一种性状的不同表型之间不存在连续性的数量变化，而呈现质的变化的性状，在遗传上通常由一个或几个主效基因控制。与质量性状相比，数量性状只有量的差异，呈连续分布，在遗传上通常由多基因控制。在玉米上，大多数的重要农艺性状如产量、株高、叶夹角、开花期、抗病性及耐逆性等都为数量性状。因此，开展数量性状的遗传学研究，定位和克隆控制数量性状的基因或者位点就显得尤为重要。

随着分子标记技术的发展，人们可以像研究质量性状那样，对数量性状进行深入解析。这不仅大大加深了对数量性状遗传基础的认识，而且也大大增强了人们对数量性状的遗传操纵能力。目前，借助分子标记技术，通过连锁分析方法（即 QTL 定位），人们可以将控制数量性状的基因或者位点定位在染色体上，并估计基因或位点的效应、研究基因或位点与环境互作等。QTL 定位实质上是确定数量性状位点或基因与分子标记之间的连锁关系，也称为 QTL 作图。QTL 定位一般要经过构建分离群体、分子标记检测、数量性状值测定和统计分析等多个环节，按分析所用标记来分，主要有单标记分析法、区间作图法、复合区间作图法等。在对一个复杂性状进行遗传解析的过程中，通常要经历 QTL

初定位、QTL 精细定位、基因图位克隆三个步骤,才能将控制目标性状的关键基因克隆出来。目前,在玉米中已经定位了大量与株型(株高、穗位高)、生育期、抗病性、抗倒性、抗旱性、产量、脱水速率等关键农艺性状相关的 QTL,一些主效 QTL 的功能基因已被克隆出来,并应用到分子辅助育种中。

随着玉米全基因组测序的完成,大量 SNP 分子标记的开发,以及芯片技术的不断发展,关联分析已成为玉米重要农艺性状功能基因挖掘的有力工具。关联分析,又称关联作图或连锁不平衡作图,是一种以连锁不平衡为基础,鉴定某一群体中目标性状与分子标记或候选基因相关关系、挖掘功能位点的分析方法。关联分析是一种强有力的工具,已被广泛应用于人类遗传学研究中。在植物基因组研究中,对拟南芥、玉米、水稻等作物都先后开展了相关研究,为复杂数量性状的解析、功能位点挖掘、基因克隆提供了极大的帮助。

与连锁分析相比,关联分析具有不需要专门构建作图群体、定位精度高、可同时分析同一位点的多个等位基因等优点,从而缩短了基因克隆和研究的时间。根据关联分析的分辨率,其主要分为候选基因关联分析和全基因组关联分析两种。候选基因关联分析从单个基因出发鉴定变异位点与表型变异的相关性,而全基因组关联分析是指用覆盖全基因组的标记对关联群体进行全基因组扫描,进而寻找与表型变异相关的位点。Thornsberry 等 2001 年首先将候选基因关联分析应用于植物,以玉米 *Dwarf8* 为候选基因,利用 92 份玉米自交系进行该基因的序列多态性与相关表型数据进行关联分析,发现该基因不仅影响玉米株高,而且有几个多态性位点与玉米的开花期表型变异显著相关。Aranzana 等 2005 年首次在植物上验证了全基因组关联分析的可行性,对拟南芥开花期和病原菌抗性进行了关联分析,验证了已知的控制开花期的基因 *FRI* 和病原菌抗性基因 *Rpm1*、*Rps5* 和 *Rps2*。

关联分析与连锁分析各具优缺点。关联分析利用丰富多样的自然群体,构建时间短,遗传变异丰富,定位精度高;然而其对于群体中稀有等位基因位点没有检测效力,且对微效位点的检测效力有限。连锁分析通常利用双亲分离群体,可以定位到微效 QTL,只要 QTL 位点在双亲中分离,即使在自然群体中稀有的等位基因也可以定位到,分离群体可直接用于发展精细定位群体;然而双亲分离群体构建时间较长,且 QTL 定位受到双亲遗传多样性及是否分离的限制,一般初定位精度有限。因此,将关联分析与连锁分析相结合,可综合遗传多样性、定位精度和 QTL 效应准确性,打破 QTL 位点分离及等位基因频率的限制,二者互为补充,互相验证,更好地解析目标性状在自然群体中变异的遗传基础并发掘功能基因。目前,已在玉米上克隆了部分功能基因,可用于分子标记辅助育种。其中,*ZmCCT*、*ZmRppK* 等抗病基因已广泛用于玉米商业品种的茎腐病、锈病等病虫害抗性改良。

三、分子育种平台

纵观分子标记技术的革新,以 DNA 序列变异为基础的 SNP,已经接近在分子水平进行变异检测的终极标准。预期今后若干年分子检测技术和平台的发展大致是在此基础上进行提升和改进。因此,高效、低成本的 SNP 基因型检测技术成为发展共享技术和平台的最佳选择。

美国 Illumina 公司针对玉米基因组先后开发了具有 1536 个高质量 SNP 标记的检测芯片(Illumina Golden Gate Assay)和包含 56000 多个 SNP 标记的检测芯片(Illumina Maize SNP50 Bead Chip)。Unterseer 等 2014 年报道开发出一款高密度的玉米 SNP 基因分型芯片(Affymetrix® Axiom® Maize Genotyping Array),包含超过 60 万个标记,这将为玉米基因组分析提供强有力的工具。Xu 等 2017 年对上述两款玉米芯片进行了一系列改进,开发出一款新型玉米 55K 分子育种芯片。该芯片进一步提高了基因组覆盖率,同时加入了多种类型的功能性标记,有助于提高基因挖掘和分子育种的效率。但是,上述玉米芯片都是基于固相芯片开发出来的,而固相芯片又存在一定的局限性,如芯片的设计、制作、检测成本高,检测灵活性差等。这对于玉米基础研究来说还可以接受,但是难以在玉米育种中大规模推广应用。

近年来,中国农业科学院作物科学研究所与石家庄博瑞迪生物技术有限公司联合攻关,致力于液相生物芯片的研发,最终开发出高密度靶向测序-液相芯片技术体系,在通量、成本和效益上可以完全取代固相芯片。科学家们从前期研发的玉米 55K SNP 芯片中挑选多态性高、缺失率低且在染色体上分布均匀的 20K SNP 标记,结合靶向测序基因型检测(genotyping by targeted sequencing, GBTS)技术,对标记探针进行液相捕获,完成了 1K、5K、10K、20K 等一系列液相芯片标记的开发。Guo 等 2019 年利用 96 份来自世界各地的玉米自交系和 387 份育种项目产生的中间材料对液相芯片进行测试,证实了芯片检测的高度重复性和可靠性。随后,经过技术优化和改进,使单个液相芯片的检测效率在玉米中增加到 40K mSNP、260K SNP、912K 单倍型。Guo 等 2021 年根据应用场景对标记密度的需求,通过控制测序深度就可以从同一标记集获得从 1K 到 40K mSNP 任意位点(扩增子)以及由此衍生的不同数量的 SNP 标记和单倍型。

跨国种业公司已搭建起规模化、工程化的分子育种平台,在分子水平上对种质资源进行了深入解析,开发出了与重要农艺性状、产量、抗病、耐逆等紧密连锁的分子标记,架起了表型数据和基因型数据之间的桥梁,形成了庞大的分子数据库,在育种中实现了流水线式的分子检测和筛选,育种规模和效率得到了很大提高。而我国分子育种尚处于起步阶段,品种选育主要依靠常规育种手段,分子育种技术应用较少,且存在着分子数据与表型数据脱节的问题,一定程度上阻碍了分子育种产品的快速研发及其产业化。高通量、低成本 SNP 分子育种平台的研制成功,为我国种业公司、科研机构和政府种子管理部门提供了良好的技术支撑。相信在不久的将来,我国玉米育种也会走向高效、精准的分子育种阶段。

四、分子标记辅助育种

通过连锁分析和关联分析,可以获得与目标性状变异紧密相关的分子标记位点,从而为分子标记辅助选择(marker-assisted selection, MAS)在实际育种中的应用创造条件。所谓分子标记辅助育种,就是利用与目标性状紧密连锁的分子标记对亲本或者育种群体进行分子选择,从而达到选择目标性状的目的,具有快速、准确、不受环境条件限制的优点。

分子标记辅助育种主要应用于受主效基因控制且表型鉴定昂贵的农艺性状,当分子标记与有利等位基因相关联时,通过该标记进行后代选择要远优于表型选择且方便快捷。同时也可以利用与性状 QTL 显著相关的分子标记的效应估算个体的有效遗传育种值,并结合表型信息指导育种实践。如果 MAS 方法能够针对低遗传率农艺性状(如产量相关性状)进行有效的选择,它将具有广泛的应用并且明显优于传统的育种方法。此外,MAS 育种手段可以有效提高单位时间内的遗传增益(genetic gain),通过在育种早期世代进行选择,缩短育种各世代间隔周期,提高遗传增益,降低育种成本,加快遗传进程。但是,MAS 方法依赖于数量性状位点定位的准确性以及与标记处于连锁状态的 QTL 位点的遗传效应值。一方面通过 QTL 定位和 GWAS 分析检测到的性状相关位点可能并非主效基因;另一方面,由于 Beavis 效应的存在导致 QTL 遗传效应的过高估计而降低 MAS 的应用效率。此外,由于功能位点的检测手段仅能捕获和分析与目标性状相关的部分遗传变异,不能对所有的遗传变异和遗传效应进行有效的检测和评估,极大地限制了 MAS 方法在作物育种中的应用。全基因组选择概念的提出为复杂性状的分子育种开辟出新的有效途径,并对作物改良具有巨大的推动作用(图 13-3)。

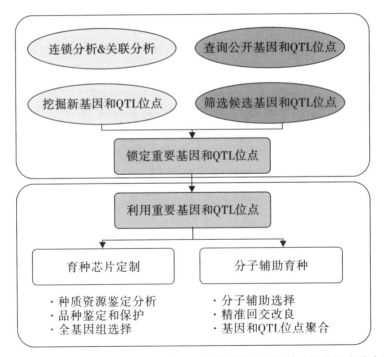

图 13-3　利用连锁和关联分析解析重要性状功能基因的策略及分子育种应用

中国农业科学院作物科学研究所李新海团队联合华南农业大学王海洋团队,通过对抗玉米粗缩病基因 ZmGLK36 的启动子和基因组序列进行测序,在该基因 5' UTR 区域鉴定到 26 bp 的插入缺失是该基因的关键功能变异位点,利用该变异开发了功能分子标记 Indel-26。并利用该功能分子标记结合 MAS 方法,对中国广泛种植的玉米优质杂交种郑单 958 的亲本郑 58 和昌 7-2 等 10 个优良自交系进行抗性改良,自然和人工接种鉴定试验均表明 ZmGLK36 可以显著提高粗缩病抗性。另外,华中农大赖志兵和严建兵研究团队采用图位克隆方法成功分离到一个 NLR 家族抗南方锈病的基因 ZmRppK,并利用功能分子标记 R8.63 对大面积推广的玉米杂交种京科 968 的亲本京 24 和京 92 进行抗病的分子标记辅助选择,组配出抗南方锈病的改良品种。田间试验结果表明,在南方锈病发病条件下,ZmRppK 基因能显著增强玉米抗病性同时提高产量;在不发病条件下,该基因的导入对产量和重要农艺性状没有负面影响;证实了 ZmRppK 基因对玉米抗南方锈病的遗传改良具有巨大的应用价值。

第三节 全基因组选择

一、全基因组选择概述

全基因组选择(genomic selection,GS)概念由 Meuwissen 等于 2001 年首次提出,其主要理论依据是基于连锁不平衡原理,即假设基因组中与目标性状相关的染色体片段或区域至少与一个分子标记处于连锁不平衡状态,统计模型计算各个分子标记的效应值,进而获得个体的基因组估计育种值(genomic estimated breeding value,GEBV),最后依据 GEBV 对后代进行筛选。随着基因型鉴定成本的不断降低,广泛地应用全基因组选择技术将成为可能。全基因组选择的首次利用是在奶牛的育种中,后来又成功地应用于其他动物育种中。Daetwyler 等 2008 年展示了如何利用全基因组选择分析人类疾病的风险。Bernardo 和 Yu,Lorenzana 和 Bernardo,以及 Heffner 等分别于 2007 年、2009 年和 2011 年证明了全基因组选择在植物中应用的可靠性。利用全基因组选择能够显著提高动植物育种中的遗传增益率,具有很大的应用潜力,为由微效多基因控制的数量抗性(如穗腐病抗性)改良提供了新的思路。

二、全基因组选择流程

一般情况下,全基因组选择是利用全基因组范围内的大量分子标记结合优化的统计模型计算育种群体各个材料的基因组估计育种值,从而筛选获得优良的材料。全基因组选择技术是传统正向遗传学方法的一种全基因组策略的体现,将传统针对单个点的研究扩展到整个基因组范围内。在全基因组选择的过程中,首先需要建立一个训练群体,然后针对训练群体中的个体采集目标性状的表型数据,同时进行全基因组水平上的基因型检测,获得基因型数据。之后利用统计模型对训练群体的表型数据和基因型数据进行拟合和训练,估算每个标记的效应值。如果标记与影响性状的变异存在充分的连锁不平衡,它们将捕获性状的绝大多数遗传变异。利用从上述预测模型,对预测群体进行基因型检测,以获得每个个体的基因组估计育种值(GEBV),再根据它们的 GEBVs 进行选择,筛选得到优良基因型材料。保留下来的优良材料可以作为下一轮选择的初始群体进一步聚合有利等位基因。

在全基因组选择过程中,预测准确度是指测试群体中真实育种值与基因组估计育种值的相关系数,而预测能力则是指测试群体中表型值与基因组估计育种值的相关系数。然而,在实际过程中,会有诸多因素影响全基因组选择的预测准确度,比如标记密度、群体大小、统计模型、群体间遗传关系、群体结构和表型鉴定的准确度等。相比于分子标记辅助选择,全基因组选择不仅可以捕获微效基因的遗传效应,还可以将其应用于育种过程中。此外,前期研究获得功能标记或者基因也可以整合到统计模型中用于提高预测准确度。因此,开展全基因组选择的理论研究可以为实际分子辅助育种工作提供必要的参考建议。

全基因组选择略去了后代及目标植株在多环境中的表型鉴定。这不仅节省了时间,减少了育种周期的长度,提高了预期的遗传增益,增加了单位时间内的选择效率,并且降低了成本。全基因组选择能够降低低遗传力复杂性状遗传改良的难度,并且显著降低自交系和杂交种的育种及组配成本。全基因组选择无论对于简单性状还是复杂性状都能进行预测应用,对于简单性状来说其受遗传因素影响更大,更有利于达到较好的预测精度。

三、全基因组选择在玉米中的研究进展

在玉米育种中利用全基因组选择技术能够加快群体的遗传改良,创制优异的种质资源,扩大种源,加快玉米育种进程。同时,全基因组选择技术还具有高灵活性的特点,不仅能作用于双亲群体,还可以作用于多亲群体、杂交群体等。与传统分子标记辅助选择相比,全基因组选择不再只依赖于一组显著的分子标记,而是联合基因组所有标记来预测个体育种的价值。全基因组选择技术与单倍体育种(double haploid, DH)技术相结合,可以大量减少无效测验,节省大量的时间和成本。Albrecht 等 2011 年利用 1380 个双单倍体,通过对 7 个位点的籽粒产量和干物质含量进行表型分析,采用最佳线性无偏预测和分层交叉验证方法,对不同预测模型在自交系间亲缘关系建模和基因组相似系数计算方面的性能效果进行研究,发现包含基因组信息的模型比基于家谱信息的模型具有更高的预测精度。Zhang 等 2017 年利用 22 个双亲热带玉米群体,用低密度的 SNPs 对其进行测序,在缺水和正常浇水情况下对产量、株高和开花期三个性状进行了测定。结果显示,当使用 50% 的个体作为建模群体,并使用 200 个 SNPs 标记进行预测时,对于不同的性状环境组合得到了中等预测精度值。Cao 等 2017 年通过 GBS 测序技术,利用一个关联群体和三个单倍体育种双亲群体对玉米靶斑病抗性进行了全基因组预测,结果显示不同的标记密度和群体中,预测精度为中等或者高等,表现出较强的预测能力。Shikha 等 2017 年用 29619 个 SNPs 测试了 240 个亚热带玉米品系在不同环境下的抗旱育种值,选择了七个模型对农艺性状进行了预测精度检验,其中 BayesB 模型在预测育种值方面优于其他

全基因组选择模型。Yu 等 2020 年利用全基因组预测方法研究了 8 个与玉米茎尖分生组织相关的性状,发现 8 个性状的预测精度在 0.37 ~ 0.57,通过全基因组选择育种的方式对玉米的微表型性状进行预测可以为优良品种的精确选择和多样性提供依据。另外,全基因组选择技术还可以通过缩短选择周期来增加遗传增益。Zhang 等 2017 年利用 18 个优良热带玉米进行两次杂交和一次自交构建初代群体(C0),基于该群体利用快速循环基因组选择发现每个周期可以实现更高的遗传收益,并能保持遗传多样性。河南农大陈甲法等人利用全基因组关联分析筛选到的穗腐病抗性关联标记群,成功构建了玉米穗腐病抗性的预测模型,并开发出对应的育种液相芯片。

四、全基因组选择育种策略的商业化应用

在玉米育种中,选育自交系是最为关键的环节。常规自交系育种通常需要 8 代以上,而通过单倍体育种技术只需要 2 代即可获得纯系,可大大缩短育种年限。近年来,随着单倍体育种技术的逐渐成熟,规模化生产 DH 系已经成为现实,很多科研单位和种业公司已经将单倍体育种技术作为自交系选育的核心技术。但是,伴随着 DH 系的大量生产,如何高效、快速评价和筛选 DH 系成为商业化育种的瓶颈之一。全基因组选择技术在复杂数量性状的预测分析上具有明显的优势,不仅适用于自交系,也适用于育种群体和杂交种。Fu 等 2022 年提出一种整合单倍体育种技术和全基因组选择技术的育种方案,并创新性地提出了 GS4.0 的概念,明确了每个阶段的具体育种流程和技术理论基础,并展望了未来技术发展方向。该文章基于不同规模或不同阶段育种项目中全基因组选择与单倍体育种的多种整合方案,提出了从 GS1.0 到 GS4.0 的育种策略,并以玉米为例进行了阐明。总体来说,GS1.0 针对全同胞群体进行预测;GS2.0 综合多个半同胞群体形成训练群体进行预测;GS3.0 则利用育种项目中的历史数据进行预测,并包含了广泛的环境多样性以提高预测精准度,能实现对所有新产生 DH 系的预测;GS4.0 是通过对 DH 系间杂交种表现开展早代预测,将传统育种中的自交系和杂交种评价两步育种流程整合成一步,显著加快育种进展。

目前,利用全基因组选择技术针对复杂性状(如产量)的预测准确度仍处于中低水平。然而,随着信息技术的整合和现代育种技术的发展,将会给全基因组选择带来新的发展机会。高通量和低成本的基因分型是广泛应用全基因组选择技术的主要驱动力。随着液相芯片技术的发展和商业化应用,高通量、低成本的基因型检测已经成为种业公司用得上、用得起的技术,为全基因组选择技术的商业化实施奠定了良好基础。此外,随着试验设计和统计模型的优化,也进一步提高了测试的能力和预测的准确性。同时,利用现代化设备进行表型的高通量采集和分析(例如光学成像和遥感技术的应用),可以获得越来越精确的表型信息。基因组编辑技术是通过快速有效地创建等位基因变异来获得表型变异的强大工具,尤其是当目标性状遗传变异非常稀缺时。基因组编辑和全基因组选择的成功结合对于创造和选择新的变异是非常有希望的。最后,作为人工智能时代最强大的技术之一,机器学习具有集成多个数据源的能力,将大大提高预测准确性。

第四节　转基因育种

转基因育种是指通过现代分子生物学技术将一个或多个基因添加到一个生物基因组,从而生产具有改良特征的生物育种方法。转基因技术最大的优势是能把外源基因转移到特定物种中,打破物种的界限(图13-4)。应用转基因技术也能对内源基因的表达进行调控,使其表达量大幅度提高或沉默。转基因技术突破的重点方向是基因修饰技术、时空精准表达技术和定量表达调控技术。转基因技术在过去的20多年中得到快速发展,成为全球应用最为迅速的生物育种技术。转基因作物的商业化种植始于1996年,转基因育种发展期间经历了早期探索、快速推广和成熟发展三个阶段。1996—2019年世界转基因作物种植面积从170万 hm^2 攀升至1.904亿 hm^2,年复合增长率22.8%,2013—2019年转基因作物种植面积趋于稳定,年复合增长率1.4%。2019年,全球种植的79%的棉花、74%的大豆、31%的玉米和27%的油菜为转基因品种。

玉米幼穗	幼胚侵染转化	愈伤筛选
栽植收种	分化出苗	分化筛选

图13-4　玉米遗传转化流程

抗虫是市场价值最高的转基因玉米性状。自1997年原孟山都公司上市 MON810 产品之后,原杜邦先锋和先正达公司也相继研发出玉米抗地上害虫的产品,分别是于2001年上市的 TC1507(Cry1F)和2004年上市的 Bt11,第一代抗虫产品的生命周期超过10年。原孟山都和先正达公司在2007年和2014年分别推出相应的第二代抗鳞翅目害虫产品 MON89034 和 MIR162,第三代抗鳞翅目害虫产品以各公司前两代产品性状叠加为主,该策略能充分延长基因的有效期,为第四代抗鳞翅目基因的研发争取更多时间。近年来,通过将自身的地上和地下害虫产品线叠加,并辅助相互间的交叉许可,产生了更加丰富的产品组合,比如原孟山都公司的 Genuity 系列、先正达的 Agrisure 系列、原陶氏益农的

Herculex 系列以及杜邦先锋的 Optimum 系列等均以叠加性状为主。

2008 年转基因生物新品种培育重大专项实施以来,我国转基因育种形成了"自主基因、自主技术、自主品种"的发展格局,建成了涵盖基因克隆、遗传转化、品种培育、安全评价等全链条的研发与产业化设施平台和独立完整的转基因育种研发体系。主要农作物遗传转化效率大幅度提高,粳稻转化效率从 20% 提高到 90%,籼稻、小麦和大豆转化效率从 1% 分别提高到 30%、30% 和 10%,棉花转化效率从 4% 提高到 30%,八大生物遗传转化效率完全能满足我国转基因育种需求。DBN9936、DBN9501、瑞丰 125 等抗虫转基因玉米相继获得农业转基因生物生产应用安全证书(表 13-1),为我国转基因抗虫玉米商业化奠定了坚实的基础。近些年来,我国颁布了《中华人民共和国生物安全法》、《中华人民共和国种子法》、《农业转基因生物安全管理条例》、《农业转基因生物安全评价管理办法》、《农业转基因生物标识管理办法》、《农业转基因生物进口安全管理条例》等法律法规,建立起了完整的转基因育种生物安全保障体系。

表 13-1　获得我国农业转基因生物生产应用安全证书的抗虫转化事件汇总(截至 2022 年 6 月)

转化事件	外源基因	性状
DBN9936	*cry1Ab*、*cp4-epsps*	抗虫,耐草甘膦
DBN9501	*Vip3Aa19*、*pat*	抗虫(棉铃虫、草地贪夜蛾),耐草铵膦
DBN3601T	*cry1Ab*、*Vip3Aa19*、*cp4-epsps*、*pat*	抗虫(玉米螟、黏虫、棉铃虫、草地贪夜蛾),耐草甘膦、草铵膦
瑞丰 125	*cry1Ab/cry2Aj*、*g10-epsps*	抗虫(玉米螟、黏虫、棉铃虫)
瑞丰 8	*cry1Ab*、*cry2Ab*、*g10-epsps*	抗虫(玉米螟、黏虫、棉铃虫)
ND207	*mcry1Ab*、*mcry2Ab*、*bar*	抗虫(玉米螟、黏虫、棉铃虫)
BT11	*cry1Ab*	抗虫(玉米螟、棉铃虫)
MIR162	*Vip3Aa*	抗草地贪夜蛾

第五节　基因编辑育种

基因编辑技术是指通过利用核酸内切酶等工具对生物体基因组 DNA 和 RNA 的特定核酸序列进行修饰,实现目的基因的定点删除、替换和插入等精确改造。基因编辑早期的主要技术有 ZFNs(锌指核酸酶)和 TALENs(转录激活物样效应器核酸酶)。由于 CRISPR 系统具有高效率、高特异性、简单易编程和低成本的特点,是目前应用最广泛的一种基因编辑系统,其中 CRISPR/Cas9 和 CRISPR/Cas12a(Cpf1)最有应用前景。CRISPR/Cas9 属于 Ⅱ 类 Ⅱ 型 CRISPR-Cas 系统,由 Cas9 核酸酶和两个 RNA 分子(crRNA、tracrRNA)组成。crRNA:tracrRNA 复合物与 Cas9 蛋白结合形成核糖核蛋白复合体,通过对原间隔序列邻近序列(PAM)的识别及 crRNA 与 DNA 的碱基互补配对,Cas9 核酸酶对基因组中的靶位点进行切割,产生 DNA 双链断裂(double ouble strand break, DSB),从而引发 DNA 的修复,造成碱基的随机插入、缺失和定点替换。CRISPR/Cas9 系统中,最为常用的 Cas9 核酸酶为 SpCas9(streptococcus pyogenes)。CRISPR/Cas12a 属于 II类V型 CRISPR-Cas 系统,由 Cas12a 核酸酶和一个 crRNA 组成。Cas12a 核酸酶在 crRNA 的引导下对靶 DNA 进行切割产生 DSB,引发 DNA 的修复,最终造成碱基的随机插入、缺失和定点替换。

基因编辑技术在植物中的应用范围不断拓展,种类呈现多样化发展趋势,主要包括基因组定点敲除、单碱基编辑、引导编辑、基因组定点替换及插入和 RNA 编辑。利用 CRISPR/Cas 系统进行靶标基因定点敲除技术具有相对成熟等特点,在现有报道中最多。例如 *ZmGDIα* 第一外显子的编辑事件显著提高了玉米的粗缩病抗性;对 *ZmFER1* 的敲除提高了玉米对穗腐病的抗性;敲除 *ZmLOX3* 基因可以同时提升玉米对镰孢菌和瘤黑粉病的抗生;敲除 *ZmCPK39* 后的玉米对灰斑病、小斑病及大斑病三种叶斑病的抗性均获得提升等。这些基因编辑抗性改良的成功案例,显示出基因编辑技术在玉米抗病虫育种中的具大潜力。同时,可通过转基因自交后代或和野生型杂交后代的自然分离,获得不含有任何转基因痕迹的定点改造突变体。基因编辑技术进行抗性改良具有操作简单、可同时进行多基因和多位点编辑等优点。基因编辑技术近年来蓬勃发展,技术本身得到不断改进和优化,在农作物遗传改良领域得到广泛应用。美国是世界上基因编辑作物产业化领先的国家,2015 年美国批准 SU Canola 抗磺酰脲除草剂油菜商业化种植。截至 2020 年,美国等发达国家已批准包括水稻、小麦、玉米、棉花、油菜等 70 多种基因编辑农作物商业化生产。目前,进入商业化种植的基因编辑农作物品种,包括高油酸大豆、抗白粉病小麦、油分改良亚麻荠、高油含量山茶花等。迄今为止,已有 150 多种基因编辑植物新品种被美国农业部认定为不受管制的品种。

随着现代分子生物学的发展,全基因组及多组学技术的利用为玉米抗病虫基因的挖掘利用及抗性机制的解析提供了更可靠和更便捷的方式;基因编辑等前沿生物技术发展迅猛,为玉米生物育种提供了新策略,开辟了新途径。通过分子育种与常规育种技术相结合,今后将能更高效地培育优质、高产的多抗性聚合新品种。

参考文献

[1]徐云碧,杨泉女,郑洪建,等. 靶向测序基因型检测(GBTS)技术及其应用[J]. 中国农业科学,2020,53(15):2983-3004.

[2]ALBRECHT T,WIMMER V,AUINGER H J,et al. Genome-based prediction of testcross values in maize[J]. Theoretical and Applied Genetics. 2011,123(2):339-350.

[3]ARANZANA M J,KIM S,ZHAO K Y,et al. Genome-wide association mapping in *Arabidopsis* identifies previously known flowering time and pathogen resistance genes[J]. PLoS Genetics,2005,1(5):e60.

[4]ARAUS J L,KEFAUVER S C,ZAMAN-ALLAH M,et al. Translating high-throughput

phenotyping into genetic gain[J]. Trends in Plant Science,2018,23(5):451-466.

[5]BERNARDO R,YU J M. Prospects for genomewide selection for quantitative traits in maize [J]. Crop Science,2007,47(3):1082-1090.

[6]CAO S L,LOLADZE A,YUAN Y B,et al. Genome-wide analysis of tar spot complex resistance in maize using genotyping-by-sequencing SNPs and whole-genome prediction [J]. Plant Genome,2017,10(2):28724072.

[7]CHAKRABORTY S,NEWTON A C. Climate change,plant diseases and food security:an overview[J]. Plant Pathology,2011,60(1):2-14.

[8]CIGANDA V,GITELSON A,SCHEPERS J. Non-destructive determination of maize leaf and canopy chlorophyll content[J]. Journal of Plant Physiology,2009,166(2):157-167.

[9]DAETWYLER H D,VILLANUEVA B,WOOLLIAMS J A. Accuracy of predicting the genetic risk of disease using a genome-wide approach[J]. PLoS One,2008,3(10):e3395.

[10]DECHANT C,WIESNER-HANKS T,CHEN S Y,et al. Automated identification of northern leaf blight-infected maize plants from field imagery using deep learning[J]. Phytopathology,2017,107(11):1426-1432.

[11]FU J J,HAO Y F,LI H H,et al. Integration of genomic selection with doubled-haploid evaluation in hybrid breeding:From GS 1.0 to GS 4.0 and beyond[J]. Molecular Plant, 2022,15(4):577-580.

[12]GONG F P,WU X L,ZHANG H Y,et al. Making better maize plants for sustainable grain production in a changing climate[J]. Frontiers in Plant Science,2015,6:835.

[13]GUO Z,WANG H,TAO J,et al. Development of multiple SNP marker panels affordable to breeders through genotyping by target sequencing (GBTS) in maize[J]. Molecular Breeding,2019,39(3).

[14]GUO Z,YANG Q,HUANG F,et al. Development of high-resolution multiple-SNP arrays for genetic analyses and molecular breeding through genotyping by target sequencing and liquid chip[J]. Plant Communications,2021,2(6):100230.

[15]HEFFNER E L,JANNINK J L,IWATA H,et al. Genomic selection accuracy for grain quality traits in biparental wheat populations[J]. Crop Science,2011,51(6):2597-2606.

[16]HEFFNER E L,SORRELLS M E,JANNINK J L. Genomic Selection for crop improvement [J]. Crop Science,2009,49:1-12.

[17]LEIBOFF S,LI X R,HU H C,et al. Genetic control of morphometric diversity in the maize shoot apical meristem[J]. Nature Communications,2015,6:8974.

[18]LIU J,FERNIE A R,YAN J B. The past,present,and future of maize improvement:Domestication,genomics,and functional genomic routes toward crop enhancement[J]. Plant Communications,2020,1(1):100010.

[19]LORENZANA R E,BERNARDO R. Accuracy of genotypic value predictions for marker-

based selection in biparental plant populations[J]. Theoretical and Applied Genetics. 2009,120(1):151-161.

[20]MILLER N D,HAASE N J,LEE J,et al. A robust,high-throughput method for computing maize ear,cob,and kernel attributes automatically from images[J]. The Plant Journal,2017,89(1):169-178.

[21]PACE J,LEE N,NAIK H S,et al. Analysis of maize (*Zea mays* L.) seedling roots with the high-throughput image analysis tool *ARIA* (Automatic Root Image Analysis)[J]. PLoS One,2014,9(9):e108255.

[22]SHIKHA M,KANIKA A,RAO A R,et al. Genomic selection for drought tolerance using genome-wide SNPs in maize[J]. Frontiers in Plant Science,2017,8:550.

[23]THORNSBERRY J M,GOODMAN M M,DOEBLEY J,et al. Dwarf8 polymorphisms associate with variation in flowering time[J]. Nature Genetics,2001,28(3):286-289.

[24]UNTERSEER S,BAUER E,HABERER G,et al. A powerful tool for genome analysis in maize:Development and evaluation of the high density 600 k SNP genotyping array [J]. BMC Genomics,2014,15(1):823.

[25]XU C,REN Y H,JIAN Y Q,et al. Development of a maize 55 K SNP array with improved genome coverage for molecular breeding[J]. Molecular Breeding:New Strategies in Plant Improvement,2017,37(3):20.

[26]YU X Q,LEIBOFF S,LI X R,et al. Genomic prediction of maize microphenotypes provides insights for optimizing selection and mining diversity[J]. Plant Biotechnology Journal,2020,18(12):2456-2465.

[27]ZHANG A,WANG H W,BEYENE Y,et al. Effect of trait heritability,training population size and marker density on genomic prediction accuracy estimation in 22 bi-parental tropical maize populations[J]. Frontiers in Plant Science,2017,8:1916.

[28]Zhang X,Pérez-Rodríguez P,Burgueño J,et al. Rapid cycling genomic selection in a multiparental tropical maize population[J]. G3 Genes Genomes Genetics,2017,7(7):2315-2326.

茎腐病人工接种鉴定　　　　　　　　　穗腐病抗源鉴定

穗腐病抗性鉴定

100%　90%　80%　70%　60%　50%　40%　30%　20%　10%　1%　0%

穗腐病发病面积

穗腐病抗感种质

大斑病抗感种质

大斑病不同发病等级

Pa405   FAP1360A

黄早四   四一

矮花叶病不同抗源的抗性反应

抗病白交系四一   感病白交系Mo17

矮花叶病抗感自交系

RSCMVIKNIL   RSCMV2KNIL   RSCMVI+ RSCMV2的NIL

矮花叶病的近等基因系

Qi319   NIL-R   Ye478

灰斑病抗性 NIL 发展

1   3   5   7   9

南方锈病分级图

1   3   5   7   9

灰斑病分级图